新訂 正しい薬液注入工法

― この一冊ですべてがわかる ―

一般社団法人日本グラウト協会　編

― 新訂に当たって ―

　本書の発刊に当たっても述べてきたことだが薬液注入工法に関する本は、数多く出版されていても、設計する人および実際に施工する人にとって、どこかしっくり来ないものを感じることが多いのはなぜかという疑問をあらためて呈したい。

　薬液注入工法の問題に解答を提供する科学的および技術的分野としては、土質工学、水理学、構造力学、化学、物理学、はては流体力学や数学が主なものだが、これらを駆使してすべてが解決するのであればことは簡単である。つまり理論のみで片がつくなら既刊本で十分役目を果しているといえるだろう。しかし、実際の薬液注入の挙動は、上述した理論の範疇に収まりきれないことが多い。それは土粒子それ自体の性質は把握できても、土粒子が集まって土層を構成するとき、もはや、その挙動は土質工学という舞台からはみだしているという事実を見ても明らかだ。実際の土層は砂、シルト、粘土および礫などが単独であったり組み合わさったりして構成されており、極端な表現をすると、一個所たりとも注入環境という観点からすれば同じ土はないといえよう。

　それゆえ、地中に注入された材料は、まるで意志を持ったかのごとく、変位しやすい部分を求めて不規則、不均質に移動してしまうのである。その挙動を把握するには、注入される土をデジタルでなくアナログ的に解析することがより重要なのである。上に投げた問いの答えはまさにここにある。デジタル解法では標準問題にしか歯が立たないということである。すなわち、現実に存在しない標準的土質配列環境に照準を当てていた既刊本に隔靴掻痒の気分を感じるのはこれがゆえである。

　而して、社団法人日本グラウト協会ではこの事実を重く見て、標準問題以外の解法を見出すために、実際に施工を担当してきた技術者の知識の蓄積を役立てるべく、注入挙動を左右する大きなファクター、たとえば層の境界面や土の圧縮性、さらには粒子を含む注入材料の特性などを考慮して、実学的に取り扱う1つの経験工学的分野を構築することを狙ってこの本の出版を意図したのである。

　今回の新訂版のポイントは、まず第一に耐久性と安全性について詳細に記述した点にある。協会では薬液注入による改良土がどのように経年変化するかについて、世界に類を見ない現場規模の実験を行ない、このほどその成果をまとめた。従来のモールドの水槽実験からは予測できないほど強度も大きく、また耐久性もあることが明らかにされたことから、当実験の結果の有機的な応用を切に願うものである。

　協会が上梓した既刊本『薬液注入の設計・施工指針』は、旧建設省をはじめとする官界や学会の先賢のご指導によるものであり、技術的灯台として現在に至るも燦然と光り輝いている。また、協会が取り組んだ『薬液注入技士のための講習テキスト』がもう一方での実務参考書の役割を担っている。そしてこのたび改訂する当書は、さしづめ「注入の百科事典」としての役割を演じることになると思われるが、これらの三部作を注入工学の集大成として設計、施工技術者にご愛用願いたいものである。

　最後に、この執筆に当たり、汗の結晶である資料を惜しみなく提供していただいた会員各社と執筆作業に携わった技術委員各氏、さらに発刊の機会を与えていただいた日刊建設工業新聞社に深甚の敬意を表したい。

「新訂　正しい薬液注入工法」編集委員長
社団法人日本グラウト協会最高顧問
柴崎　光弘（工学博士）

― ごあいさつ ―

　社団法人日本グラウト協会が今般『新訂 正しい薬液注入工法　―この一冊ですべてがわかる―』を発刊するにあたり、一言ご挨拶申し上げます。

　現在わが国は、少子・高齢化、高度情報化、環境問題への関心の高まり、経済社会のグローバル化等の変化に伴い、これまで我が国を支えてきた経済社会システムを抜本的に変革する歴史的な転換期を迎えております。

　このような経済社会情勢の変化を背景として、国土交通省では発注者の責任と建設生産システムのあり方を基本的に見直し、公共工事において発注者と受注者がそれぞれ品質確保に責任を持つ仕組みの構築と維持に努めてまいる所存であります。

　貴協会は、昭和51年4月建設大臣の許可を得て設立され、以来、今日に至るまで薬液注入工法の技術開発とその啓蒙並びに技術者の育成に意欲的に取り組んでこられました。特に、現場技術者の技術の向上と地位の向上を図るため、協会独自で薬液注入技士の検定制度を導入され、昭和59年からは、薬液注入技士が国家試験として制度化されました。このように、貴協会が薬液注入工法の発展に尽力されたことに対し、深く敬意を表する次第であります。

　大都市のほとんどが軟弱地盤上にある我が国の国土条件から、薬液注入工法は、建設工事を施工するにあたって、欠くことのできない工法の一つであります。地盤の構造は、複雑かつ不均一で未解明な点が多く、また工事の施工にあたっては、周辺環境との調和を図りながら施工することが重要であります。

　今回発刊される指針は、これらの諸問題を解決するため、設計から積算、施工や施工管理に至るまで、一貫して理解できるような編集がなされております。この指針が薬液注入に携わる技術者のみならず、新しい生産システムの構築のためにも、関係者に幅広く活用されることを期待するものであります。

国土交通省　大臣官房技術審議官
佐藤　直良

本書の執筆者

編集委員長
柴崎　光弘　　　　　　　　社団法人日本グラウト協会　最高顧問
　　　　　　　　　　　　　　　　　　　　　　　　工学博士
　副委員長
太田　想三　　　　　　　　　　同　　　　　技術委員長

執筆委員会
　委員長　　太田　想三　　社団法人日本グラウト協会　技術委員長
　副委員長　稲川　浩一　　日特建設株式会社
　同　　　　宇梶　　伸　　ライト工業株式会社
　主査　　　村井　健一　　三信建設工業株式会社
　同　　　　篠塚　裕輔　　株式会社大阪防水建設社
　委員　　　石川　光広　　小野田ケミコ株式会社
　同　　　　佐久間孝夫　　東興建設株式会社
　同　　　　忽滑谷宏幸　　トシマ建設工業株式会社
　同　　　　平山　公則　　ケミカルグラウト株式会社
　同　　　　細川　　修　　東亜グラウト工業株式会社
　同　　　　八木田義和　　株式会社地巧社
　同　　　　菊地　将郎　　三信建設工業株式会社

薬液注入工法の定義

> 薬液注入工法とは「任意に固化時間を調節できる注入材料（薬液）」を「地中に設置した注入管を通して地盤中に圧入し」「止水や地盤強化」を図る地盤改良工法である。

薬液注入工法の特色は次の通りである。
　①土の組織を変えることなく、土粒子の間隙を埋める水を追い出し、そこに注入材料（薬液）が浸透固化する。
　②浸透固化した薬液により地盤の粘着力が増加し、透水係数が減少することで、地盤が強化されたり、遮水性が高まる。
　③使用する材料は水ガラス（珪酸ソーダ）を主材とし、それに硬化材、助剤を加えることで固化する薬液であり、硬化時間は数秒から数時間の範囲で調整できる。

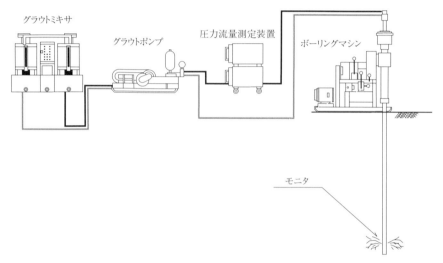

二重管ストレーナ工法〈複相タイプ〉施工順序

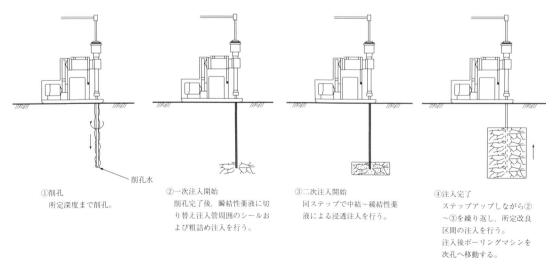

二重管ストレーナ工法〈複相タイプ〉施工順序

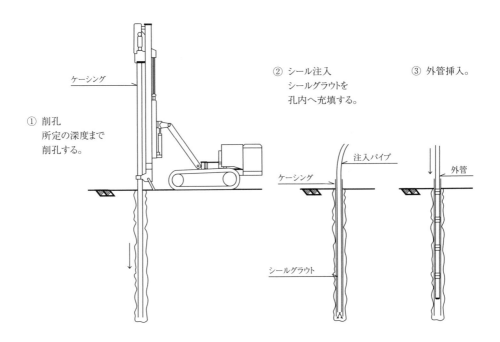
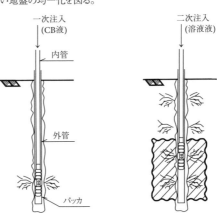

二重管ダブルパッカ工法施工順序

― 目　次 ―

1. 準備
1.1 仮想工事の設定 … 2
1.2 資料 … 2
1.3 事前調査 … 3
1.4 各事前調査項目 … 4
1.4.1 土質および地下水調査 … 4
1.4.2 埋設物、井戸・環境調査 … 4
1.5 必要な調査の具体例 … 4
1.5.1 シールド発進立坑の例（No.6立坑） … 4
1.5.2 シールド到達立坑の例（No.7立坑） … 5
1.5.3 小口径推進路線部の例（③推進管周辺崩壊防止） … 6
1.5.4 河川横断部の例（⑥湧水量低減その他の例） … 6

2. 設計
2.1 設計の基本 … 8
2.1.1 ルートの設計 … 8
2.1.2 設計のフロー … 9
2.2 設計に用いる基本項目について … 9
2.2.1 基本項目とは … 9
2.2.2 注入材料の選定 … 10
2.2.3 工法の選定 … 11
2.2.4 設計数値 … 12
2.2.5 安全率 F_s … 13
2.2.6 最小改良範囲 … 13
2.2.7 注入率と重要度率 … 17
2.2.8 その他の項目 … 18
2.2.9 条件明示 … 21
2.3 設計・計算例 … 22
2.3.1 ライナープレート立坑（側部および底盤遮水と崩壊防止） … 22
2.3.2 小口径推進の発進部・到達部（発進および到達防護） … 29
2.3.3 推進管周囲の崩壊防止（切羽防護） … 35
2.3.4 推進路線鉄道下横断部（鉄道横断時の沈下抑制） … 40
2.3.5 親杭横矢板立坑（周辺水位低下防止対策） … 45
2.3.6 河川下横断部（河川横断時の切羽安定） … 53
2.3.7 鋼矢板立坑（土留欠損部崩壊防止他） … 56
2.3.8 開削部（粘性土層のヒービング防止） … 64
2.3.9 シールド発進立坑（大深度立坑） … 68

- 2.3.10 シールド発進部（発進防護） ・・・・・・・・・・・・・・・・・・・・・・・・・・・・・・・・・・・ 72
- 2.3.11 シールド急曲線部（急曲線防護） ・・・・・・・・・・・・・・・・・・・・・・・・・・・・・・ 76
- 2.3.12 シールド到達部（到達防護） ・・・・・・・・・・・・・・・・・・・・・・・・・・・・・・・・・・ 82
- 2.3.13 到達立坑（受働土圧強化） ・・・・・・・・・・・・・・・・・・・・・・・・・・・・・・・・・・・・ 86
- 2.3.14 近接建物沈下防止（せん断滑り防止） ・・・・・・・・・・・・・・・・・・・・・・・・・・ 92
- 2.3.15 送信塔沈下防止（ゆるみに対抗するための地盤補強） ・・・・・・・・・・・・・ 96

3. 積算

3.1 積算の基本 ・・ 102
- 3.1.1 積算のフロー ・・・ 102
- 3.1.2 施工条件に対する留意点 ・・・・・・・・・・・・・・・・・・・・・・・・・・・・・・・・・・・・・・・ 102
- 3.1.3 積算単価について ・・ 103

3.2 二重管ストレーナ工法の積算例（通常の作業時間の例） ・・・・・・・・・・・・・・・ 103
- 3.2.1 積算モデルの積算例 ・・ 103
- 3.2.2 積算条件 ・・ 104
- 3.2.3 作業日数の算定 ・・ 104
- 3.2.4 動力用水量の算出 ・・ 109
- 3.2.5 産業廃棄物として処理する排泥量V_sの算出 ・・・・・・・・・・・・・・・・・・・・ 111
- 3.2.6 単価の算出 ・・ 112

3.3 二重管ストレーナ工法の積算例（車上プラントの場合） ・・・・・・・・・・・・・・・ 117
- 3.3.1 積算モデルの積算例 ・・ 117
- 3.3.2 積算条件 ・・ 118
- 3.3.3 作業日数の算定 ・・ 118
- 3.3.4 動力用水量の算出 ・・ 119
- 3.3.5 産業廃棄物として処理する排泥量の算出 ・・・・・・・・・・・・・・・・・・・・・・・・ 121
- 3.3.6 単価の算出 ・・ 122

3.4 ダブルパッカ工法の積算例 ・・・ 128
- 3.4.1 積算モデルの積算例（2.3.9 シールド発進坑） ・・・・・・・・・・・・・・・・・・・ 128
- 3.4.2 積算条件 ・・ 129
- 3.4.3 作業日数の算定 ・・ 130
- 3.4.4 動力用水量の算出 ・・ 135
- 3.4.5 産業廃棄物として処理する排泥量の算出 ・・・・・・・・・・・・・・・・・・・・・・・・ 138
- 3.4.6 単価の算出 ・・ 140

3.5 積算資料に含まない費用 ・・・ 146
- 3.5.1 消費税 ・・ 146
- 3.5.2 調査試験に要する費用 ・・ 146
- 3.5.3 観測測定に要する費用 ・・ 147
- 3.5.4 『暫定指針』にもとづく観測井の設置費および水質試験費 ・・・・・・・・・ 147

4. 施工

4.1 施工の基本 ... 150
4.1.1 施工に関する必要な検討事項 ... 150
4.1.2 条件明示の照査 ... 150
4.1.3 施工計画書の作成 ... 151
4.1.4 試験施工 ... 152
4.1.5 施工準備 ... 152
4.1.6 施工 ... 152
4.1.7 効果確認 ... 153
4.1.8 完工 ... 153

4.2 施工に際しての準備工 ... 153
4.2.1 事前調査工 ... 153
4.2.2 プラント地点の準備作業 ... 154
4.2.3 削孔・注入地点の準備作業 ... 155
4.2.4 排泥処理の準備作業 ... 155
4.2.5 水質監視工の準備作業 ... 156

4.3 施工 ... 158
4.3.1 工法の分類 ... 158
4.3.2 工法の概要 ... 158
4.3.3 機械設備 ... 160
4.3.4 削孔および注入作業の管理 ... 170
4.3.5 材料および注入量管理 ... 174
4.3.6 安全管理 ... 177
4.3.7 環境保全の管理 ... 178

4.4 特記事項 ... 179
4.4.1 土留め壁に近接して注入をする場合 ... 179
4.4.2 構造物に近接して注入する場合 ... 179
4.4.3 河川・海域内などの水域内で注入する場合 ... 180
4.4.4 推進・シールドの発進・到達時の施工 ... 181
4.4.5 その他 ... 181

4.5 記録、報告 ... 181

4.6 施工計画例 ... 182
4.6.1 条件明示例 ... 182
4.6.2 施工計画時等に請負者から提出する事項の検討 ... 183

5. Q & A

5.1 準備に関するもの ... 209
5.2 設計に関するもの ... 210
5.3 積算に関するもの ... 211

| 5.4 | 施工に関するもの | 213 |
| 5.5 | 解説に関するもの | 219 |

6. 解説

6.1 薬液注入工法の位置づけ … 222
6.1.1 地盤改良工法の分類 … 222
6.1.2 固結系地盤改良工法の分類 … 222
6.1.3 薬液注入工法 … 226

6.2 薬液注入工法のメカニズム … 230
6.2.1 基本概念 … 230
6.2.2 土質と注入形態の関係 … 231
6.2.3 なぜ強度が増加するのか … 235
6.2.4 薬液注入で改良された地盤の評価 … 237

6.3 薬液注入工法が持つ技術的課題とその克服 … 242
6.3.1 技術的課題 … 242
6.3.2 施工上の課題克服 … 242
6.3.3 設計上の課題克服 … 244
6.3.4 その他 … 248

6.4 薬液の安全性と環境負荷 … 249
6.4.1 現在使用できる薬液 … 249
6.4.2 各素材の安全性 … 249
6.4.3 混合後の安全性 … 251
6.4.4 環境への影響 … 252

6.5 長期耐久性について … 255
6.5.1 水ガラス系薬液に長期耐久性はあるのか … 255
6.5.2 種類によって耐久性に差があるのか … 255
6.5.3 原位置長期耐久性確認試験結果 … 256

6.6 強度について … 260
6.6.1 薬液注入による改良強度について … 260
6.6.2 高強度薬液 … 261
6.6.3 高強度薬液を採用する際の注意事項 … 262
6.6.4 薬液以外の高強度材料 … 263

6.7 注入材料 … 263
6.7.1 注入材料として必要な条件と分類 … 263
6.7.2 水ガラスについて … 265
6.7.3 硬化材の種類と特性 … 268
6.7.4 注入材料の選定 … 271

6.8 注入工法 … 272
6.8.1 注入工法の分類 … 272
6.8.2 削孔パイプをそのまま注入管として使用する方式 … 273

	6.8.3 注入管設置と注入作業を分離して行なう方式	277
	6.8.4 その他の工法	279
6.9	設計に必要な各項目について	280
	6.9.1 設計に必要な各項目	280
	6.9.2 注入工法	281
	6.9.3 注入材料	281
	6.9.4 注入範囲	283
	6.9.5 注入率	284
	6.9.6 注入孔間隙と配置	287
6.10	各事前調査項目	288
	6.10.1 土質および地下水調査	288
	6.10.2 埋設物、井戸・環境調査	290
6.11	施工管理	291
	6.11.1 施工管理について	291
	6.11.2 施工計画打ち合わせ時に請負者から提出する項目とその対応	291
	6.11.3 数量の管理	293
	6.11.4 品質の管理	297
	6.11.5 環境保全のための管理	302
6.12	現場注入試験と効果の確認	304
	6.12.1 現場注入試験と効果の確認について	304
	6.12.2 現場注入試験	304
	6.12.3 効果の確認	306
6.13	薬液注入工法に係る法的規制	312
	6.13.1 薬液注入工法に係る法的規制	312
	6.13.2 薬液注入工法による建設工事の施工に関する暫定指針	312
	6.13.3 薬液注入工事に係る施工管理などについて	313
	6.13.4 山岳トンネル工事におけるウレタン注入の安全管理に関するガイドライン	313
	6.13.5 セメントおよびセメント系固化材の地盤改良への使用および改良土の再利用に関する当面の措置について	314
6.14	協会刊行物について	317
	6.14.1 協会刊行物の種類	317
	6.14.2 刊行物の位置づけ	317
6.15	薬液注入工法の歴史	320
	6.15.1 わが国における歴史と変遷	320
	6.15.2 海外における歴史	323

7. 資料

7.1 キーワード索引および用語と単位、記号 ... 326
7.1.1 キーワード索引 ... 326
7.1.2 用語 ... 329

		7.1.3 SI国際単位	335
		7.1.4 記号	336
7.2	技術データ		338
	7.2.1	注入率と強度の関係	338
	7.2.2	注入率と透水係数の関係	339
	7.2.3	工法別透水係数と改良度合の関係	341
7.3	原位置長期耐久性確認試験の結果より		341
	7.3.1	試験の内容	341
	7.3.2	強度特性	343
	7.3.3	透水性特性	346
	7.3.4	地下水の水質	347
7.4	施工例		348
7.5	参考文献		354
7.6	法規関係		354
	7.6.1	薬液注入工法関連法規について	354
	7.6.2	薬液注入工法による建設工事の施工に関する暫定指針	355
	7.6.3	薬液注入工事に係る施工管理等について	359
	7.6.4	山岳トンネル工法におけるウレタン注入の安全管理に関するガイドラインについて	371
	7.6.5	セメントおよびセメント系固化材の地盤改良への使用および改良土の再利用に関する当面の措置について	375
7.7	社団法人日本グラウト協会		384

注1）文中、「協会」とあるのは、「社団法人日本グラウト協会」を指す。

注2）文中、『暫定指針』とあるのは、『薬液注入工法による建設工事の施行に関する暫定指針』（昭和49年7月10日、建設省）を指す。

注3）文中、『施工管理等』とあるのは、『薬液注入工法に係る施工管理等について』（建設省技術開発第188号の1、平成2年9月18日、建設大臣官房技術調査室長）を指す。

1章 準備

1.1 仮想工事の設定

これからの設計作業では、より具体的な事例を参考に設計できるように、下水道工事を例にとり、さまざまな注入ケースを含む土質、土層、地下水位、隣接構造物等を人為的に配置したルート図を作成した。それにしたがって各ケースごとに問題や対応を記し、設計計算方法等を述べる。

これらのルートの中で表現されかつ適用される設計例は、現状でもっとも多く実施されているものである。設計に際しては、この中から選択して、手順にしたがって設計すれば、ほとんどのケースで適合できるはずである。

仮想工事のルート図を図1.1-1 に示す。ここでは、設計にあたって準備するものや必要な調査項目等についても記述した。

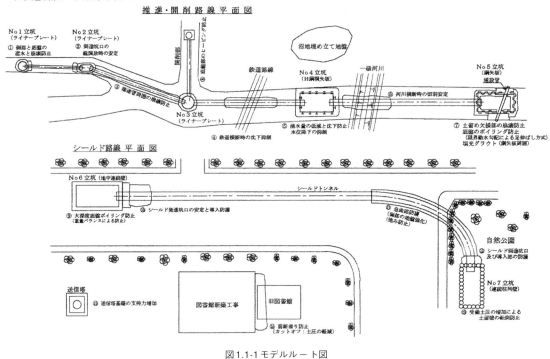

図1.1-1 モデルルート図

1.2 資料

薬液注入工法の多くは、建設工事の補助工法として用いられている。そのため設計に際しては、次のような資料を準備する。
　①土木・建築工事の設計書類
　②土質、地下水などの調査資料

(1) 関係書類

特に必要と思われる関係書類には表1.2-1のようなものがある。

表1.2-1 設計図書

種　類	主な内容
設計書	構造設計書、土工事設計書、同計画図類
仮設計画書	仮設計算書、仮設計画図
仕様書	一般仕様書、特記仕様書
動力用水	仮設動力、水道、排水設備
その他	作業時間帯、作業条件（スペース、空頭等）

(2) 調査資料

薬液注入工法は市街地の地下で採用されるケースが大部分であることから、必要な調査項目は何種類かあり、それをまとめると表1.2-2のようになる。

表1.2-2 重要な調査資料

種　類	主な内容
土質調査報告書等	土層構成、土性値、地下水位他
埋設物図面等	地下埋設物、近接構造物
周囲状況調査報告書等	井戸、公共用水域、生活環境

1.3　事前調査

効果的かつ環境問題に対応するために、表1.3-1の各調査が必要であり、重要度に差があることから、表中に重要度を記した。

表1.3-1 必要な調査項目と重要度率

種　別	項　目	重要度率	主な内容	備　考
土質	土層構成・土質名称	A	土層の構造と土質の区分	柱状図、特有の土層名称
	地盤の締まり具合	A	N値等による土性質の推定	N値等を柱状図に記載
	粒度の組成	A	砂質土分と粘性土分の含有率	注入のメカニズムの区分
	室内圧縮強度	C	一軸または三軸圧縮強度	粘着力（C）の推定
	コンシステンシー	C	粘性土の特性	改良効果推定の基礎資料
	礫の大きさ	B	玉石層などでの礫径と含有率	削孔方法や能率
地下水	透水性	A	透水係数などの透水度	現場透水試験など
	地下水位	A	地下水位または被圧水頭	層別が望ましい
	水質	B	温泉や人為的影響を受ける水質、水質試験	注入剤の固化や強度に影響、水質管理
	流向流速	B	透水係数大のときの流れの速さや方向	地形的に地下水の流速が大きいところがある
埋設物等	地下埋設物	A	埋設管の種類など	埋設管損傷対策
	近接構造物	A	構造物の種類、地下構造など	変位防止
井戸および公共用水域	井戸	A	位置、深さ、構造、使用目的、使用状況	暫定指針による汚染防止
	公共用水域	A	位置、深さ、経常、構造など	
環境	植物	B	作物、植木、街路樹など	時期、土壌などの検討
	生活	B	建築基準法の用途区分、病院、学校	作業時間などの検討
	交通	B	交通量、道路幅、迂回路	作業時間、占有方法

※重要度　A：絶対必要　B：実施が望ましい　C：必要に応じて実施

1.4　各事前調査項目

1.4.1　土質および地下水調査

　薬液注入の基本的な考えおよび結果は、土質によって大きく左右されるので、特にこの調査は重要で、ポイントは、以下の通りである。

　　①何より注入予定地点のジャストポイントで実施することが基本
　　②土層構成のみならず粒度分布を確認
　　③地表から全層に渡り、土層および締まり具合（N値）を確認
　　④特殊な土層の名称があれば記す
　　⑤地下水位は、不透水層が介在すれば各層毎に確認

1.4.2　埋設物、井戸・環境調査

　『薬液注入工法による建設工事の施工に関する暫定指針』（昭和49年、建設省）により実施が義務づけられ、そのポイントは以下の通りである。

(1) 埋設物等の調査
　　①管理者立ち会いの下での調査と全面試掘
　　②周辺の地下室や地下水槽なども調査

(2) 井戸および公共用水域の調査
　　①井戸の位置、深さ、構造、使用目的及び使用状況
　　②河川、湖沼、海域等の公共用水域及び飲用のための貯水池並びに養魚施設の位置、深さ、形状、構造、利用目的及び利用状況

(3) 環境調査
ⅰ　植生
　　①田畑等の近くでは、農作物の種類や植える時期、収穫時期等を調査
　　②街路樹や生垣近くは、種類等を調査
ⅱ　生活環境調査
　　建築基準法による用途区域の種別や病院・学校などを調査する。
ⅲ　交通
　　道路の実態調査。

1.5　必要な調査の具体例

1.5.1　シールド発進立坑の例（No.6立坑）

　比較的大きな道路を占有して立坑を構築することから、特に表1.5-1に示す特別な項目について、調査の実施が必要である。
　特にここでは、図1.5-1に示すように数多くの埋設物の存在が確認された。この場合、埋設管の移設や防護の検討とともに、それら埋設管を埋めた土砂の状況により、立坑土留壁構築時の崩

壊対策、さらには薬液注入施工法の検討に必要となる。

表1.5-1 No.6 立坑の調査

種　別	区分	内　容	備　考
土　質	一般	柱状図、土層構成、N値、粒度	
	特別	埋設物設置時の埋戻状況	原地盤と埋土の差による施工法の検討要
地下水	一般	地下水位、透水係数	
	特別	各層ごとの水位	不透水層が介在しているとき、層ごとの水位差が生ずることもある。
井戸および公共用水域	一般	周辺井戸調査	
	特別	特になし	
植　生	一般	街路樹	
	特別	特になし	
生活環境	一般	用途区域の区分交通量	
	特別	病院、学校	作業時間、騒音道路占有、プラント位置

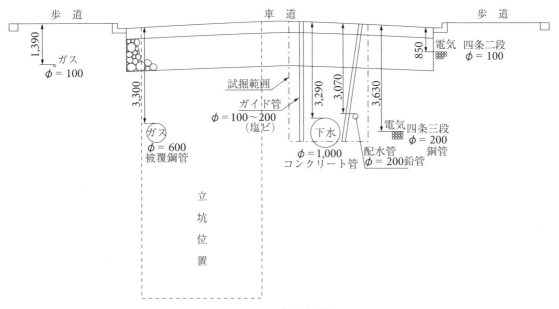

図1.5-1　埋設管試掘結果

1.5.2　シールド到達立坑の例（No.7立坑）

　ここでは、到達立坑は公園内に構築する。そのため植生や土壌について十分な調査が必要となる。また、池などの水質の確認も必要である。

表1.5-2　No.7 立杭の特別調査

種　別	内　容	備　考
井戸および公共用水域	池	水質・魚類等飼育状況
植　生	樹　木	種類、数量、離隔
	土　壌	土質、pH測定
生活環境	公　園	利用状況

1.5.3　小口径推進路線部の例（③推進管周辺崩壊防止）

　ここは道路幅が狭いため、工事中の通行の障害や近接する民家の変状などに注意する必要がある。そのため、特に表1.5-3に示すような調査が必要となる。

表1.5-3　路線の特別な調査

種別	内容	備考
埋設物	各家庭への引き込み管の位置、形状などを追加	管種、大きさ、深さ
構造物	民家の構造、老朽化、クラック、ブロックベイ等	程度を明確にしておく
公共用水域	風呂屋、豆腐屋など井戸水を利用している状況	井戸能力、水質、使用量等
生活環境	迂回路	

1.5.4　河川横断部の例（⑥湧水量低減その他の例）

　No.4立坑から発進して間もなく河川下を横断する部分がある。ここでは、表1.5-4のような調査を特に考える必要がある。

表1.5-4　河川横断部の特別な調査

種別	内容	備考
土質	河川横断部での地質	河川のある所では他の部分と異なる土層堆積になっていることもある。
構造物	護岸および基礎の形状等	護岸基礎が杭構造になっていたら杭の深さ。
公共用水域	河川の流量、水質	降雨量と水位の変動。

2章 設計

2.1 設計の基本
2.1.1 ルートの設計
(1) ルート図

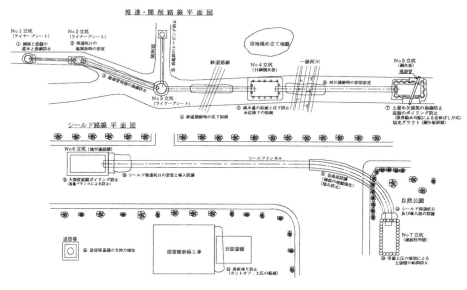

図2.1-1 モデルルート図

(2) 設計例一覧表

設計例は、下水道工事をモデルにして薬液注入工法の採用例の多い15例について、それぞれ細かな展開を行っている。実際の設計に際しては、これらの例から適合するものを選択すれば、容易に設計が可能となる。

また、設計に当たっては、力の問題で範囲を求めているが、湧水による地山の崩壊の可能性も考慮する必要がある。

表2.1-1 設計計算例一覧表

No.	個所	構造物の種類、位置等	注入目的他	掲載ページ
①	立坑部	ライナープレート立坑	側部と底盤の遮水と崩壊防止	22
②	推進部	小口径推進の発進・到達部	推進管の発進・到達時の防護	29
③	〃	刃口推進路線	刃口推進部の切羽防護	35
④	〃	鉄道横断部	鉄道の沈下防止	40
⑤	立坑部	親杭横矢板立坑背面	周辺地下水位低下防止による沈下抑制	45
⑥	推進部	河川下横断	切羽崩壊による河川水の流入防止	53
⑦	立坑部	鋼矢板立坑掘削	欠損部防護、土留壁根入不足対策	56
⑧	開削部	鋼矢板土留壁の開削	ヒービング防止	64
⑨	立坑部	大深度地中連続壁	盤ぶくれ防止	68
⑩	シールド部	発進部	発進時の土留壁背面・切羽安定	72
⑪	〃	急曲線部	ゆるみによる沈下防止	76
⑫	〃	到達部	到達時の土留壁背面・シールド機周辺からの湧水防止	82
⑬	立坑部	連続柱列壁	盤ぶくれ防止と受動土圧強化	86
⑭	開削部	近接構造物	せん断すべり防止	92
⑮	その他	古い送信塔基礎	沈下防止（支持力増加）	96

2.1.2　設計のフロー

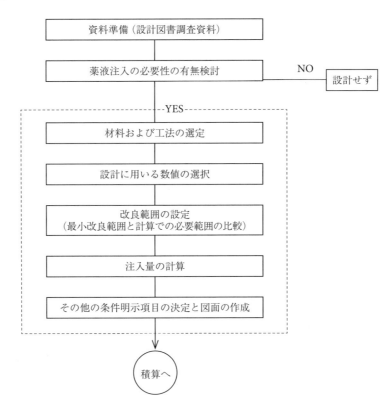

注1）湧水ならびに土砂の崩壊等の問題発生が明らかであるケースでは、安定計算をするまでもなく薬液注入工法を採用する。
注2）設計・計算例での「薬液注入前の安定計算」は、誌面の都合で割愛し薬液注入が必要なものとして取り扱っている例もある。必要に応じ、計算を行う場合は、設計例の改良粘着力を改良前の粘着力に置き替えて計算することによって求めることができる。

図2.1-2　設計のフロー

2.2　設計に用いる基本項目について

2.2.1　基本項目とは

　設計に用いる基本項目とは、設計を行うに際して、繰返し使われるいくつかの項目のことである。まずこの基本項目を理解して、設計の際の利用を容易にできるようにした。
　基本項目には次のようなものがある。

表2.2-1　基本項目

①	注入材料（薬液）と工法の選定
②	設計強度および透水係数
③	安全率
④	最小改良範囲
⑤	注入率
⑥	重要度率
⑦	ゲルタイム
⑧	注入孔間隔と配置

　これらの基本項目の決め方について順を追って記述する。

2.2.2　注入材料の選定
（1）注入材料の分類
現在使われている注入材料は表2.2-2の通りである。

表2.2-2　現在使われている主な材料

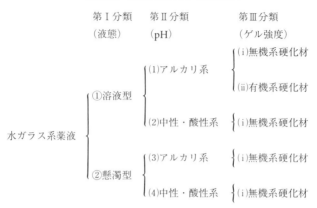

（2）選定の目安
i　特に重要な選定

表2.2-3　特に重要な材料の区分

対象土層	区分	注入形態	固化状況
砂質土、砂礫土、礫質土	溶液型	浸透注入	土粒子の間隙を埋め、土と一体化
粘性土、礫質土の大きな間隙	懸濁型	割裂注入	土中に割裂脈を形成、大間隙への補充

ii　その他の選定

表2.2-4　その他の選定

区分		選定の目安
固化時の反応	アルカリ系 中性・酸性系	特になし、どちらでも可 ・中性・酸性系が優位といわれるケースは公共用水域に近接した注入の場合である。
硬化材	無機系 有機系	特になし、どちらでも可 ・有機系では、水質検査項目として過マンガン酸カリウム測定が必要である。 ・有機系は反応率が良く、無機系より安定性がある。

iii　土質分類による溶液型と懸濁型の選定
粒度分析がある場合には図2.2-1にしたがって選定する。

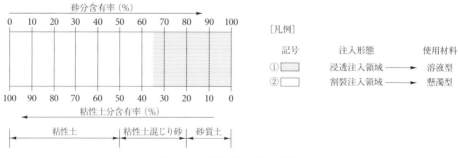

図2.2-1　粒度と注入形態と材料

薬液注入工法に使用する薬液は、前掲の通り暫定指針により水ガラス系薬液で、劇物またはフッ素化合物を含まないものに限定されている。

これらの薬液は、工事目的対象地盤の土質などにより使い分けるものであり、大略図2.2-1にしたがって選定するのが一般的である。

2.2.3　工法の選定
(1) 工法の分類

注1) 二重管ストレーナの二次注入を瞬結で行うこともある。
注2) ゲルタイムが中結と呼ばれているものは緩結の範囲に含まれる。

図2.2-2　一般に使用されている注入工法の分類

(2) 工法選定の目安

図2.2-3のフローを目安に選択する。

通常の選定
二重管ストレーナ工法〈複相タイプ〉 瞬結（一次注入）＋緩結（二次注入）
現在では、ほとんどこの工法であり、効果と工期、コストがもっとも適切である。 ただし、下記の条件においては、瞬結＋瞬結で注入が実施されるケースがある。 　①粘性土への割裂注入 　②N＜10の砂質土への注入 　③$k = 10^{-1}$ cm/s 以上の礫質土

ダブルパッカ工法が優位なケース
①削孔深度が25 m以上 ②ロータリーパーカッション方式の削孔が必要な場合 ③重要構造物の近接施工（軌道下、道路下、建設物直近など） ④高い遮水性が要求される場合 ⑤大規模開削の底盤改良 ⑥その他、特に高い注入効果を期待する場合

図2.2-3　工法選定の目安

(3) 二重管ストレーナ工法の使い分け
i　礫層および砂層

二重管ストレーナ工法において瞬結ゲルタイムと緩結ゲルタイムの使い分けの比率を次の通りとする。

表2.2-5 礫層における使い分け

ゲルタイム	透水係数 cm/s				
	10^0	10^{-1}	10^{-2}	10^{-3}	10^{-4}
瞬結	1				
緩結	0～1		2～4		

表2.2-6 砂層における使い分け

ゲルタイム	N値				
	10	20	30	40	50
瞬結	1				
緩結	0～1		2～3		4以上

ii 粘性土

粘性土は、瞬結ゲルタイムの使用を標準とする。

(4) ダブルパッカの一次注入、二次注入の区分

ダブルパッカ工法では、まず懸濁型の材料を注入して大きな間隙や層境などの薬液が走りやすい部分を埋め、その後、溶液型を注入して土粒子の間隙への浸透注入を図る。
一次注入と二次注入の使い分けの目安を表2.2-7に示す。

表2.2-7 ダブルパッカの注入率区分

土 質	一次注入率	二次注入率	合 計
砂質土	5%	35%以上	40%以上
礫質土	10%	30%以上	40%以上

※一次注入懸濁型
※二次注入溶液型

2.2.4 設計数値

設計に用いる数値は図2.2-4～5により求める。

(1) 改良強度（粘着力）

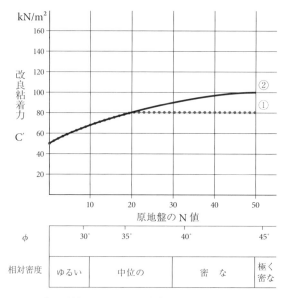

①二重管ストレーナ工法（注入率35%以上）
②ダブルパッカ工法（注入率40%以上）

図2.2-4 砂質土での設計強度

表2.2-8 粘性土での設計強度（注入率30％以上）

| ①二重管ストレーナ工法 | 原地盤の粘着力 +10 kN/m² |
| ②ダブルパッカ工法 | ただし、最大40 kN/m² |

(2) 透水係数

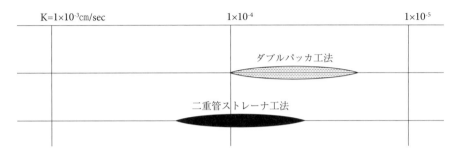

図2.2-5 工法と改良効果（透水係数）の関係

2.2.5 安全率 F_s

安全率は土質、地下水などの施工条件の不確実さ、強度のバラツキ、人為的ミスなどを補うことを目的とし、表2.2-9の通りとする。

表2.2-9 安全率（F_s）

ケース	安全率
通常の場合	1.5以上
特に重要な場合	2.0以上
土留壁の有る立坑の底盤改良で土留壁と改良地盤との付着力を考慮しない場合（大規模開削工事を除く）	1.2以上

2.2.6 最小改良範囲

注入範囲は最小改良範囲以上を確保する。計算で求めた改良範囲の値と照査し、計算で求めた範囲が小さければ最小改良範囲、大きければ計算範囲を注入範囲とする。（最小改良範囲とは、効果的な注入を行うための最小必要範囲であり、複列注入が可能な1.5 m以上を基本とする。）

(1) ライナープレート立坑

側部と底盤の厚みは図2.2-6～2.2-7、表2.2-10の通り。

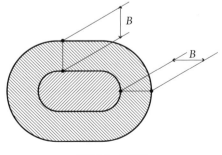

図2.2-6 平面図

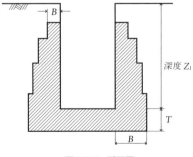

図2.2-7 断面図

表2.2-10　最小改良範囲（ライナープレート立坑）

深度（Z_1）	B・T
0〜5 m	1.5 m
5〜10 m	2.0 m
10〜15 m	2.5 m
15〜20 m	3.0 m

注1）被圧水0.2MPa以上は別途考慮する。
注2）Tはライナープレート短径の1/2以上を取る。

かつては、ライナープレート立坑は浅かったので、最小改良範囲の厚みは複列注入が可能な1.5 mであったが、近年は深くなったことから、深さとともに側部ならびに底盤部の厚みを上記のように変化させる必要がある。

(2) 土留壁のある立坑の例

ⅰ　土留壁との付着力を考慮する場合（一般の推進のための立坑程度）

表2.2-11　最小改良範囲

深度（Z_2）	T
0〜5 m	1.5 m
5〜10 m	2.0 m
10〜15 m	2.5 m
15〜20 m	3.0 m

注1）被圧水0.2MPa以上は別途考慮する。
注2）Tは短辺の1/2以上を取る。

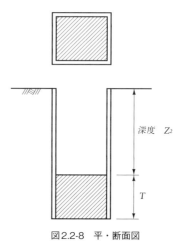

図2.2-8　平・断面図

ⅱ　土留壁との付着力を考慮しない場合（ⅰより大きいか深度の深い立坑）

表2.2-12　最小改良範囲

深度（Z_3）	T
0〜15 m	2.0 m
15〜30 m	3.0 m
30〜45 m	4.0 m
45 m〜	5.0 m以上

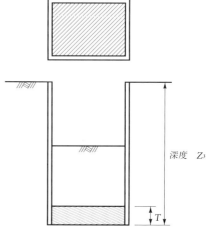

図2.2-9　平・断面図

(3) 管路布設の場合の最小改良範囲の例（発進部・到達部などの鏡部）

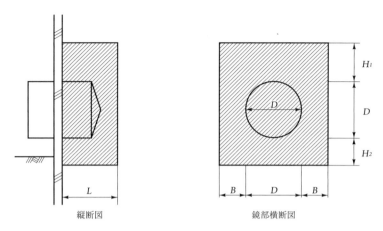

図2.2-10　管路布設の場合の最小改良範囲の一例（発進部・到達部などの鏡部）

表2.2-13　最小改良範囲（鏡部）：単位m

D	D<1.0	1.0≦D<2.0	2.0≦D<3.0	3.0≦D<4.0	4.0≦D<5.0	5.0≦D<6.0	6.0≦D<7.0	7.0≦D<8.0
B	1.0	1.5	1.5	2.0	2.5	3.0	3.5	4.0
H_1	1.5	1.5	2.0	2.0	3.0	3.0	4.0	4.0
H_2	1.0	1.0	1.5	1.5	2.0	2.5	3.0	3.5
L	1.5	2.0	3.0	4.0	5.0	6.0	7.0	8.0

注1）D：掘削外径
注2）Lの値は、切羽開放時の最小改良範囲である。
注3）大深度の場合については、協会に問い合わせる。
注4）推進機と管本体に差がある場合や止水区間が必要な場合は、(4)管路布設の場合の最小改良範囲の例（発進部・到達部などの挿入部・受入部）を使用する。

(4) 管路布設の場合の最小改良範囲の例（発進部・到達部などの挿入部・受入部）

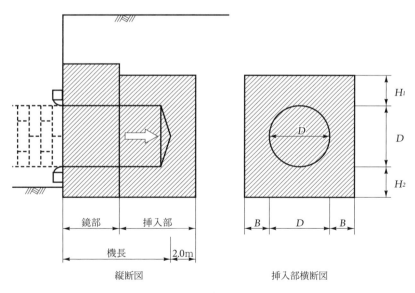

発進部

図2.2-11①　管路布設の場合の最小改良範囲の一例（発進部・到達部などの挿入部・受入部）

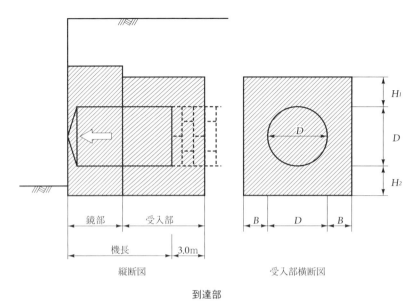

到達部

図2.2-11② 管路布設の場合の最小改良範囲の一例（発進部・到達部などの挿入部・受入部）

表2.2-14 最小改良範囲（鏡部）：単位m

D	D＜1.0	1.0≦D＜2.0	2.0≦D＜4.0	4.0≦D＜8.0
B	1.0	1.5	1.5	2.0
H_1	1.5	1.5	1.5	2.0
H_2	1.0	1.0	1.5	2.0

注1) D：掘削外径。
注2) 大深度の場合については協会に問い合わせる。

(5) 土留欠損部におけるラップ長の取り方

土留壁欠損部防護（窓開部）のラップ長は図2.2-12のように行う。

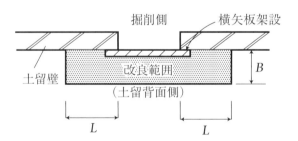

注) L＝1.5m以上、かつ1/2B以上

図2.2-12 土留欠損部防護（窓開部）のラップ長

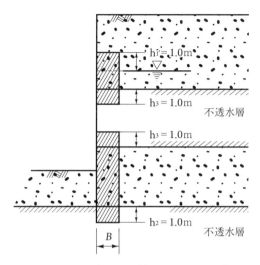

図2.2-13　不透水層および地下水位とのラップ長

厚みBについてはライナープレート立坑の側部の厚みと同じ方法で求める。

地下水位の変動への安全性、不透水層の不陸および層境の乱れを考慮し、1.0 mのラップを設ける。

(6) 管路布設の例

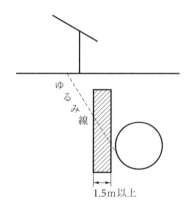

図2.2-14　管路布設の場合の最小改良範囲の一例（家屋など地上構造物防護の場合）

2.2.7　注入率と重要度率
(1) 注入量の算定
注入量は次式により算定する。

$$Q = V \cdot \lambda \cdot J \quad \cdots\cdots(式2.2\text{-}1)$$

ここに

Q：注入量（m³）

V：注入対象土量（m³）

λ：注入率（％）

J：重要度率（％）

(2) 注入率

注入率は一般に表2.2-15により求める。

表2.2-15 注入方式による標準注入率

注入方式 \ 注入率	砂質土	粘性土
二重管ストレーナ	35%以上	30%以上
ダブルパッカ	40%以上	30%以上（ただし、砂質土との互層のときに使用）

〈参考資料〉 表2.2-16 最近の注入率の施工実績

二重管ストレーナ工法

土質	N値		実態調査平均注入率（%）	調査件数（件）
粘性土	ゆるい	0～4	36.8	289
	中位	4～8	34.4	150
	締まった	8～15	31.3	102
砂質土	ゆるい	0～10	39.5	289
	中位	10～30	37.1	636
	締まった	30以上	33.5	250

調査件数 1,716件（平成12年4月～平成13年11月調べ）

(3) 重要度率

工事の重要性や効果の期待度により重要度率を表2.2-17のように考える。

表2.2-17 重要度率

重要度率	方式	
	二重管ストレーナ工法	ダブルパッカ工法
90%	急曲線ゆるみ防止 周辺構造物の影響防止壁	一般に採用しない
100%	通常のケース	
120%	重要構造物防護、高水圧下での遮水、大深度、大きな欠損防護など、期待度大のとき。	

2.2.8 その他の項目

(1) ゲルタイム

ゲルタイムは工法を選定した時点でほぼ決定される。選定の基本は表2.2-18の通りである。

表2.2-18 ゲルタイム選択の基本

工法	土質	
	礫および砂質土	粘性土
二重管ストレーナ	瞬結＋緩結	瞬結
ダブルパッカ	緩結	—

ゲルタイムの区分 瞬結：秒の単位、緩結：数～時間の単位

このうち砂質土層における、二重管ストレーナ工法〈複相タイプ〉の使い分けは表2.2-5（P.12）、表2.2-6（P.12）による。

ダブルパッカの使い分けは表2.2-7のように行う。

(2) 注入孔間隔

i 注入孔間隔の基本

削孔間隔は複列配置で1.0 mを原則とする。

ii 配置例

a) 正方形の場合

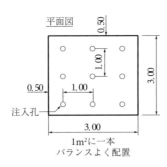

図2.2-15　正方形配置（例）：単位m

b) 帯状の場合

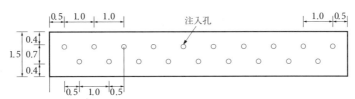

図2.2-16　帯状配置（例）：単位m

c) 管路部の場合

D＜1.0 mの場合（側部改良幅B = 1.0 m）の例

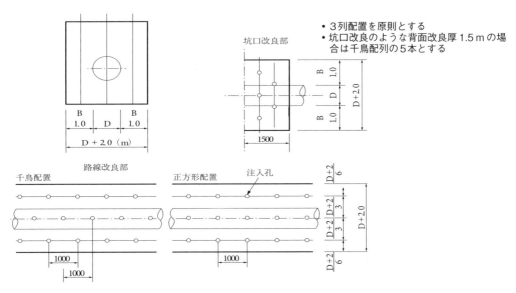

図2.2-17　管路（D＜1.0 m）の配置（例）：単位m

D ≧ 1.0 m の場合（側部改良幅 B = 1.5 以上）の例

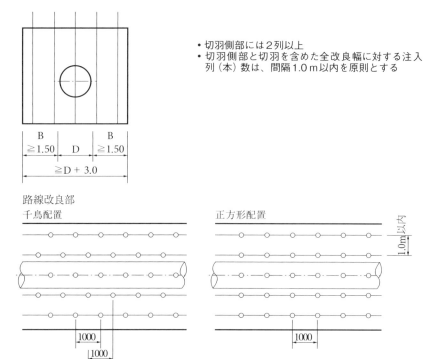

- 切羽側部には 2 列以上
- 切羽側部と切羽を含めた全改良幅に対する注入列（本）数は、間隔 1.0 m 以内を原則とする

正方形配置：列と行方向の間隔が都合良く 1.0 ～ 0.9 m にとれる場合で、強度増加を主体に考える場合。3 列以上の複例配置が可能な場合。
千鳥配置　：改良幅が 2.0 m 未満で列と列の間隔が 0.9 m に満たない場合。止水性を重要視する場合。改良範囲の形状が、千鳥配置にすると都合が良い場合。

図 2.2-18　管路（D ≧ 1.0 m）の配置（例）：単位 m

d) 小判型立坑背面部（周囲）の場合

● 2 列配置の場合

外周注入孔で 1 m 間隔を基本とし、内周列は、外周注入孔の中間に配置する。

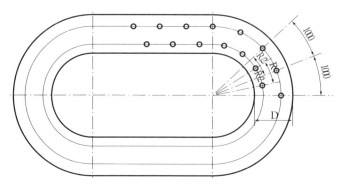

図 2.2-19　2 列配置の注入孔配置（例）：単位 m

● 3列以上の配置の場合

改良厚さの中心線で1m間隔を基本とし、内・外周列は、それぞれその中間点に配置する。

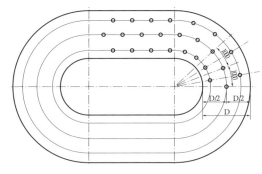

図2.2-20　3列配置の注入孔配置（例）：単位m

e）　斜掘りを含む例

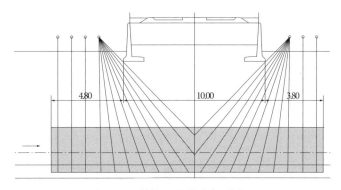

図2.2-21　斜掘りの配置（例）：単位m

f）　水平注入の例

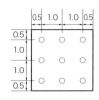

図2.2-22　水平注入の配置（例）：単位m

2.2.9　条件明示

『施工管理等』により工事の発注に当っては「条件明示」をすることになっている。したがって設計の際は、この条件明示の内容について検討しておくことが必要である。契約時に明示する事項は次の通りである。

(1) 工法区分

二重管ストレーナ、ダブルパッカ工法等

(2) 材料の種類
　①溶液型、懸濁型の別
　②溶液型の場合は有機、無機の別
　③瞬結、中結、長結の別

(3) 施工範囲
　①注入対象範囲
　②注入対象範囲の土質分布

(4) 削孔
　①削孔間隔および配置
　②削孔総延長
　③削孔本数

なお、1孔当りの削孔長に幅がある場合、(3)の①注入対象範囲、(4)の①削孔間隔および配置等に1孔当りの削孔長区分がわかるよう明示するものとする。

(5) 注入量
　①総注入量
　②土質別注入率

(6) その他
上記の他、本文Ⅰ、Ⅱに記述されている事項など薬液注入工法の適切な施工管理に必要となる事項。
注)(3)の①注入対象範囲および(4)の①削孔間隔および配置は、標準的なものを表していることを併せて明示するものとする。

2.3　設計・計算例

図2.1-1モデルルート図（P.8）の中を参照の上、各個所での設計・計算例を記載する。
実際の設計に際しては、これらの例から適合するものを選択すれば容易に設計が可能となる。
さらにこれらの設計手法を用いることにより、他のケースの場合の計算へも応用して使用することができる。
また設計に当たっては、力の問題で範囲を求めているが、湧水による地山の崩壊の可能性も考慮する必要がある。

2.3.1　ライナープレート立坑（側部および底盤遮水と崩壊防止）
(1) 設計条件
　i　本体工事の方法
　a) 山留工法はライナープレート
　　立坑直径：2.50 m
　　立坑深度：8.00 m

b) 立坑掘削時には

ライナープレート　2リング（1 m）ずつ掘削 → ライナープレート設置 → 裏込め注入
裏込めの未注入高さが1 m以上にならないように裏込め注入作業を繰り返す。

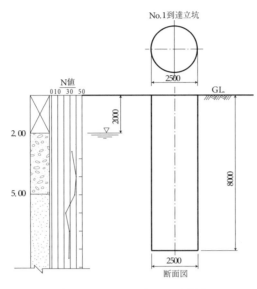

図2.3-1　ライナープレート立坑図

(2) 問題点と対策

表2.3-1　問題点と対策

施工条件	土質条件	発生が予想される問題点	薬液注入による対策
・ライナープレート立坑掘削 ・1.0m掘削ごとにライナープレート設置裏込め注入実施	・$N=20 \sim 30$の中位の砂層と$k=5\times10^{-2}$ cm/sの礫層 ・透水性比較的大きい	・地下水以下掘削時の湧水と土砂の崩壊 ・底盤からのボイリング	・側部および底盤部の遮水による掘削時の側面の安定 ・底盤部のボイリング防止

(3) 工法および材料の選定

工法の選択：二重管ストレーナ工法〈複相タイプ〉

表2.3-2　工法選定の目安

通常の選定
二重管ストレーナ工法〈複相タイプ〉
瞬結（一次注入）＋緩結（二次注入）
現在では、ほとんどこの工法であり、効果と工期、コストがもっとも適切である。 ただし、下記の条件においては、瞬結＋緩結で注入が実施されるケースがある。 　①粘性土への割裂注入 　②$N<10$の砂質土への注入 　③$k=10^{-1}$ cm/s以上の礫質土への注入

ダブルパッカ工法が優位なケース
①削孔深度が25 m以上 ②ロータリーパーカッション方式の削孔が必要な場合 ③重要構造物の近接施工（軌道下、道路下、建設物直近など） ④高い遮水性が要求される場合 ⑤大規模開削の底盤改良 ⑥その他特に高い注入効果を期待する場合

材料の選択：溶液型

表2.3-2　材料の選定

対象土層	区分	注入形態	固化状況
砂質土、砂礫土、礫質土	溶液型	浸透注入	土粒子の間隙を埋め、土と一体化
粘性土、礫質土の大きな間隙	懸濁型	割裂注入	土中に割裂脈を形成、大間隙への補充

表2.3-3　材料の選定

ゲルタイム	透水係数 cm/s				
	10^0	10^{-1}	10^{-2}	10^{-3}	10^{-4}
瞬結	1				
緩結	0〜1		2〜4		

表2.3-4　材料の選定

ゲルタイム	N値				
	10	20	30	40	50
瞬結	1				
緩結	0〜1		2〜3		4以上

注）粘性土は、瞬結ゲルタイムの使用を標準とする。

選定結果
　　工法……二重管ストレーナ工法〈複相タイプ〉
　　材料……溶液型注入材
　　　　瞬結ゲルタイム1：緩結ゲルタイム2

(4) 設計に用いる数値の決定

設計に用いる数値はN＝20〜40であるから、図2.3-3より粘着力Cは80 kN/m² となる。

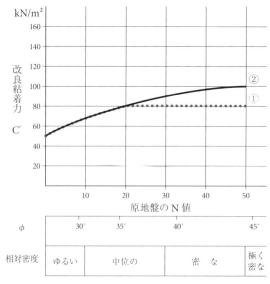

①二重管ストレーナ工法（注入率35％以上）
②ダブルパッカ工法（注入率40％以上）

図2.3-3　砂質土での設計強度

(5) 改良範囲の算定
i 計算方法

表2.3-5 ライナープレート立坑の計算方法

箇所	計算方法
側部	掘削からライナープレート設置時までの間、掘削高さ（Z）は素掘りとなる。この位置での土圧、水圧を薬液注入の厚みtの押し抜きせん断抵抗力で持たせる。
底盤部	立坑の直径を円とする円盤にかかる揚圧力Uに対抗する掘削面下の土塊重量Wとせん断抵抗力Fで抵抗させる。

ii 立坑背面改良範囲の検討

湧水を防止する目的で薬液注入により難透水層（遮水壁）を形成する。遮水壁には主働土圧と水圧による外力Pに対抗する改良土のせん断抵抗力Fとの平衡条件より改良厚さを求める。

$$F_s = \frac{F}{P} = \frac{C' \times t}{P_a + P_w}$$

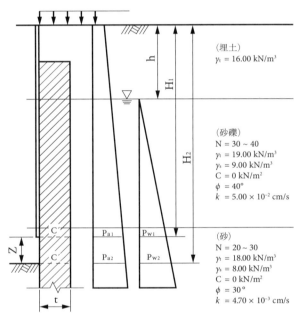

図2.3-4 設計条件図

ここに
 F_s：安全率
 F：せん断抵抗力
 P：外力（$P_a + P_w$）
 C'：改良後の粘着力
 t：改良厚さ

図2.3-4において
 H_1：既設置ライナープレートの下端の深さ ＝ 7.00 m
 H_2：掘削深度 ＝ 8.00 m
 Z：ライナープレート未設置高さ

$Z = H_2 - H_1 = 1.00$ m

$q = $ 上載荷重 $= 10.00$ kN/m²

$h = $ 地下水位 $= $ G.L. $- 2.00$ m

$\gamma_t = $ 土の単位体積重量 $= 16.00$ kN/m³（水位上）

$\gamma_w = $ 水の単位体積重量 $= 10.00$ kN/m³

$\gamma_s = $ 土の水中単位体積重量

$\phi = $ 土の内部摩擦角

$C' = $ 改良後の粘着力 $= 80.00$ kN/m²

$F_s = $ 安全率 $= 1.5$

とすると

a) 土圧

$P_a = (\gamma_t \cdot H + q)K_a - 2 \cdot C \cdot \tan(45° - \phi/2)$

$K_a = $ (主働土圧係数) $= \tan^2(45° - \phi/2) = 0.33$

$P_{a1} = 28.05$ kN/m²

$P_{a2} = 30.69$ kN/m²

$P_a = 1/2 \times (P_{a1} + P_{a2}) \times Z = 29.37$ kN/m²

b) 水圧

$P_{w1} = \gamma_w (H_1 - h) = 50.00$ kN/m²

$P_{w2} = \gamma_w (H_2 - h) = 60.00$ kN/m²

$P_w = 1/2 \times (P_{w1} + P_{w2}) \times Z = 55.00$ kN/m²

c) 押し抜き力

$\Sigma P = P_a + P_w = 84.37$ kN/m²

改良厚さは

$$t = \frac{P \times F_s}{2 \times C'} = 0.79 \text{ m}$$

となる。

iii 立坑底盤部改良範囲の検討

湧水を防止する目的で薬液注入により難透水層を形成すると遮水盤には揚圧力 U が作用し盤ぶくれ現象が発生する。これに対抗する土塊重量 W ＋ 改良土のせん断抵抗力 F との平衡条件より改良厚さを求める。

$$F_s = \frac{W+F}{U} \quad \cdots\cdots(\text{式}2.3\text{-}1)$$

ここに

F_s：安全率

W：土塊重量

F：せん断抵抗力

U：揚圧力

D：立坑径 $= 2.50$ m

A：立坑平面積 $= 4.91$ m²

L：立坑周長 $= 7.85$ m

H：底盤からの地下水頭　＝ 6.00 m
γ_w：水の単位体積重量　＝ 10.00 kN/m³
C'：改良後粘着力　＝ 80.00 kN/m²
F_s：安全率　＝ 1.5
t：改良厚さ（m）

とすると

$W = \gamma_t \cdot A \cdot t = 88.38t$
$F = C' \cdot L \cdot t = 628.0t$
$U = A \times (H + t) \cdot \gamma_w = 294.60 + 49.10t$
$F_s = \dfrac{W+F}{U}$ の関係式より

改良厚さは

t ＝ 0.69 m

となる。

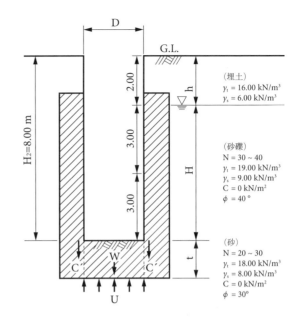

図2.3-5　設計条件図

iv　計算範囲の設定

計算で求めた範囲が最小改良範囲より小さいので今回は最小改良範囲を必要範囲とする。

表2.3-6　最小改良範囲

深度	B、T
0～5 m	1.5 m
5～10 m	2.0 m
10～15 m	2.5 m
15～20 m	3.0 m

表2.3-7　改良範囲

検討個所	最小改良範囲	計算結果	改良範囲
背面	H=0～5.00：1.50 m H=5.00～10.00 m：2.00 m	0.79 m	1.5 m 2.0 m
底盤	H=5.00～10.00 m：2.00 m	0.45 m	2.0 m

※改良範囲の上限は地下水位とのラップ長1.0 mのG.L.−1.0 mとする

(6) 数量の算定

i　注入量の算定

注入量は

Q ＝ V×λ×J

で算定する。

ここで

λ：表2.2-15（P.18）より、　35％
J：表2.2-17（P.18）より、　100％

よって注入量は図2.3-6を参照して表2.3-8のように求める。

表2.3-8　注入量

個所	土質	対象土量		注入率λ	重要度率J	注入量Q
背面	砂礫	(5.50²−2.50²)×3.14/4×4.00	= 75.36 m³	35%	100%	26.38 m³
	砂	(6.50²−2.50²)×3.14/4×5.00	= 141.30 m³	35%	100%	49.46 m³
	計		= 216.66 m³			75.84 m³
底盤	砂	(2.50²)×3.14/4×2.00	= 9.81 m³	35%	100%	3.43 m³
計			= 226.47 m³			79.27 m³

表2.3-9　注入材別注入量

個所	土質	注入比率		注入量	
		瞬結材	緩結材	瞬結材	緩結材
背面	砂礫	1	2	8.79 m³	17.59 m³
	砂	1	2	16.49 m³	32.97 m³
	計			25.28 m³	50.56 m³
底盤	砂	1	2	1.14 m³	2.29 m³
計				26.42 m³	52.85 m³

ⅱ　注入孔配置

図2.2-18より千鳥配置とする。また配置方法は図2.2-19（P.20）にしたがう。

改良範囲外周注入孔の周長は

$L = \{2.50 + (1.50 \times 2)\} \times 3.14 = 17.27$ m

立坑背面一列当たりの注入本数は

$n = 17.27 \div 1$ 本/m $= 17$ 本

立坑背面の注入本数は

$N = 17 \times 2$ 列 $= 34$ 本（$A = 28.26$ m²）

底盤部の注入本数は

$n = (2.50^2 \times 3.14/4) \div 1$ 本/m² $= 5$ 本

（7）改良範囲その他平面図

表2.3-10　設計数量表

注入工法	二重管ストレーナ工法	
土　質	砂礫層	砂層
本　数	17×2 + 5 = 39本	
削孔長	10.00m×39本 = 390.00m	
対象土量	75.36m³	151.11m³
注入率	35%	35%
重要度率	100%	
注入量 瞬結材料	8.79m³	17.63m³
緩結材料	17.59m³	35.26m³
計	26.38m³	52.89m³

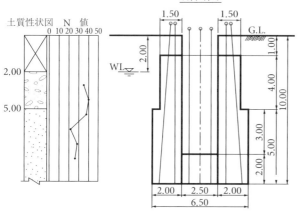

図2.3-6　ライナープレート立坑の注入範囲図

2.3.2 小口径推進の発進部・到達部（発進および到達防護）

(1) 設計条件
i 本体工事の方法
工事方法：小口径の推進管を発進・到達させるために坑口の開放を行う。

推進管外径 ：$\phi 0.96$ m
推進管内径 ：$\phi 0.80$ m
推進管土被り： 6.77 m

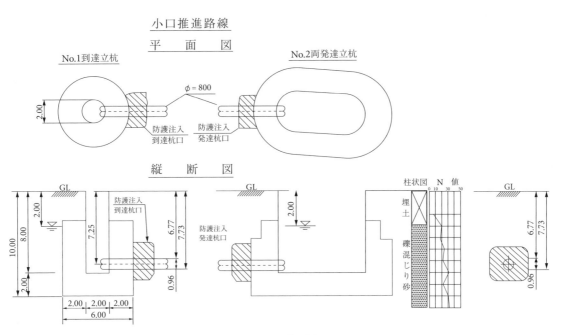

図2.3-7 施工図

(2) 問題点と対策

表2.3-11 問題点と対策

施工条件	土質条件	発生が予想される問題点	薬液注入による対策
ライナープレート立坑からの発進と到達	・N値20～30の礫まじり砂透水性比較的大きい ・$\gamma_t = 18.00$ kN/m³ ・$\phi = 30°$	坑口開放時の切羽の崩壊	立坑背面土砂の安定による切羽崩壊防止

(3) 工法ならびに薬液の選択
工法は図2.2-2～3（P.11）、材料は表2.2-2～4（P.10）により選定する。

選定の結果、工法は二重管ストレーナ工法〈複相タイプ〉、材料は溶液型となる。礫まじり砂層は砂層の取り扱いとする。

(4) 設計に用いる数値の決定
設計に用いる数値は、N値20～30砂質土層、工法は二重管ストレーナ工法〈複相タイプ〉から、図2.2-4（P.12）より $C' = 80.00$ kN/m² となる。

(5) 改良範囲の検討

i 計算方法

表2.3-12 小口径推進発進到達部の計算方法

個　所	計算方法
上部の改良厚さ	掘削により応力開放され、トンネル周辺に発生したゆるみ土圧を改良範囲の粘着力（C'）で持たせる。
側部の厚み	幾何学的に求める。（図2.3-9参照）
底部の厚み	ライナープレート立坑と同じ。 揚圧力と土塊の重量およびせん断抵抗力とのバランスから算出する。
延長の厚み	開口部を直径とする円盤の押し抜きから求める。

ii 上部改良厚みの計算

推進のための鏡部の開放、および推進による羽口応力が開放されることから地中の応力のバランスが失われ、推進管周辺にゆるみが発生し、土砂の崩壊が生ずる。

このような場合、薬液注入を行うことにより地山の粘着力を増加させて土砂の崩壊を防ぐことができる。

薬液注入により粘着力が増加した地山を掘ると、a＜r＜Rで表わされる範囲は塑性領域となる。注入はこの不等式の成立する範囲とする。求めるのはRである。（図2.3-8参照）

$$\ln R + \frac{R \cdot \gamma_t}{2C'} = \frac{H \cdot \gamma_t}{2C'} + \ln a \quad \cdots\cdots (2.3\text{-}2)$$

この式よりRを求め、R−a、から上部の改良厚さtを求める。

$$t = F_s (R-a)$$

ここに

　R：切羽中心から塑性領域（改良範囲）外側までの距離
　γ_t：土の単位体積重量　　18.00 kN/m³
　H：切羽中心の土被り　　7.25 m
　a：切羽半径　　0.48 m
　C'：改良後の粘着力　　80.00 kN/m²
　F_s：安全率　　1.5
　ϕ：土の内部摩擦角　　30°

（2.3-2）式より

$$\ln R + \frac{R \times 18.00}{2 \times 80.00} = \frac{7.25 \times 18.00}{2 \times 80.00} + \ln 0.48$$

この式より試算で両辺が等しくなる（R）を求めると、R = 0.97 を得る。

必要厚みtは

　　t = 1.5 (0.97−0.48) = 0.74 m

を得る。

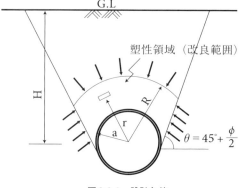

図2.3-8　設計条件

iii 側部の改良厚さ

トンネル側部の改良厚さは図2.3-9に示すようにして求めることができる。

$$t' = R'\sin\alpha - a \quad \cdots\cdots (2.3\text{-}3)$$

$$R' = a + t$$

$$\alpha = 360-(90\times2 + \beta + \theta)$$
$$= 180-(\beta + \theta)$$
$$\beta = \cos^{-1} a/R'$$
$$\theta = 45° + \phi/2$$

となる。

したがって

$R' = 0.48 + 0.74 = 1.22$ m
$\beta = \cos-10.48/1.22 ≒ 66.8°$
$\theta = 45° + 30°/2 = 60°$
$\alpha = 180 - (66.80 + 60) = 53.2°$
$t' = 1.22 \times \sin53.20 - 0.48 ≒ 0.50$ m

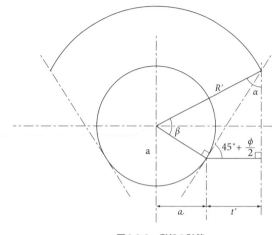

図2.3-9 側部の計算

iv 底部の改良厚さ

底部の改良厚さは、改良体の底部に作用する揚圧力 U と改良土重量 W + 改良土のせん断抵抗力 F との平衡条件より求める。

$$F_s = \frac{W + F}{U} \quad \cdots\cdots(2.3\text{-}4)$$

ここに

W：改良土の重量（$\gamma_t \times D \times t$）
F：改良土のせん断抵抗力（$2 \times C' \times t$）
U：揚圧力 [$\gamma_w \times D \times (h_{w2}+t)$]
$\gamma_t = 18.00$ kN/m³
$C' = 80.00$ kN/m²
$\gamma_w = 10.00$ kN/m³

図2.3-10 より

D = 0.96 m
h_{w2} = 5.73 m
F_s = 1.5 となる。
W = 18.00×0.96×t = 17.28t
F = 2×80.00×t = 160.0t
U = 10.00×0.96×(4.73 + t)
  = 55.01 + 9.60t

(2.3-4) 式に代入

$$1.5 = \frac{17.28 t + 160t}{55.01 + 9.60t}$$

$$t = \frac{82.52}{162.88} = 0.51 \text{ m}$$

となる。

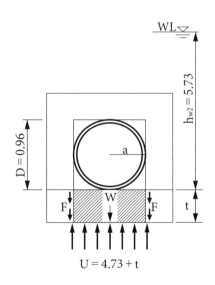

図2.3-10 底盤部の計算

v 延長方向の改良長さ

図2.3-11に示すように、鏡開放時に改良体の背面から作用する土圧と水圧により改良体が押し抜かれないような厚みBを求める。

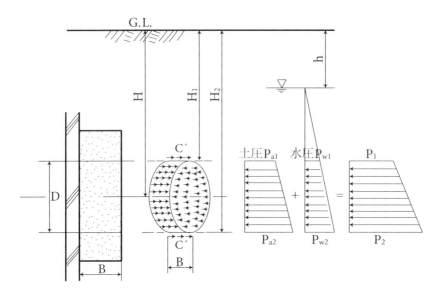

図2.3-11 設定条件

土圧はランキンレザールの土圧計算式から、水圧は静水圧として求める。上載荷重（10 kN/m²）を考慮するものとする。

$$P_a（土圧）= (\gamma_t \cdot H + q)\tan^2(45° - \phi/2) - 2 \cdot C \cdot \tan(45° - \phi/2) \quad \cdots\cdots(2.3\text{-}5)$$

$$P_w（水圧）= \gamma_w \cdot h_w \quad \cdots\cdots(2.3\text{-}6)$$

切羽面の改良固結土に作用する外力Pは

$$P = W \cdot A = \frac{\pi}{8} D^2 (P_{a1} + P_{a2}) \quad \cdots\cdots(2.3\text{-}7)$$

ただし

$$W = \frac{P_{a1} + P_{a2}}{2}、A = \frac{\pi \times D^2}{4}$$

これに対抗する力Sは

$$S = \pi \cdot D \cdot B \cdot C'$$

となり、必要な改良厚さBは、

$$F_s \cdot P = S$$

により求める。

ここに

P_a：土圧	P_w：水圧	H_c：埋土厚	D：推進管径
H：土被	H_s：砂層厚	q：上載荷重	h：地下水位
S：抵抗力	γ_t：土の単位体積重量	H_2：管底深度	C：土の粘着力
ϕ：土の内部摩擦角	γ_w：水の単位体積重量	F_s：安全率	C'：改良後の粘着力

図2.3-11において

  D = 0.96 m γ_t = 18.00 kN/m³
  H_1 = 6.77 m γ_t' = 8.00 kN/m³
  H_2 = 7.73 m ϕ = 30°
  q = 10.00 kN/m² F_s = 1.5
  h = 2.00 m   C = 0

とすると

a) 土圧

（2.3-5）式より

  P_{a1} = 28.05 kN/m²
  P_{a2} = 30.72 kN/m²

b) 水圧

（2.3-6）式より

  P_{w1} = 47.70 kN/m²
  P_{w2} = 57.30 kN/m²

c) 土圧 + 水圧

  P_1 = 75.75 kN/m²
  P_2 = 88.02 kN/m²

となる。

したがって固結土の全面に作用する力Pは（2.3-7）式より

  P = 59.27 kN/m²

となる。

これに対抗する力Sは

  S = 3.14×0.96×B×80.00
   = 241.15×B kN/m³

となる。

必要な厚みBは

$$B = \frac{1.5 \times 59.27}{241.15} = 0.37 \text{ m}$$

を得る。

vi 改良範囲の設定

計算で範囲が求められたら、最小改良範囲と比較して大きい方を採用する。

表2.3-13 改良範囲

検 討 条 件	最小改良範囲	計算結果	設定値（改良範囲）
上部改良厚さ	1.50 m	0.74	1.50 m
側部改良厚さ	1.00 m	0.50	1.00 m
底部改良厚さ	1.00 m	0.51	1.00 m
改良延長	1.50 m	0.37	1.50 m

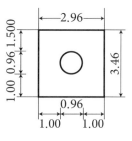

図2.3-12 断面仕様

ライナープレート立坑のように、周囲の背面がすでに改良されている場合、この改良体が、立坑掘削時に傷んでいなければ、坑口を開放するための坑口注入は不要と考えられる。しかし、改良範囲を通過した途端に改良幅が短いため湧水や崩壊を発生するケースが多くなるが、坑口注入を立坑背面注入の外側に行った場合はトラブルが少なくなる。

これは、立坑掘削時に傷んだ背面注入を補強するとともに、改良範囲が広くなって地下水の浸透パスが長くなったことで抵抗が大きくはたらいたことにある。したがって本書ではこの方法を採用する。

(6) 数量の算定
ⅰ 注入量
注入量は

$$Q = V \times \lambda \times J$$

で算定する。
ここで

 λ：表2.2-15（P.18）より、35％

 J：表2.2-17（P.18）より、100％

注入量は表2.3-14のようになる。

表2.3-14 数量計算

箇　所	対　象　土　量	注入率	重要度率	注入量
発進部	2.96×3.46×1.50 = 15.36m³	35％	100％	5.38m³
到達部	2.96×3.46×1.50 = 15.36m³	35％	100％	5.38m³

ⅱ 注入比率
注入比率は表2.2-6（P.12）より決定する。（N = 20～30の砂層）

表2.3-15 注入材別注入量

箇　所	土質	注入比率		注入量	
		瞬結材	緩結材	瞬結材	緩結材
小口径 発進部・到達部	砂	1	2	3.59m³	7.17m³

ⅲ 注入孔配置
図2.2-18（P.20）より千鳥配置とする。

小口径発進部・到達部の列数は

 L = 1.50 m ÷ 1本/m = 2列

小口径発進部・到達部の1断面当たりの注入本数は

 n = 2.96 m ÷ 1本/m = 3本（1列目）・2本（2列目）

小口径発進部・到達部の注入本数は

 N = 5本（発進部）　N = 5本（到達部）

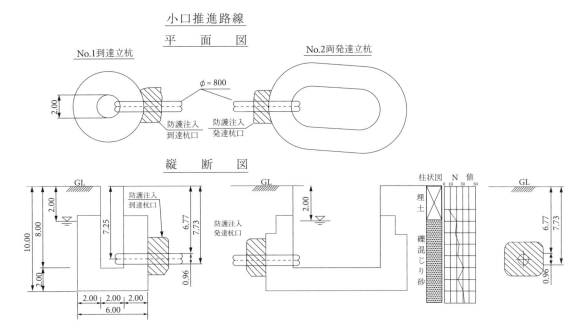

図2.3-13 小口径推進発進・到達口注入範囲

表2.3-16 数量表

注入工法	二重管ストレーナ工法
土　質	礫まじり砂層
本　数	5×2 = 10本
削孔長	8.73×10 = 87.3m
対象土量	15.36×2 = 30.72m³
注入率	35%
重要度率	100%
注入量 瞬結材料	3.59m³
注入量 緩結材料	7.17m³
注入量 計	10.76m³

2.3.3 推進管周囲の崩壊防止（切羽防護）
（1）設計条件
i 本体工事の方法
工事方法：　　刃口推進
推進管外径：　ϕ1.20 m
推進管内径：　ϕ1.00 m
推進管土被り：　5.50 m

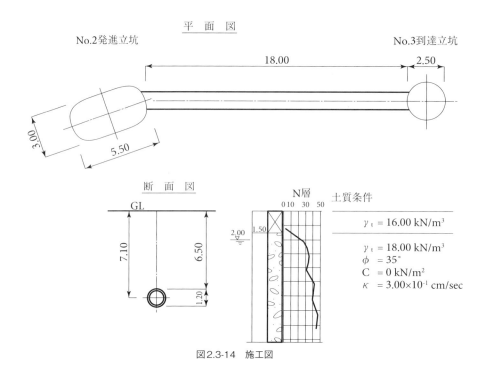

図2.3-14 施工図

（2）問題点と対策

表2.3-17 問題点と対策

施工条件	土質条件	発生が予想される問題点	薬液注入による対策
砂礫層のため切羽開放の刃口推進	・N値30〜50の砂礫 ・礫径max 50mm ・透水性大 ・$\phi = 35°$	・切羽から湧水と崩壊 ・路線部の陥没 ・埋設管の損傷	全断面注入 （遮水および崩壊防止）

（3）工法ならびに薬液の選定

工法は図2.2-3（P.11）、および表2.2-5（P.12）、材料は表2.2-3（P.10）により選定する。
工法は二重管ストレーナ工法〈複相タイプ〉、材料は溶液型となる。

（4）設計に用いる数値の決定

設計に用いる数値は、土質がN = 30〜50の砂礫土、注入工法が二重管ストレーナ工法〈複相タイプ〉より、粘着力 $C' = 80.00 \text{ kN/m}^2$ となる。図2.2-4（P.12）

（5）改良範囲の算定

i　計算方法

推進管の発進到達部の防護の計算と同様。
　　上部の厚みの計算　　式2.3-2（P.30）より
　　側部の厚みの計算　　式2.3-3（P.30）より
　　底部の厚みの計算　　式2.3-4（P.31）より
　　改良延長は推進部全延長

ii 厚みの計算

　上部の厚み　0.66 m
　側部の厚み　0.44 m
　底部の厚み　0.52 m

これらの計算根拠は次の通り。

　　上部厚：t

式（2.3-2）より

$$l_n \cdot R + \frac{R \times 18.00}{2 \times 80.00} = \frac{1.50 \times 16.00 + 5.60 \times 18.00}{2 \times 80} + l_n 0.60$$

$$l_n R + 0.1125 \cdot R = 0.2692$$

代入法より

　　$R ≒ 1.15$ m

　　∴ $t = (R - a) \cdot F_s$
　　　　$= (1.15 - 0.60) \times 1.50$
　　　　$= 0.83$ m

側部厚：t′

　　$t' = R' \cdot \sin\alpha - a$
　　$R' = a + t = 1.43$ m
　　$\alpha = 180 - (\beta + \theta) = 52.31°$
　　$\beta = \cos^{-1}\dfrac{a}{R'} = 65.19°$
　　$\theta = 45° + \phi/2 = 62.5°$

以上より

　　∴ $t' = 1.43 \times \sin 52.31 - 0.60$
　　　　$= 0.53$ m

底部厚：t

揚圧力

　　$U = (H_w + t) \cdot \gamma_w \cdot D = 68.40 + 12.00t$

土塊重量

　　$W = D \cdot t \cdot \gamma_t = 21.60t$

せん断抵抗力

　　$F = 2 \cdot C' \cdot t = 160.00t$
　　$F_s \cdot U = W + F$
　　$1.50(68.40 + 12.0t) = 21.6t + 160.0t$
　　∴ $t = 0.63$ m

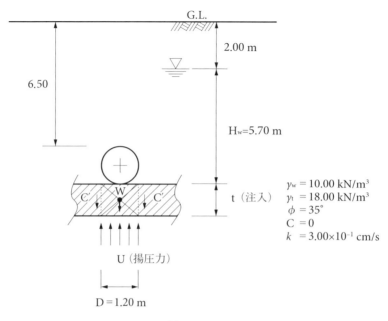

図2.3-15

iii 改良範囲の設定

計算で範囲が求められたら、最小改良範囲表2.3-19と比較して、大きい方の値を採用する。

表2.3-18 改良範囲

検討条件	計算結果	最小改良範囲	改良範囲
上部改良厚さ	0.83	1.50m	1.50m
側部改良厚さ	0.53	1.50m	1.50m
底部改良厚さ	0.63	1.00m	1.00m
改良延長	−	−	15.00m

※改良延長 = 路線長 − 2 × 立坑背面改良幅

表2.3-19 最小改良範囲

D	D＜1.0	1.0≦D＜2.0	2.0≦D＜3.0	3.0≦D＜4.0	4.0≦D＜5.0	5.0≦D＜6.0	6.0≦D＜7.0	7.0≦D＜8.0
B	1.0	1.5	1.5	2.0	2.5	3.0	3.5	4.0
H_1	1.5	1.5	2.0	2.0	3.0	3.0	4.0	4.0
H_2	1.0	1.0	1.5	1.5	2.0	2.5	3.0	3.5
L	1.5	2.0	3.0	4.0	5.0	6.0	7.0	8.0

(7) 数量の算定

i 注入量

注入量は

$\quad Q = V \times \lambda \times J$ で算定する。

ここで

　λ：表2.2-15（P.18）より、 35%

　J：表2.2-17（P.18）より、 100%

よって注入量は、図2.3-16（P.39）および図2.3-17（P.40）から表2.3-20のようになる。

表2.3-20 注入量

個　所	土質	対象土量	注入率λ	重要度率J	注入量Q
刃口推進部	砂礫	4.20×3.70×14.00 = 217.56m³	35%	100%	76.14m³

ii　注入比率

注入比率は表2.2-5（P.12）より決定する。

表2.3-21　注入材別注入量

箇　所	土質	注入比率		注入量	
		瞬結材	緩結材	瞬結材	緩結材
刃口推進部	砂礫	1	1	38.07m³	38.07m³

iii　注入孔配置

図2.2-18（P.20）より千鳥形配置とする。

刃口推進部の1断面当たりの注入管行数は注入幅の関係上、0.9 mピッチで5行とする。

各行当たりの注入本数は、1.0 mピッチを基本に、それぞれ下記の通りとする。

- 1、5　行目→各16本/行×2行 = 32本
- 2、4　行目→各15本/行×2行 = 30本
- 　3　行目→　14本/行×1行 = 14本

※　以上より、注入本数の合計は76本とする。

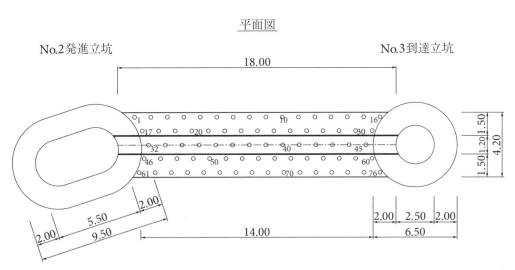

図2.3-16　刃口推進部の注入範囲

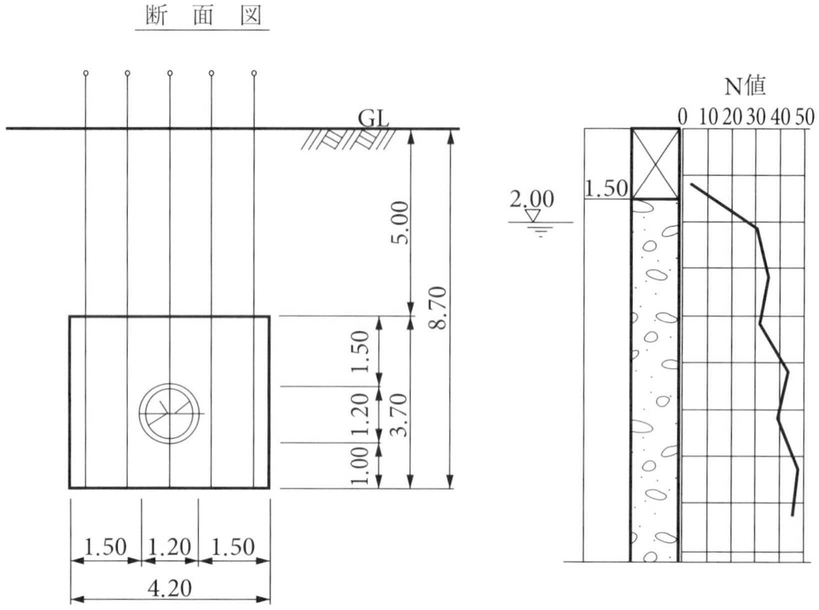

断面図

図2.3-17 刃口推進部の薬液注入範囲

表2.3-22 設計数量表

注入工法	二重管ストレーナ工法〈複相タイプ〉
土　質	砂礫層
本　数	76本
削孔長	8.7m/本×76本 ＝ 661.2m
対象土量	217.56m³
注入率	35.0％
重要度率	100.0％
注入量 瞬結材料	38.07m³
注入量 緩結材料	38.07m³
注入量 計	76.14m³

2.3.4　推進路線鉄道下横断部（鉄道横断時の沈下抑制）
（1）設計条件
本体工事の方法

　工事方法：機械推進工事によって鉄道下を横断する。

　推進管外径：ϕ1.78 m

　推進管内径：ϕ1.50 m

　推進管土被り：9.00 m

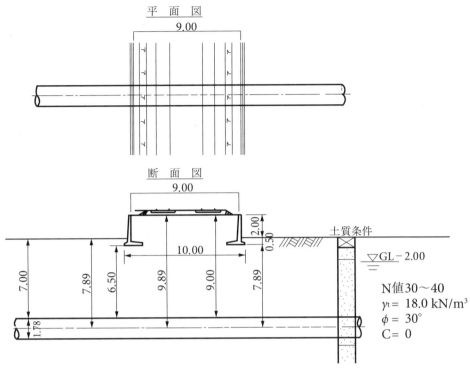

図2.3-18 施工図

(2) 問題点と対策

表2.3-23 問題点と対策

土質条件	発生が予想される問題点	環境への影響	薬液注入による対策
・N値30〜40の中位の砂 ・透水性は高い	土砂の取込みによる上部地盤のゆるみ、および構造物の沈下	・路盤の沈下と陥没 ・構造物の不等沈下 ・鉄道の運休	推進管上部および側部の改良

(3) 工法および材料の選定

工法は図2.2-2（P.11）、および図2.2-3（P.11）、材料は表2.2-3（P.10）により選定する。

選定結果は、工法は二重管ストレーナ工法〈複相タイプ〉、材料は溶液型となる。

(4) 設計に用いる数値の決定

設計に用いる数値は土質が$N=30〜40$の砂質土、工法が二重管ストレーナ工法〈複相タイプ〉であることから図2.2-4（P.12）より粘着力は80 kN/m²となる。

注) シールド工事による地表沈下防止グラウト、平田隆一、柴崎光弘、久保弘明、第23回土木学会学術講演会1968より引用　計算式により範囲を求める。

(5) 改良範囲の算定

i　計算方法

応力解放によるゆるみ域を改良粘着力で防止する。

改良厚さは式2.3-2（P.30）によって計算する。

ii 上部改良範囲の検討

塑性領域から上部改良厚さを求める。

図 2.3-19 において

H = 9.89 m
γ_t = 18.0 kN/m³
C' = 80.0 kN/m²
a = 0.89 m
F_s = 1.5

としたうえで (2.3-2) 式により

$$\ln R + \frac{R \times 18.0}{2 \times 80.0} = \frac{9.89 \times 18.0}{2 \times 80.0} + \ln 0.89$$

$\ln R + 0.1125R = 0.99609$

代入法より

R ≒ 2.13 m

∴ t = $F_s \cdot (R - a)$
 = 1.50×(2.13 − 0.89)
 = 1.86 m

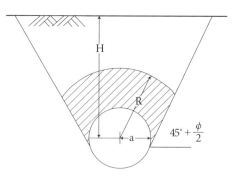

図 2.3-19 設定条件図

iii 側部改良範囲の検討

上部改良厚さ t と崩壊角 θ = 45°+φ/2 の交点までとして側部改良厚さを求める。

側部厚:t'

① R' = a + t
  = 0.89 + 1.86 = 2.75 m

② $\beta = \cos^{-1}\frac{a}{R'} = 71.12°$

③ θ = 45° + φ/2 = 60°

④ α = 360°−(90°×2 + β + θ) = 48.88°

以上より

∴ t' = R'·sinα − a = 1.18 m

iv 改良下部の検討

底盤は、ゆるみの発生に無関係のため不要。

v 改良延長の検討

鉄道下をトンネルが横断し、構造物防護を考慮した図 2.3-20 のような注入を行う場合、改良範囲は構造物からの荷重分布線とトンネル下端との交点とする。ただし、トンネル掘削によるゆるみ防止の必要性がある場合、進入側の改良を延長する。

$$L_1 = L_2 = \frac{H+D}{\tan 60°}$$

$\Sigma L = L_1 + L_2 + B$

ここに

H:構造物下端からの土被り =6.50 m
D:切羽直径=1.78 m

L_1：推進機進入側
L_2：推進機退出側
B：鉄道下横断延長 $= 10.00$ m
とすると

$$L_1 = L_2 = \frac{6.50+1.78}{\tan 60°} = 4.78 \text{ m}$$

$$\therefore \Sigma L = 19.56 \text{ m}$$

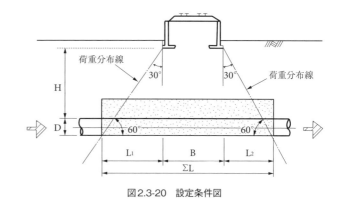

図2.3-20　設定条件図

vi 改良範囲の設定

計算で求められた範囲と最小改良範囲 表2.2-13（P.15）との比較により大きい方の数値を採用する。

表2.3-24　改良範囲

検討条件	計算結果	最小改良範囲	改良範囲
上部改良厚さ	1.86	1.50m	1.90m
側部改良厚さ	1.18	1.50m	1.50m
改良延長	−	−	19.56m

vii 改良断面の決定

改良断面は、機械推進のため切羽の湧水対応が不必要であることから、図2.3-21に示すような門型注入とする。側部の改良下端は、滑り面と円の接点（イ、イ'）とする。門型内面位置は、この接点から垂直に立上げた線が円と交差する点（ロ、ロ'）とし、さらに天井は（ロ-ロ'）を結んだ線とする。

$h_1 = a \cdot \cos\theta = 0.445$ m
$t_1 = 3.24 - 0.89 = 2.35$ m
$t_2 = 2h_1 = 0.89$ m
$B_1 = 2a \cdot \sin\theta = 1.54$ m
$B_2 = (4.78 - 1.54)/2 = 1.62$ m

(6) 数量の算定

i 注入量の算定

注入量は下式より求める。

$Q = V \cdot \lambda \cdot J$

λ：表2.2-15（P.18）より、35%（砂質土）
J：表2.2-17（P.18）より、120%（重要度大）

よって注入量は表2.3-25のようになる。

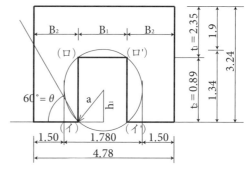

図2.3-21　改良断面

表2.3-25　注入量

個所	土質	対象土量	注入率λ	重要度率J	注入量Q
鉄道下横断部	砂	$(4.78 \times 3.24 - 0.89 \times 1.54) \times 19.56 = 276.12$m³	35%	120%	115.97m³

ii 注入比率

注入比率は表2.2-6(P.12)より決定する。

表2.3-26 注入材別注入量

箇所	土質	注入比率		注入量	
		瞬結材	緩結材	瞬結材	緩結材
鉄道下横断部	砂	1	3	28.99m³	86.98m³

iii 注入孔配置

図2.2-18(P.20)より正方形配置とする。
鉄道下横断部の注入孔の列数は

　　L ＝19.56 m÷1列/m＝20列となる。

1断面当たりの注入本数は

　　n ＝4.78÷1行/m＝5本となる。(側部に2行、中央に1行、計5行)

注入本数は

　　N ＝(20列 ＋ 4列)×5本＝120本となる。

注)鉄道下横断部の施工は斜め施工となることから4列追加となる。(図面参照)

(7) 範囲および設計数量のまとめ

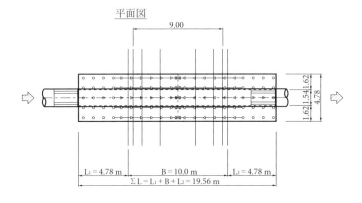

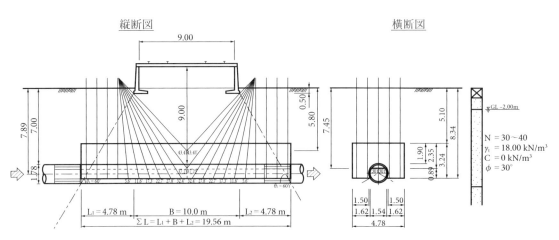

図2.3-22 鉄道下横断設計図

表2.3-27 設計数量表

注入工法	二重管ストレーナ工法〈複相タイプ〉
土質	砂層
本数	120本
削孔長	L=1028.46 m
対象土量	276.12 m³
注入率	35.0%
重要度率	120.0%
注入量 瞬結材料	28.99 m³
注入量 緩結材料	86.98 m³
注入量 計	115.97 m³

(8) 削孔長および注入本数の算出

表2.3-28 削孔長および注入本数算出表

施工角度	番号	位置	削孔角度(°)	削孔長(本/m)	本数(本)	延長(m)
鉛直施工	①	側部	90	8.34	32	266.88
	②	中央		7.45	8	59.60
斜め施工	③	側部	50	8.38	8	67.04
	④	中央		7.49	2	14.98
	⑤	側部	11.6	8.51	8	68.08
	⑥	中央		7.61	2	15.22
	⑦	側部	17.3	8.74	8	69.92
	⑧	中央		8.00	2	16.00
	⑨	側部	22.7	9.04	8	72.32
	⑩	中央		8.08	2	16.16
	⑪	側部	27.8	9.43	8	75.44
	⑫	中央		8.42	2	16.84
	⑬	側部		9.88	8	79.04
	⑭	中央		8.82	2	17.64
	⑮	側部		9.35	10	93.50
	⑯	中央		7.98	10	79.80
計					120	1028.46

2.3.5 親杭横矢板立坑（周辺水位低下防止対策）

(1) 設計条件

①山留工法は親杭横矢板方式で施工する。

　立坑サイズ：5.0 m×9.2 m

　立坑深度　：20.0 m

②立坑掘削1 m毎に横矢板を設置し掘削する。

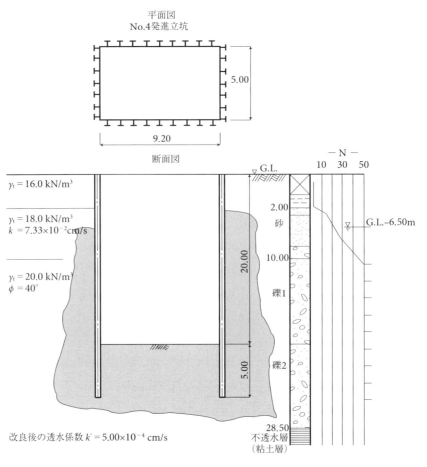

図2.3-23　設計条件図

(2) 問題点と対策

表2.3-29　問題点と対策

施工条件	土質条件	薬液注入なしの場合	薬液注入による対策
・II鋼横矢板 ・掘削深さ20mと深い	・砂および礫質土 ・N>50と良く締っているが透水係数10^{-2}cm/sのオーダーである	・湧水最大となる（排水不能） ・土砂の崩壊 ・水位低下による近隣建物の沈下	・湧水量を抑制（排水可能にする） ・土砂の崩壊防止 ・地下水低下抑制による沈下抑制

(3) 工法および材料の選定

工法は図2.2-3（P.11）より選定した結果、ダブルパッカ工法となる。したがって材料は一次注入はセメントベントナイト（CB）、二次注入は溶液型を使用する。

(4) 設計に用いる数値

ここでは、湧水量の低減という水に関する問題を取り扱うことから、改良後の透水係数の値を目標として次のように定める。

$k = 5×10^{-4}$ cm/s以下とする。

湧水量の目標は毎分$1\,m^3$以下とする。

(5) 改良範囲の算出

i 計算方法

立坑内への流入量を約 1 m³/分に抑えることができる注入厚みを求める。その結果地下水位の低下を抑制し周辺の沈下を防止する。

ii 薬液注入なしで掘削した場合の湧水量の計算

薬液注入なしで掘削した場合は、図 2.3-24 のような水位低下となり、埋め土地盤の沈下が発生する。

iii 改良する前の湧水量の確認

地盤改良しない場合の最大湧水量（掘削完了時点）を算出する。
立坑を井戸として考え、便宜上不透水層に達している自由水の完全井戸として扱う。
湧水量の計算式はThiemの井戸に流入する水理公式から求める。

$$Q = \frac{\pi k_n (H^2 - h^2)}{\ln \frac{R}{r}} \quad \cdots\cdots (2.3\text{-}8)$$

ここに
- H：地下水位から不透水層までの高さ ＝ 22.0 m
- h：井戸底（立坑底）から不透水層までの高さ ＝ 8.5 m
- S：低下したときの水頭 ＝ 20.0 − 6.50 ＝ 13.50 m（現水位〜床付面）
- k_n：改良前の透水係数 ＝ 7.33×10^{-2} cm/s ＝ 4.40×10^{-2} m/min
- $k_n' = 7.33 \times 10^{-4}$ m/sec

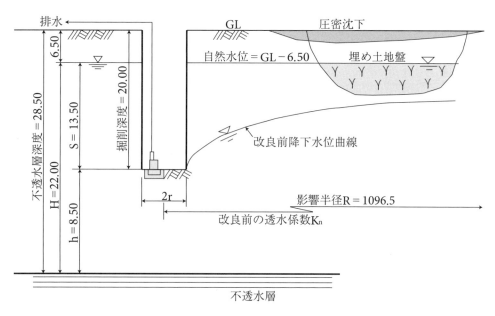

図2.3-24　改良幅と湧水量算出条件図

k_g：改良後の透水係数 = $5.0×10^{-4}$ cm/s = $3.0×10^{-4}$ m/min
R ：影響半径 (m) Sichardtの式より算定
r ：井戸半径 (立坑周長を浸透面とした円換算半径)
L ：立坑周長 (余掘を0.2 m想定した掘削面とする浸透面延長)

[(9.20 + 0.20×2) + (5.00 + 0.20×2)]×2 = 30.00 m

したがって換算井戸半径は

$$r = \frac{L}{2×\pi} = 4.78 \text{ m}$$

影響半径は、Sichardtの式より次のように求める。

$$R = 3000·S\sqrt{k_m'} = 1096.5 \text{ m}$$

(2.3-8) 式にこれらの数値を代入して湧水量を算出すると次のようになる。

$$Q = \frac{\pi×4.40×10^{-2}(22.0^2 - 8.50^2)}{\ln\frac{1096.5}{4.78}} = 10.472 ≒ 10.5 \text{ m}^3/\text{min}$$

この揚水量を1日当たりにすると $\Sigma Q = 10.5×60×24 = 15,120$ m³/d となり、一般の下水道などへの排水が不可能なほど多量の湧水となる。したがって、湧水量を減少させる必要があり、1 m³/分以下の湧水量となる改良厚みを求める。

iv　改良幅の検討

下式により注入幅Bと湧水量の関係式を求める。

$$Q = \frac{\pi k(H_2 - h^2)}{\ln\frac{R}{r+B} + \frac{1}{\beta}·\ln\frac{r+B}{r}} \quad \cdots\cdots (2.3\text{-}9)$$

ここに

$$\beta = \frac{k'}{k} = \frac{1}{147}$$

$$\frac{1}{\beta} = 147$$

上記式にBの値を仮定 (1.0 m、2.0 m、3.0 m、4.0 m) してそれぞれの湧水量を求め、各改良幅と湧水量の関係を求める。

① B = 1.0 m の場合

$$Q_{1.0} = \frac{\pi×4.4×10^{-2}×(22.0^2 - 8.50^2)}{\ln\frac{1096.5}{4.78+1.0} + 147×\ln\frac{4.78+1.0}{4.78}} = 1.72 \text{ m}^3/\text{min}$$

② B = 2.0 m の場合

$Q_{2.0} = 1.01$ m³/min

③ B = 3.0 m の場合

$Q_{3.0} = 0.75$ m³/min

④ B = 4.0 m の場合

$Q_{4.0} = 0.61$ m³/min

これを図示すると図2.3-25のようになる。

計算上、改良幅が2.0 mのとき、湧水量は約1 m³/分となる。
したがって、安全率1.5を採用し、必要最大改良厚みは3.0 mとする。

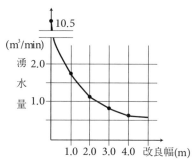

図2.3-25 湧水量と改良幅の関係

表2.3-30 湧水量と改良幅の関係

改良幅	単位	改良前	1.0m	2.0m	3.0m	4.0m
湧水量	m³/min	10.5	1.72	1.01	0.75	0.61
減少化	—	1	1/6	1/10	1/14	1/17

v 水位低下量の推定

改良幅3.0 mの外円に流入する湧水量が0.75 m³/分（図2.3-25より）の場合の改良外円の水位高さを求める。この水位が未改良地盤の最低水位となるから、これより影響半径 R_g を求め、任意の点の水位低下高さ S_g を求めて水位低下曲線を図示する。

任意の点の水位降下高さは、湧水量算出式に湧水量や影響半径を代入して算出することが可能であるが、ここでは、片対数グラフによって簡便に求める。

$$Q = \frac{\pi k_g (h_g^2 - h^2)}{\ln \frac{r+B}{r}}$$

式を展開すると

$$h_g = \sqrt{\frac{Q \cdot \ln \frac{r+B}{r}}{\pi \cdot k} + h^2}$$

ここに

　　Q：湧水量　　　　　　　　= 0.75 m³/min
　　r：換算井戸半径　　　　　= 4.78 m
　　B：改良幅　　　　　　　　= 3.0 m
　　h：不透水層までの高さ　= 8.5 m
　　k'：改良後の透水係数　　= 3.0×10⁻⁴ m/min

これらの数値を代入すると

　　h_g = 21.4 m

したがって、水位降下高さは

　　S_g = 22.00−21.4 = 0.60 m

この場合の影響半径は

　　$R_g = 3000 \cdot S \sqrt{k_m'}$ = 48.7 m

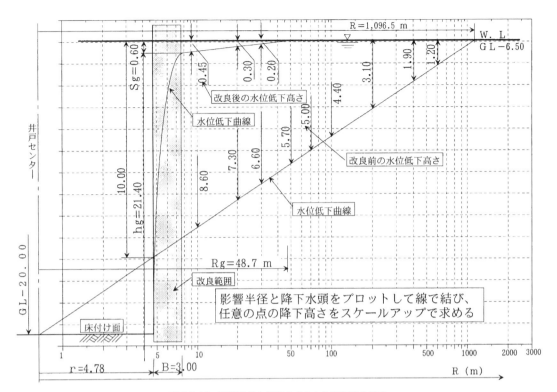

図2.3-26 影響半径と任意の点の水位降下高さ推定

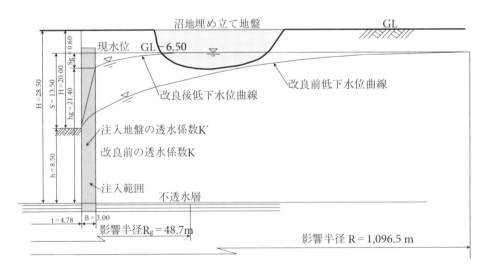

図2.3-27 改良幅と湧水量算出条件図

先に求めた改良前のR、S、ここで求めたRg、Sgを片対数グラフ 図2.3-26にプロットし、さらに任意の点の水位降下高さをスケールアップで求めた後、その値から図2.3-27のような水位曲線を得る。

(6) 改良範囲の設定

計算で求められた範囲と最小改良範囲 表2.3-31の比較により大きい方の数値を採用する。

表2.3-31　範囲の選択

検討個所		計算結果	最小改良範囲	改良範囲
背面	6.5～10.0m	3.0m	2.0m	2.0m
			2.5m	2.5m
	10.0～		3.0m	3.0m
底　盤			3.0m	3.0m

改良厚みの最大値は3.0 mとするが、掘削深度が浅い所は、水圧も小さく、それだけ湧水量は少ない。

そのため、深さによる最小改良厚みの値を採用する。

(7) 数量の算出

i　注入量

$Q = V \times \lambda \times J$で算出する。

ここで

λ：表2.2-15（P.18）より、40%

J：表2.2-17（P.18）より、120%

よって注入量は、

表2.3-32　注入量

個所	土質	対象土量		注入量	重要度率	注入量
背面	砂	(5.0×2.0 + 13.2×2.0)×4.5×2=	327.60m³	40%	120%	157.25m³
	砂礫1	(5.0×2.5 + 14.2×2.5)×5.0×2=	480.00m³			230.40m³
	砂礫2	(5.0×3.0 + 15.2×3.0)×8.0×2=	969.60m³			465.41m³
	計		1,777.20m³			853.06m³
底盤	砂礫2	5.0×9.2×3.0=	138.00m³	40%	120%	66.24m³
計			1,915.20m³			919.30m³

ii　次数別注入率

一次注入、二次注入の注入率は表2.2-7（P.12）を参考にして表2.3-33のように決定する。

表2.3-33　次数別注入量

個所		注入率		注入量	
		一次注入	二次注入	一次注入	二次注入
立杭背面	砂	5%	43%	7.86m³	149.39m³
	砂礫1	10%	38%	23.4m³	207.36m³
	砂礫2	10%	38%	46.54m³	418.87m³
	計			77.44m³	775.62m³
立杭底盤	砂礫2	10%	38%	6.62m³	59.62m³
計				84.06m³	835.24m³

iii　注入孔間隔

注入孔間隔は千鳥配置とする。

〔注入本数：N〕

　　背面部：N＝32本(1列目) + 40本(2列目) + 48本(3列目) ＝120本

　　底盤部：N＝48本　合計120本 + 48本 ΣN＝168本

(8) 改良範囲その他

表2.3-34 設計数量表

注入工法	ダブルパッカ工法
本　数	168本
削孔長	23.00×168本＝3,864.00m
対象土量	1,915.20m³
注入率	CB5%と10%　緩結43%と38%
重要度率	120%
注入量 CB	84.06m³
注入量 緩結注入材	835.24m³
注入量 計	919.30m³

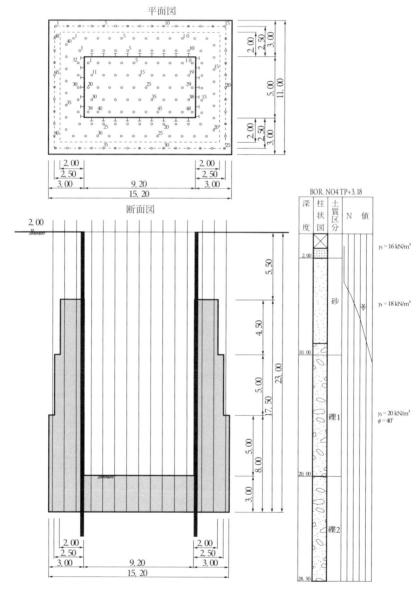

図2.3-28　湧水量低減のための注入設計図

2.3.6 河川下横断部（河川横断時の切羽安定）

（1）設計条件

工事目的　　　：機械推進工事において河川下を横断する
推進管外径　　：$\phi 2.12$ m
推進管内径　　：$\phi 1.80$ m
推進管土被り　：11.40 m（河川水位より）

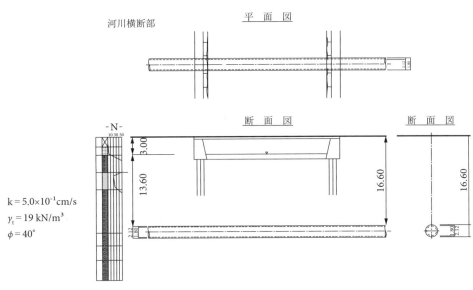

図2.3-29　施工図

（2）問題点と対策

表2.3-35　問題点とその対策

施工条件	土質条件	発生が予想される問題点	薬液注入による対策
推進工法による河川下の横断	・N値50以上の砂礫 ・透水性大	・切羽崩壊等による河川水の流入 ・護岸杭の支持力低下による沈下	推進に先立つ全断面注入による切羽安定 （ゆるみ等の伝達阻止）

（3）工法と材料の選定

工法は図2.2-3（P.11）、および表2.2-5（P.12）、材料は表2.2-3（P.10）により選定する。
選定結果は、工法は二重管ストレーナ工法〈複相タイプ〉、材料は溶液型となる。

（4）設計に用いる数値の決定

設計に用いる数値はN = 50以上の礫質土で透水係数は$k=5 \times 10^{-1}$ cm/sである。
工法は二重管ストレーナ工法〈複相タイプ〉であることから、粘着力C'は80 kN/m^{2}となる。

（5）改良範囲の算定

i　計算方法

「2.3.2　推進管路発進到達部」（P.42）に使用した応力開放による塑性領域の計算方法で求める。

ii 各部分の計算

上部の改良範囲：式2.3-2（P.30）より、t = 5.69 m
側部の改良範囲：式2.3-3（P.30）より、t = 2.71 m
底部の改良範囲：式2.3-4（P.31）より、t = 2.57 m

を得る。

iv 改良延長の検討

河川下をトンネルが横断するため、特に河川水の流入を考慮して図2.3-30のような全断面注入を行う。（鉄道横断部参照）

推進機進入側 ┐
推進機退出側 ┘ 掘進により発生するゆるみ線が構造物に影響する位置。

$L_1 = L_2 = (H+D) \div \tan\theta$

$\Sigma L = L_1 + L_2 + B$

ここに

H：切羽上部の土被り
D：切羽直径
θ：60°
L_1：推進機進入側
L_2：推進機退出側
B：河川下横断延長

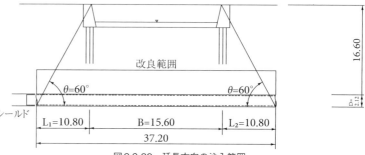

図2.3-30　延長方向の注入範囲

図2.2-30において

H = 16.60 m
D = 2.12 m
B = 15.60 m

とすると

$L_1 = L_2 = \dfrac{H+D}{\tan\theta} = 10.80 \text{ m}$

$\Sigma L = 10.80+15.60+5.32 = 37.20 \text{ m}$

となる。

v 改良範囲の設定

計算で求められた範囲と最小改良範囲 表2.2-13（P.15）の比較により、大きい方の数値を採用する。

表2.3-36　改良範囲

検討条件	計算結果	最小改良範囲	改良範囲
上部改良厚さ	5.69m	2.00m	5.70m
側部改良厚さ	2.71m	1.50m	2.80m
底部改良厚さ	2.57m	1.50m	2.60m
改良延長	37.20m	—	—

(6) 数量の算定

i 注入量

注入量は、

$$Q = V \times \lambda \times J$$

ここで

　λ：表2.2-15（P.18）より、35％（礫層）

　J：表2.2-17（P.18）より、120％（重要度大）

よって注入量は、

表2.3-37　注入量

箇　所	土質	対　象　土　量	注入率	重要度率	注入量
河川下横断部	砂礫	7.72×10.42×37.20=2,992.46m³	35%	120%	1,256.84m³

ii 注入比率

注入比率は表2.2-5（P.12）より決定する。

表2.3-38　注入材別注入量

箇　所	土質	注入比率		注入量	
		瞬結材	緩結材	瞬結材	緩結材
河川下横断部	砂礫	1	1	628.42m³	628.42m³

iii 注入孔の配置

図2.2-18（P.20）より正方形配置とする。

表2.3-39　注入孔数量表

注入孔の列数	37.20÷1.0=38列
1断面当りの注入本数	7.72÷1.0=8本
合計注入本数	38×8=304本

(7) 範囲および設計数量まとめ

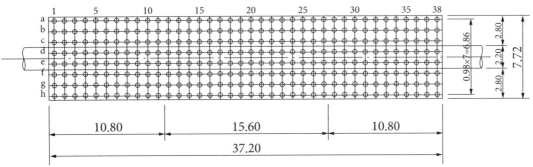

図2.3-31①　河川横断部注入範囲図（平面図）

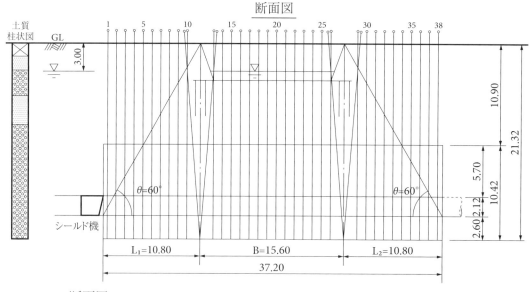

図2.3-31② 河川横断部注入範囲図

表2.3-40 数量表

注入工法	二重管ストレーナ工法
土　質	砂礫層
本　数	304本
削孔長	6,481.28 m
対象土量	2,992.46 ㎥
注入率	35.0%
重要度率	120.0%
注入量 瞬結材料	628.42 ㎥
注入量 緩結材料	628.42 ㎥
注入量 計	1,256.84 ㎥

2.3.7　鋼矢板立坑（土留欠損部崩壊防止他）

（1）設計条件

①発進到達立坑の山留工法は鋼矢板である。

　立坑寸法：9.20 m×5.60 m

　立坑深度：9.00 m

②埋設管があり鋼矢板に欠損部が発生する。

　立坑1m掘削毎に横矢板を設置しながら掘進する。

③鋼矢板の打設は土質条件として、細砂層のN値が高いことから、オーガ先行掘削が必要である。

④鋼矢板打設完了後、ボイリングのチェックを行った結果、土留の根入れ不足が確認された。

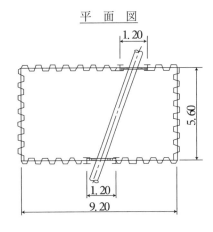

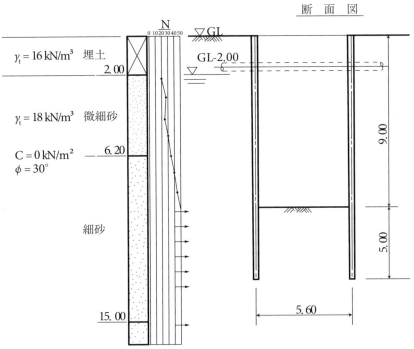

図2.3-32　設計条件

(2) 問題点と対策

表2.3-41　問題点と対策

施工条件	土質条件	発生が予想される現象	薬液注入による対策
・オーガ削孔 ・鋼矢板建込	・上部砂N=30程度 ・中部の締り具合 ・透水性比較的小 ・下部細砂N>50良く締っている ・透水性良好	・土留欠損部の崩壊 ・根入れ下端からの廻り込み ・鋼矢板打設時のゆるみ個所からの噴発	・土留欠損部補強 ・根入れ延伸でのボイリング対策 ・打設時のゆるみ補強

(3) 工法および材料の選定

工法は図2.2-3（P.11）、および表2.2-6（P.12）、材料は表2.2-3（P.10）により選定する。
選定結果は表2.3-42のようになる。
鋼矢板打設に際してオーガでゆるめた部分の補修は、プレグラウト工として、薬液注入に先立って実施する。

表2.3-42　選定結果

対　象	工　　法	材　料
地　山 （砂）	二重管ストレーナ 〈複相タイプ〉	溶液型
打設時の ゆるみ域	二重管ストレーナ 〈単相タイプ〉	懸濁型

(4) 設計に用いる数値の決定

設計に用いる数値は $N = 30 \sim 50$ 以上の砂質土、工法は二重管ストレーナ工法〈複相タイプ〉、したがって図2.2-4（P.12）より粘着力 $C' = 80 \, kN/m^2$ となる。

(5) 注入範囲の算定

i　計算方法

① 鋼矢板打設時に生じたゆるみ部分については薬液注入に先立って、填充グラウトで埋める。（これをプレグラウトという。）
② 土留欠損部背面の改良幅は土圧、水圧に対抗するのに必要な薬液注入の厚みを計算で求める。
③ 鋼矢板根入れの不足部分は、ボイリングが発生しない必要長さを、限界動水勾配の式より求める。

ii　土留欠損部の検討

a) 範囲の計算

湧水を防止する目的で薬液注入により遮水壁を形成する。遮水壁には外力 P が作用し遮水壁を破壊しようとするので、これに対抗する改良土のせん断抵抗力 F との平衡条件より改良厚さを求める。

$$F_s = \frac{F}{P} = \frac{C' \times t}{P_a + P_w}$$

ここに

F_s：安全率
F：せん断抵抗力
P：外力（$P_a + P_w$）

図2.3-33（P.59）において

H_1：既設横矢板の下端の深さ $= 8.0 \, m$
H_2：掘削の深度 $= 9.0 \, m$
$Z = H_2 - H_1$：掘削開放高さ $= 1.0 \, m$
q：上載荷重 $= 10 \, kN/m^2$
h：地下水位 $= G.L. -2.0 \, m$

γ_t：土の単位体積重量（図示）

γ_w：水の単位体積重量 $= 10$ kN/m^3

γ'：土の水中単位体積重量 $= 8$ kN/m^3

K_a：主動土圧係数 $= \tan^2(45°-\phi/2)$

ϕ：土の内部摩擦角

C'：改良土粘着力 $= 80$ kN/m^2

F_s：安全率 $= 1.5$

とすると

土圧は

$\quad P_a = (P_{a1}+P_{a2})×Z÷2 = 31.34$ kN/m^2

水圧は

$\quad P_w = (P_{w1}+P_{w2})×Z÷2 = 65.00$ kN/m^2

改良厚さは

$\quad t = 1.81$ m

となる。

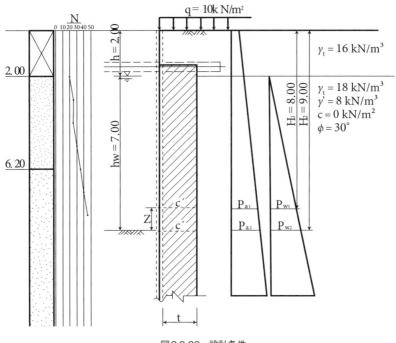

図2.3-33　設計条件

b）注入範囲の決定

最少改良値表2.2-10（P.14）との比較により、G.L.−5.0 mまでは$t = 1.5$ m、G.L.−5.0 m以深は$t = 2.0$ mの厚みとする。図2.3-36（P.61）

iii　根入れの検討（廻り込みからの検討）

a）現状での安定計算

立坑の掘進につれ、掘削面と地下水位間の水頭差（h_w）が大きくなってくる。山留め壁の根入

れ長さと水頭差との関係が下式の安全率を下回ると、底盤でボイリング現象が発生する。この立坑では鋼矢板打設後降雨によって水位が 2.0 m 上昇したためボイリングが危惧された。

$$F_s = \frac{2\gamma_s \times L_d}{\gamma_w \times h_w} > 1.5 \quad \cdots\cdots (2.3\text{-}10)$$

ここに

F_s：安全率 = 1.5
γ_s：土の水中単位体積量 = 8 kN/m³
γ_w：水の単位体積重量 = 10 kN/m³
h_w：水頭差（= H−h）= 7.00 m
L_d：根入れ長 = 5.0 m
H：掘削深度 = 9.00 m
h：地下水位 = G.L.−2.00 m

現状の安定は、(2.3-10) の安定式より、

F_s = 1.14 < 1.5 ……NO

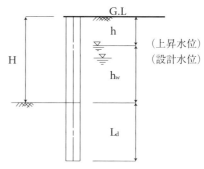

図2.3-34 設計条件図

以上より、現状では水位上昇のためボイリングが発生する。ここでは不足根入れ長（L_d'）を薬液注入で足のばしする方法について述べる。（図2.3-35）

b）注入長の検討

F_s 式から L_d' を求める式を誘導して求める。

$$L_d' > \frac{F_s \cdot \gamma_w \cdot h_w - 2\gamma' \cdot L_d}{2\gamma_s} = 1.56 \text{ m} \fallingdotseq 1.60 \text{ m}$$

すなわち、鋼矢板根入れ先端部より 1.60 m の深さまで薬液注入範囲を確保することが必要である。また足のばし部分の注入長さは、鋼矢板との水密性、一体性を確保するために、2.0 m のラップを考えて、図 2.3-35 に示すように 3.6 m 長さとする。

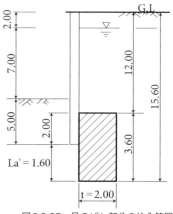

図2.3-35 足のばし部分の注入範囲

c）注入厚さの決定

注入厚さ t は計算値 1.81 m と G.L.−9.00 m の床はけ以深のため、最小改良厚さ 表 2.2-10（P.14）の 2.0 m とする。

iv 鋼矢板打設時のゆるみの補修

鋼矢板打設時にオーガによって生じたゆるみの部分は懸濁型注入により補修する。図 2.3-37（P.62）参照。

(6) 数量の算定（土留欠損部と足伸ばし部分）

図のような範囲を設定する。

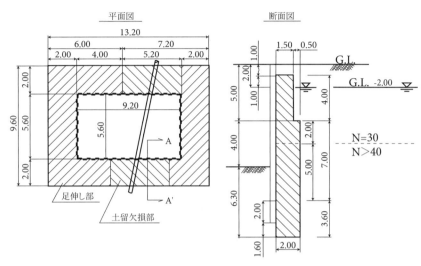

図2.3-36 欠損部分等の範囲

i 注入量

注入量は、

$Q = V \times \lambda \times J$

で算定する。

ここで

Q：注入量（m³）

V：対象土量（m³）

λ：表2.2-15（P.18）より、 35％

J：表2.2-17（P.18）より、 100％

よって注入量は

表2.3-43　注入量

箇　所	土質	対象量（図2.3-34の表示）	注入率	重要度率	注入量
土留欠損部	砂	5.20×(1.50×4.00+2.00×7.00+2.00×3.60)×2= 282.88m³	35％	100％	99.01m³
足伸し部	砂	2.00×36.0×(9.60 + 4.00)×2= 195.84m³			68.54m³
計		478.72m³			167.55m³

ii 注入比率

注入比率は表2.2-6（P.12）より決定する。

表2.3-44　注入材別注入量

箇　所	土質	N値	注入比率 瞬結材	注入比率 緩結材	注入量 瞬結材	注入量 緩結材
土留欠損部	砂	30	1	3	9.01m³	27.30m³
		50	1	4	12.52m³	50.09m³
根入部	砂	50	1	4	13.71m³	54.83m³
計					35.33m³	132.22m³

iii　注入孔配置

図2.2-18（P.20）より千鳥配置とする。

歯抜け部前列の注入本数は

　　n＝5.20 m÷1本/m → 6本

歯抜け部後列の注入本数は

　　n＝5.20 m÷1本/m → 5本

(7) 鋼矢板周囲の改良範囲（ゆるみの補修）

改良範囲は鋼矢板打設時のオーガー径（$\phi500$ m）に対して、ゆるみの影響を受けている鋼矢板の内側、外側にそれぞれ0.50 mの改良幅を設定する。

i　改良深度

以下の範囲とする。

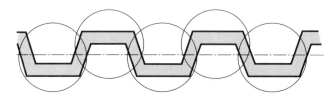

図2.3-37　鋼矢板打設時のオーガによるゆるみの概念図

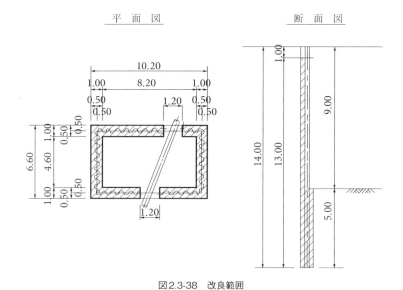

図2.3-38　改良範囲

表2.3-45　改良深度

個　所	改　良　深　度
鋼矢板外側	根入れ下端～（地下水位＋1.00m）
鋼矢板内側	根入れ下端～底盤

ii　注入材料

鋼矢板打設時のゆるみ範囲の充填注入であるため、注入材は懸濁型瞬結材を選定する。

iii 注入量

乱された個所の填充注入であるため、注入率は50%とする。

表2.3-46 注入量

個　所	土質	対象量（図2.3-34の表示）		注入率	注入量
矢板外側	—	(9.20−1.20+6.60)×2×0.50×13.00=	189.80m³	50%	94.90m³
矢板内側	—	(9.20−1.20+4.60)×2×0.50×5.00=	63.00m³	50%	31.50m³
計			252.80m³		126.40m³

(8) 改良範囲その他

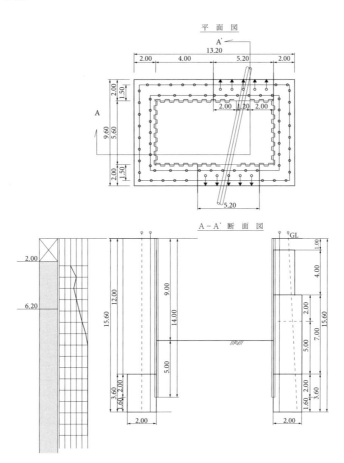

図2.3-39　鋼矢板立坑部注入範囲図

表2.3-47　数量表

		土留欠損部（一部足伸し含む）	足伸ばし部	鋼矢板周囲部
	注入工法	二重管ストレーナ工法	二重管ストレーナ工法	二重管ストレーナ工法
	本　数	(6+5)×2=22本	(19+8)×2=54本	(14+20)×2=68本
	削孔長	15.60m/本×22本=343.20m	15.60m/本×54本=842.40m	14.00m/本×56本=784.00m
	対象土量	282.88m³	195.84m³	252.80m³
	注入率	35%	35%	50%
注入量	瞬結注入材	21.62m³	13.71m³	懸濁型126.40m³
	緩結注入材	77.39m³	54.83m³	
	計	99.01m³	68.54m³	126.40m³

2.3.8 開削部（粘性土層のヒービング防止）
(1) 設計条件
工事方法：粘性土地盤で開削工事を行う。
開削延長：30.00 m
開削幅　：2.00 m

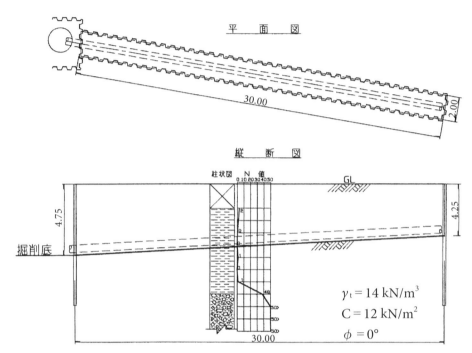

図2.3-40　設計条件図

(2) 問題点と対策

表2.3-48　問題点と対策

施工条件	土質条件	発生が予想される問題点	薬液注入による対策
開削工事	N値0〜2の非常に軟弱な粘土	ヒービング現象 土留背面の陥没	ヒービング防止 （粘着力増加）

(3) 工法および材料の選定
粘性土での工法は図2.2-3（P.11）、材料は表2.2-3（P.10）より選定する。
工法は二重ストレーナ〈複相タイプ〉、材料は懸濁型となる。

(4) 設計に用いる数値の決定
設計に用いる数値は、表2.2-8（P.13）より粘着力（C'）が22 kN/m² となる。

(5) 改良範囲の算定
i　開削底盤部の安定計算
粘性土地盤において掘削が進行するにしたがい、掘削側の土荷重と背面側の土荷重のバランスがとれなくなり滑り面を形成して移動を始め、やがて土留が崩壊することがある。

ヒービングの安定計算を行うための理論式は提唱者によって異なるが、ほとんどの場合、粘着力との関係式であることから、次式（建築学会基準）により検証する。

$M_r \geqq F_s \cdot M_s$　……(2.3-11)

$M_r = x^2 \cdot \pi \cdot C$

$W = (\gamma_t \cdot H + q) \cdot x$

$M_s = W \cdot \dfrac{x}{2}$

$F_s \leqq \dfrac{M_r}{M_s}$

ここに

　x：開削幅
　H：開削深度
　γ_t：土の単位体積重量
　q：上載荷重
　C：原地盤の粘着力
　F_s：安全率
　M_r：抵抗モーメント
　M_s：回転モーメント

図2.3-41において

　$x = 2.00$ m（開削幅）
　$H = 4.50$ m（平均）
　$\gamma_t = 14.0$ kN/m³
　$q = 10.0$ kN/m²
　$C = 12.0$ kN/m²（平均）
　$F_s = 1.5$

とすると

　$M_r = 150.8$ kN·m/m
　$W = 146.0$ kN/m
　$M_s = 146.0$ kN·m/m
　$F_s = 1.03 < 1.5$　……NO（ヒービングが発生する）

となる。

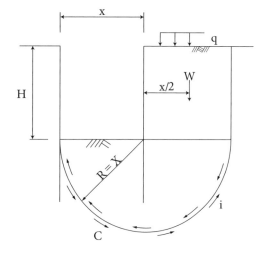

図2.3-41　設定条件図

以上より、現状の地盤ではヒービングが発生するため薬液注入による粘着力の付加により抵抗力の増加が必要である。

ⅱ　底盤部改良範囲の検討

ヒービング防止の改良厚さの算出は、次式により求める。

　$\Delta C = C' - C$

　$M_s = W \cdot \dfrac{x}{2}$

　$M_r = x^2 \cdot \theta \cdot \Delta C + x^2 \cdot \pi \cdot C$

　$F_s \cdot M_s = M_r$

必要改良厚さは

$\quad t = x \cdot \sin\theta$

として算出される。

$\quad C' = 22.0 \text{ kN/m}^2$

とすると、θは次のように求める。

$\quad \Delta C = 10.0 \text{ kN/m}^2$

$\quad M_s = 146.0 \text{ kN} \cdot \text{m}$

$\quad M_r = 40\theta + 150.8 \text{ kN}$

$F_s \cdot M_s = M_r$ より

$\quad \theta = 1.71 \cdot \text{rad} = 98°$

必要改良厚さは

$\quad t = 1.99 \text{ m} \rightarrow 2.00 \text{ m}$

とする。

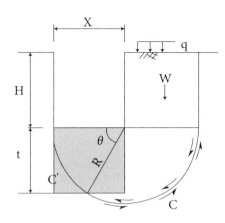

図2.3-42　設定条件図

iii　改良範囲の設定

計算で求められた範囲と最小改良範囲の比較により大きい方の数値を採用する。

表2.3-49　改良範囲

検討条件	計算結果	最小改良範囲	設計値(改良範囲)
開削底盤部	2.00m	1.50m	2.00m
改良延長	—	—	30.00m

《選択条件》　最小改良範囲

深度	B、T
0〜5m	1.5m
5〜10m	2.0m
10〜15m	2.5m
15〜20m	3.0m

(6) 数量の算定

i　注入量

注入量は、

$\quad Q = V \times \lambda \times J$

で算定する。

ここで

$\quad Q$：注入量 (m^3)

$\quad V$：対象土量 (m^3)

$\quad \lambda$：表2.2-15（P.18）より、30%

$\quad J$：表2.2-17（P.18）より、90%

よって注入量は

表2.3-50　注入量

箇所	土質	対象土量	注入率λ	重要度率J	注入量Q
開削底盤部	シルト	2.00×2.00×30.00=120.00m³	30%	90%	32.40m³

ii　注入比率

粘性土はすべて瞬結材の注入となる。

iii　注入孔配置

図2.2-18（P.20）より正方形配置とする。

開削底盤部の注入孔の列数は、

$\quad$ L ＝30.00 m÷1本/m＝30列

開削底盤部の1断面当たりの注入本数は

$\quad$ n ＝2.00 m÷1本/m＝2本

開削底盤部の注入本数は

$\quad$ N ＝30列×2本＝60本

(7) 範囲および設計数量のまとめ

表2.3-51　数量表

注入工法	二重管ストレーナ工法〈単相タイプ〉
土　質	シルト層
本　数	60本
削孔長	平均6.50×60本＝390.00m
対象土量	120.00m³
注入率	30%
重要度率	90%
注入量　瞬結注入材	32.40m³
注入量　緩結注入材	―
注入量　計	32.40m³

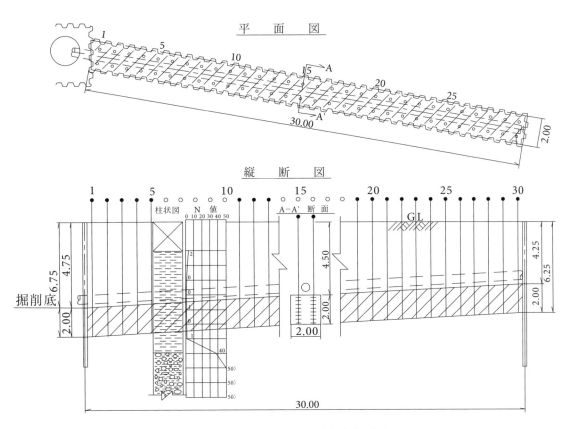

図2.3-43　開削工事（ヒービング防止）注入範囲

2.3.9 シールド発進立坑（大深度立坑）

(1) 設計条件
i 本体工事の方法
山留め工法は地中連続壁である。

立坑寸法：10.00 m×8.00 m
立坑深度：20.00 m

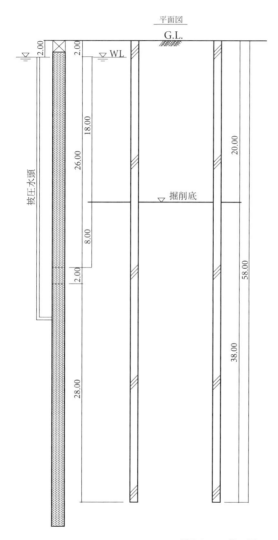
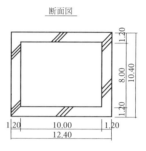

図2.3-44　施工図

(2) 問題点と対策
i 問題点とその対策

表2.3-52　問題点とその対策

施 工 条 件	土 質 条 件	発生が予想される問題	薬液注入による対策
・大深度立坑 ・地中連続壁	・良く締った砂層 ・地下水位G.L.-2.0mと浅い	底盤盤ぶくれ現象	・土留壁先端での底盤改良 ・盤ぶくれ防止

ii 立坑底盤部盤ぶくれに対する検討

立坑底盤下部のシルト層は不透水層と判断でき、立坑掘進が進むにつれて、シルト層下部にはたらく揚圧力 U と底盤下部の土塊重量のバランスがくずれ、盤ぶくれが発生する可能性があるため安定計算によって確認する。

立坑掘削時の盤ぶくれに対する安全率は次式で示される。

$$F_s = \frac{W}{U}$$

ここに
- F_s：安全率
- W：土塊重量 $= \gamma_t \times A \times t$
- U：揚圧力 $= \gamma_w \times A \times (h_w + t)$

図 2.3-45 において
- A：立坑平面積 $= 80 \text{ m}^2$
- h_w：底盤からの地下水頭 $= 18.00 \text{ m}$
- h：地下水位 $= 2.00 \text{ m}$（シルト層下部の砂層の被圧水頭も G.L.−2.0 m とする）
- γ_t：土の単位体積重量 $= 18 \text{ kN/m}^3$（砂層）
  $= 16 \text{ kN/m}^3$（シルト層）
- γ_w：水の単位体積重量 $= 10.0 \text{ kN/m}^3$
- t：底盤からシルト層下部までの距離 $= 10.00 \text{ m}$

盤ぶくれに対する安全率は上式より

$F_s = 0.63 < 1.2$　……NG

掘削にともない盤ぶくれが発生するため、バランスのとれる位置に遮水盤を形成する必要がある。

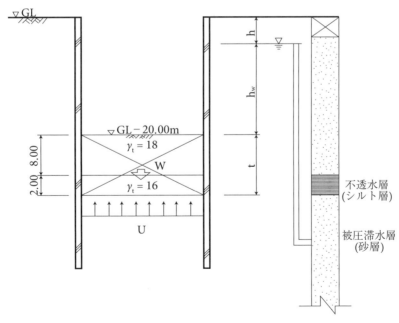

図 2.3-45　設計条件図

(3) 工法および材料の選定

工法を図 2.2-3（P.11）により選定した。工法はダブルパッカとなる。したがって材料は一次注入CB、二次注入溶液型となる。

(4) 改良範囲の算定

i 計算方法

土留壁根入部付近に遮水盤を形成し、揚圧力 U を重量 W とのバランスにより盤ぶくれを防止する。

ii 立坑底盤部遮水盤造成位置の検討

立坑底盤部で盤ぶくれを防止するための遮水盤の造成が必要であるが、遮水盤を形成すると遮水盤に揚圧力が作用する。

この遮水盤にはたらく揚圧力 U と土塊重量 W との平衡条件が成立する位置に遮水盤を造成するともっとも安定する。

$$F_s = \frac{W}{U}$$

ここに

　F_s：安全率 ＝ 1.2（重量バランスの場合の安全率）

　W：土塊重量 ＝ $\gamma_t \times A \times t$

　U：揚圧力 ＝ $\gamma_w \times A \times (h_w + t)$

図 2.3-46 において遮水盤の造成深度 t は上式より

　　t ＝ 36.70 ≒ 37.00 m

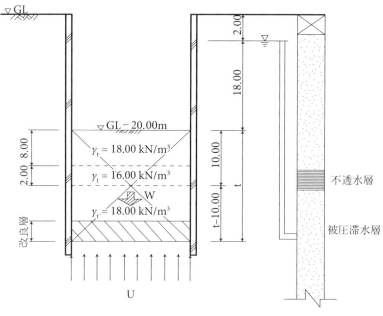

図2.3-46　設計条件図

iii　改良範囲の設定

計算結果は遮水盤の造成位置の検討である。

改良土にはたらく、揚圧力と重量がバランスしているため、曲げ引張力がはたらかない。

改良厚さは、十分遮水効果が期待でき、また施工深度 H = 57.00 m を考慮した上で、最小改良範囲より「5.00 m」を設定する。

表2.3-53　改良範囲

検討個所	改良範囲
立坑底盤	5.00m

(5) 数量の算定

i　注入量

注入量は

$$Q = V \times \lambda \times J$$

で算定する。

ここで

　　λ：表2.2-18（P.18）より、　40％

　　J：表2.2-17（P.18）より、120％

よって注入量は

表2.3-54　注入量

個所	土質	対象土量V	注入率λ	重要度率J	注入量Q
底盤	砂	10.00×8.00×5.00=400.00m³	40％	120％	192.00m³

ii　注入比率

注入比率は表2.2-7（P.20）より決定する。

表2.3-55　注入次数別注入量

個所	土質	注入率		注入量	
		一次注入	二次注入	一次注入	二次注入
底盤	砂	5％	43％	20.00m³	172.00m³

iii　注入孔配置

図2.2-18（P.20）より正方形配置とする。

底盤部の注入本数は

　　$n = (10.00 \times 8.00) \div 1 本/m^2 = 80 本$

（6）改良範囲その他

表2.3-56　数量表

注入工法	ダブルパッカ工法
本　数	10×8=80本
削孔長	57.00m×80本=4,560.00m
対象土量	400.00m^3
注入率	40%
重要度率	120%
注入量　瞬結注入材	20.00m^3
緩結注入材	172.00m^3
計	192.00m^3

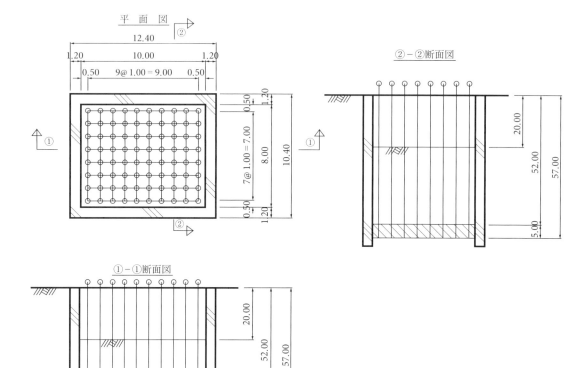

図2.3-47　大深度掘削の底盤改良

2.3.10　シールド発進部（発進防護）
（1）設計条件
本体工法の方法

　　工事目的：シールド発進防護

　　シールド機長　　：4.50 m

　　シールド掘削外径：4.00 m

　　シールド土被　　：15.00 m

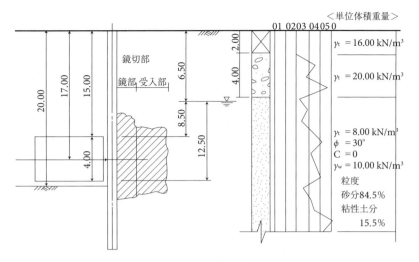

図2.3-48　施工図

(2) 問題点と対策

表2.3-57

施工条件	土質条件	発生が予想される問題	薬液注入による対策
シールド発進部	・N値30〜40の締った砂粒径が均一なため自立性にとぼしい ・透水性が高い ・砂分　84.5% ・粘性土分　15.5%	・土留壁開放時の湧水と土砂の崩壊 ・シールド機挿入時のエントラスパッキンのすき間より湧水、土砂流入	・鏡部開放時の切羽安定 ・シールド機挿入時の湧水と土砂の流入防止

(3) 工法および材料の選定

工法は図2.2-3（P.11）、および表2.2-6（P.12）、材料は表2.2-3（P.10）および図2.2-1（P.10）の粒度により選定する。

選定の結果は、工法は二重管ストレーナ工法〈複相タイプ〉、材料は溶液型となる。

(4) 設計に用いる数値の決定

設計に用いる数値は、土質がN値30〜40の砂質土、工法が二重管ストレーナ工法であることから、図2.2-4（P.12）により粘着力C'は80.00 kN/m^2 となる。

(5) 改良範囲の算出

i　計算方法

①鏡切部については推進工法で求めた方法を採用する。

②シールド受入部は機長 ＋2.00 m の範囲で最少改良幅を採用する。

ii　鏡切部の検討

　　上部の厚み　　式2.3-2（P.30）より 6.92 m
　　側部の厚み　　式2.3-3（P.30）より 4.08 m
　　底盤の厚み　　式2.3-4（P.31）より 4.36 m
　　延長の厚み　　式2.3-7（P.32）より 3.31 m

iii 改良範囲の設定

計算結果と最小改良範囲と比較し、計算による必要範囲を採用する。

表3-3-58 最小改良範囲（鏡部）：単位m

D	D<1.0	1.0≦D<2.0	2.0≦D<3.0	3.0≦D<4.0	4.0≦D<5.0	5.0≦D<6.0	6.0≦D<7.0	7.0≦D<8.0
B	1.0	1.5	1.5	2.0	2.5	3.0	3.5	4.0
H_1	1.5	1.5	2.0	2.0	3.0	3.0	4.0	4.0
H_2	1.0	1.0	1.5	1.5	2.0	2.5	3.0	3.5
L	1.5	2.0	3.0	4.0	5.0	6.0	7.0	8.0

表3-3-59 最小改良範囲（挿入部・受入部）：単位m

D	D<1.0	1.0≦D<2.0	2.0≦D<4.0	4.0≦D<8.0
B	1.0	1.5	1.5	2.0
H_1	1.5	1.5	1.5	2.0
H_2	1.0	1.0	1.5	2.0

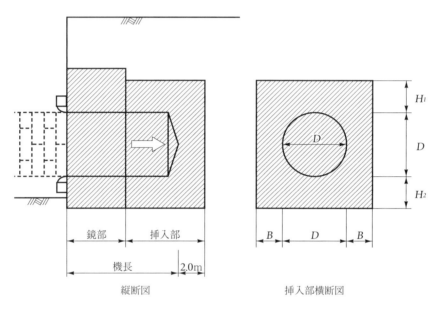

図2.3-49 発進部

表2.3-60 改良範囲

検討条件		計算結果	最小改良値（参考値）	設計値	備　考
改良延長		※6.50m （シールド機長+α）	(5.00m)	6.30m	※発進鏡切部＝3.30m（計算結果） シールド受入部＝6.50−3.30＝3.20m
上部	発進部鏡切部	6.92m	3.00m	7.00m	
	シールド挿入部	—	2.00m	2.00m	
側部	発進部鏡切部	4.08m	2.50m	4.10m	
	シールド挿入部	—	2.00m	2.00m	
底部	発進部鏡切部	4.36m	2.00m	4.40m	
	シールド挿入部	—	2.00m	2.00m	

(6) 数量の算定

i 注入量

注入量は、

$$Q = V \times \lambda \times J$$

で算定する。

ここで

λ：表2.2-15（P.18）より、35％

J：表2.2-17（P.18）より、100％

よって注入量は

表2.3-61 注入量

箇所	土質	対象土量		注入率λ	重要度率J	注入量Q
鏡切部	砂質土	15.40×12.20×3.30=	620.00m³	35％	100％	217.00m³
シールド挿入部	砂質土	8.00×8.00×3.20=	204.00m³	35％	100％	71.68m³
計			824.80m³			288.68m³

ii 注入比率

注入比率は表2.2-6（P.12）より決定する。

表2.3-62 注入材別注入量

個所	土質	注入比率		注入量	
		瞬結材	緩結材	瞬結材	緩結材
鏡切部	砂質土	1	3	54.25m³	162.75m³
シールド挿入部	砂質土	1	3	17.92m³	53.76m³
計				72.17m³	216.51m³

iii 注入孔配置

図2.2-18（P.20）より、正方形配置とする。

表2.3-63 注入孔の配置

施工個所	鏡切部	シールド挿入部
改良延長	3.30m	3.20m
改良幅	12.20m	8.00m
注入列数	3.30÷1.0m/本=3列	3.20÷1.0m/本=3列
注入行数	12.20÷0.90m/本=13行	8.00÷0.90m/本=9行
注入本数	13本×3列=39本	9本×3列=27本

(7) 改良範囲その他

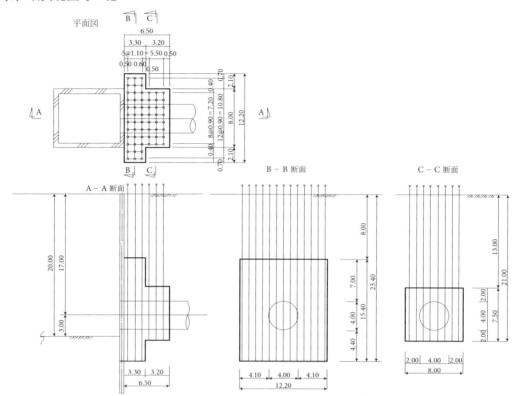

図2.3-50　シールド発進防護注入範囲図

表2.3-64　数量表

注入工法	二重ストレーナ工法〈複相タイプ〉
本　　数	39本×27本=66本
削 孔 長	23.40m×39本 + 21.00m×27本 =1,479.60m
対象土量	620.00m³×204.80m³=824.80m³
注 入 率	35%
重要度率	100%
注入量 瞬結注入材	72.17m³
注入量 緩結注入材	216.51m³
注入量 計	288.68m³

2.3.11　シールド急曲線部（急曲線防護）
(1) 設計条件
本体工事の方法

　工事目的：シールド曲線部防護

　シールド機長：　4.50 m

　シールド外径：φ4.00 m

　シールド土被：　9.00 m

　曲線部長さ：51.40 m

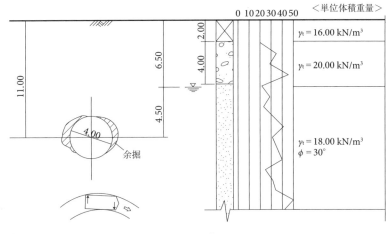

図2.3-51　施工図

シールド機が小さな曲率で進む場合、シールド周囲の地山の余掘が必要であり、また側部地山に反力がはたらく。

したがって、ここでは余掘部のゆるみ防止と地盤反力について検討する。

(2) 問題点と対策

表2.3-65　問題点と対策

施工条件	土質条件	発生が予想される問題	薬液注入による対策
シールド急曲線部	・N値30〜40の良く締った砂 ・粒径ほぼ均一な細砂 ・透水性は高い	・地山反力不足による正規の曲率確保ができない ・余掘りによる地山のゆるみ、崩壊	・地山の反力補強 ・地山の安定

(3) 工法および材料の選定

工法は図2.2-2〜3（P.11）、材料は表2.2-3（P.10）により選定する。

選定結果は、工法は二重管ストレーナ工法〈複相タイプ〉、材料は溶液型となる。

(4) 設計に用いる数値の決定

設計に用いる数値は、土質が N = 30 〜 40 の砂質土、工法は二重管ストレーナ工法、図2.2-4（P.12）より粘着力 C' は 80.00 kN/m² となる。

(5) 改良範囲の算出

i　計算方法

①地盤反力の計算を行い、不足するなら薬液注入による反力増強を図る。

②地山のゆるみは推進工法などで用いた式により範囲を求める。

ii　地盤反力過不足の検討

a)　必要反力の計算

　L：シールド機長 = 4.50m

　L_1：シールドジャッキ位置より前部の長さ = 2.50m

　L_2：シールドジャッキ位置より後部の長さ = 2.00 m

R'：シールド機外部L_1までの回転半径
D：シールド機外径 = 4.00 m
P：シールドジャッキ推力
P_r：反力地盤に垂直に作用する分力

P_rは次のように求める。

$P : P_r = R' : L_1$

$\therefore P_r = \dfrac{L_1}{R'} P$ ……(2.3-12)

$\therefore P_r = (2.5/97.032) \times P ≒ 0.026P$

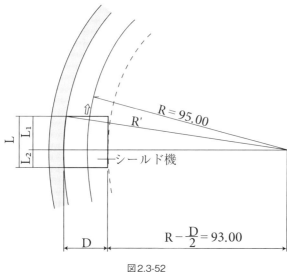

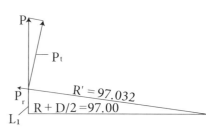

図2.3-52

図2.3-53

シールドジャッキ推力は、曲線部においてシールドジャッキ8本で片押し（1,000 kN/本）するものとすると

$P = 1000 \times 8 = 8000$ kN → $P_r = 0.026P = 208.00$ kN

であるから、反力地盤1m当たりに作用する推力（P'）は

$P' = P_r/(D \times \pi \times 1/2 \times L_2) = 16.56$ kN/m²

したがって、当該地盤に必要な反力P_dは、以下のようになる。$F_s = 1.50$とすると

$P_d = P' \times F_s = 24.84$ kN/m²

b) 当該地盤反力の計算

地盤反力については、『道路橋示方書・同解説　Ⅰ共通編　Ⅳ下部構造編』（社団法人日本道路協会）にもとづいて算定する。

地盤反力係数

$k = P/\check{N}$

k：地盤反力係数（kN/m³）
P：地盤反力度（kN/m²）
δ：変位（m）

水平方向の地盤反力係数

$$k_H = k_{HO}\left(\frac{B_H}{0.3}\right)^{-3/4}$$

k_H ：水平方向地盤反力係数（kN/m³）

k_{HO} ：直径0.3 mの剛体円盤による平板載荷試験の値に相当する水平方向地盤反力係数（kN/m³）
で、次式により求める。

$$k_{HO} = \frac{1}{0.3}\alpha E_0$$

E_0 ：下表に示す方法で推定した設計の対象とする位置での地盤の変形係数（kN/m²）

α ：地盤反力係数の推定に用いる係数で、下表に示す。

表2.3-66　変形係数 E_0 と α

次の試験方法による変形係数Eo	地盤反力計数の推定に用いる係数α	
	常時	地震時
直径0.3mの鋼体円盤による平板載荷試験の繰返し曲線から求めた変形係数の1/2	1	2
ボーリング杭内で測定した変形係数	4	8
供試体の一軸または三軸圧縮試験から求めた変形係数	4	8
標準貫入試験のN値よりEo=2800Nで推定した変形係数	1	2

B_H ：荷重作用方向に直交する基礎の換算載荷幅（m）
で次式により求める。

$$B_H = \sqrt{A_H}$$

A_H ：荷重作用方向に直交する基礎の載荷面積（m²）
ただし

$$A_H = (D\cdot\pi\cdot L_2)\times 1/2 \text{ (m}^2\text{)}$$

以上の式に従い、以下の条件により k_H の値を求め、地盤反力を算出する。

- シールド機を地中構造物と想定する。
- 変位量（δ）= 0.01とする。
- 柱状図より平均N = 30とする。
- 地盤の変形係数（E_0）は、$E_0 = 2800N$ の推定値を用いる。

$$k_{HO} = \frac{1}{0.3}\alpha E_0 = \frac{1}{0.3}\times 1\times 2800\times 30 = 280000 \text{ kN/m}^3$$

$$B_H = \sqrt{A_H} = \sqrt{4.0\times\pi\times 2.0\times 1/2} = 3.545 \text{ m}$$

$$k_H = k_{HO}\left(\frac{B_H}{0.3}\right)^{-3/4} = 280000\times\left(\frac{3.545}{0.3}\right)^{-3/4} = 43932.6 \text{ kN/m}^3$$

→地盤反力（P_d）= $k_H\cdot\delta$ = 43932.6×0.01 = 439.30 kN/m²

c) 地盤反力のチェック

a)、b)の結果より、

　当該地盤反力 = 439.30 kN/m² > 必要地盤反力 = 24.83 kN/m²

であることから、曲線部における地盤反力は十分である。

ただし、砂地盤で余掘ができると湧水やゆるみ崩壊を生じ、地盤反力が発揮できなくなる。これを防ぐため粘着力を地盤に与えて自立性を高めなければならない。

ii　シールド曲線部改良延長の検討
シールド掘進にて曲線を形成する場合、曲線進入部分と脱出部分の地山がゆるむと曲線形成に支障をきたす可能性が大きいことから、曲線区間のみではなく、曲線進入部分と脱出部分にもゆるみ防止の改良を必要とする。その改良区間は、一般的には施工実績から進入部と脱出部に各々シールド機長分を加える。

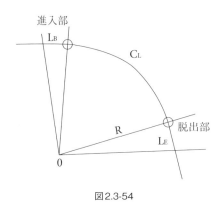

図2.3-54

改良延長
　　$L = L_B + C_L + L_E = 4.5\ m + 51.4\ m + 4.5\ m = 60.4\ m$

iv　改良断面の検討
　上部の厚さ（P.30　2.3-2式より）：3.50 m
　側部の厚さ（P.30　2.3-3式より）：2.29 m
　底部の厚さ　　　　　　　　　　：なし
の門型となる。

v　改良範囲の設定
計算結果と最小改良範囲表2.2-13（P.15）と比較して、計算による必要範囲を採用する。

表2.3-67　改良範囲

検討条件	計算結果	最小改良値	改良値
改良延長	60.40m	—	60.40m
上　　部	3.50m	3.00m	3.50m
側　　部	2.29m	2.50m	2.50m

(6) 数量の算定

i　注入量
注入量は
　　$Q = V \times \lambda \times J$
で算定する。
ここで
　λ：表2.2-15（P.18）より、35％
　J：表2.2-17（P.18）より、90％
よって注入量は

表2.3-68　注入量

箇　所	土　質	対　象　土　量　J	注入率λ	重要度率J	注入量Q
曲線部	砂質土	(7.50×9.00−3.50×3.00)×60.40=3,442.80m³	35%	90%	1,084.48m³

ii　注入比率

注入比率は表2.2-6（P.12）より決定する。

表2.3-69　注入材別注入量

個　所	土　質	注入比率		注入量	
		瞬結材	緩結材	瞬結材	緩結材
曲線部	砂質土	1	3	217.12m³	813.36m³

iii　注入孔配置

図2.2-18（P.20）より正方形配置とする。

表2.3-70　注入孔の配置

施工個所	曲線部
改良延長	60.40m
改良幅	9.00m
注入列間隔	9.80÷1.00m/本＝9列
注入行間隔	60.40÷1.00m/本＝61行
注入本数	61本×9列＝549本

（7）改良範囲その他

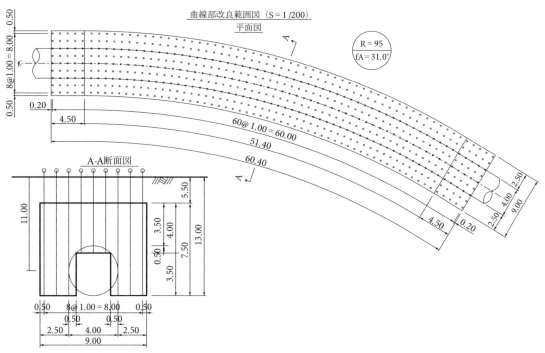

図2.3-55　シールド急曲線部注入範囲図

表2.3-71 数量表

注入工法	二重ストレーナ工法〈複相タイプ〉
本　数	183本 + 183本×2=549本
削孔長	9.50m×183本 + 13.00m×183本 = 6,496.50m
対象土量	3,442.80m³
注入率	35%
重要度率	90%
注入量 瞬結注入材	271.12m³
注入量 緩結注入材	813.36m³
注入量 計	1,084.48m³

2.3.12 シールド到達部（到達防護）

(1) 設計条件

本体工事の方法

　工事目的：シールド到達防護

　シールド機長：　4.50 m

　シールド外径：φ4.00 m

　シールド土被：14.50 m

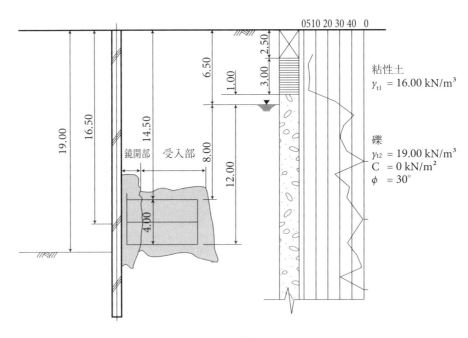

図2.3-56　施工図

(2) 問題点と対策

表2.3-72　問題点と対策

施工条件	土質条件	発生が予想される問題	薬液注入による対策
シールドの到達	・N値30～40の礫層 ・透水性高い ・$k=3.16×10^{-1}$cm/s	・鏡開口時の湧水と土砂の流入 ・シールド機取込み時の背面からの湧水と土砂流入	・鏡開口時の安定 ・セグメント背面の遮水と土砂の流入防止

（3）工法および材料の選定

工法は図2.2-2～3（P.11）、材料は表2.2-3（P.10）により選定する。
選定結果は、工法は二重管ストレーナ工法〈複相タイプ〉、材料は溶液型となる。

（4）設計に用いる数値の決定

設計に用いる数値は、土質が N = 30～50 の礫、工法が二重管ストレーナ工法〈複相タイプ〉、図2.2-4（P.12）より粘着力 C′ は 80.00 kN/m² となる。

（5）改良範囲の算出

i　計算方法
①鏡開部は発進部と同じ計算により範囲を求める。
②受入部はシールド機長 +3 m の長さで最小改良範囲とする。

ii　鏡開口部の検討
鏡を切るだけに必要な改良長さの検討は発進部と同様に考える。

$$F_s = \frac{F}{W}$$

$$F = L \times C' \times t$$

$$W = (P_a + P_w) \times S$$

ここに
　F_s：安全率
　F：改良土のせん断抵抗力
　W：土圧と水圧との総和

図2.3-57において
　L：切羽の周長 $= \pi \cdot D = \pi \cdot 4.00 = 12.56$ m
　C'：改良土のせん断応力 $= 80.00$ kN/m²
　t：必要改良厚さ（m）
　S：切羽開放面積 $= \pi \cdot D^2 / 4 = 12.56$ m²
　γ_t：土の単位体積重量
　　$\gamma_{t1} = 16.00$ kN/m³、$\gamma_{t2} = 19.00$ kN/m³
　γ'：土の水中単位体積重量　$\gamma'_2 = 9.00$ kN/m³
　γ_w：水の単位体積重量 $= 10.00$ kN/m³
　h：シールド中心までの土被り $= 16.50$ m
　C：原地盤の粘着力 $= 0$ kN/m²
　ϕ：土の内部摩擦角 $= 30°$
　h_w：シールド中心の水頭差 $= 10.00$ m
　q：上載荷重 $= 10.00$ kN/m³
　F_s：安全率 $= 1.5$
とすると

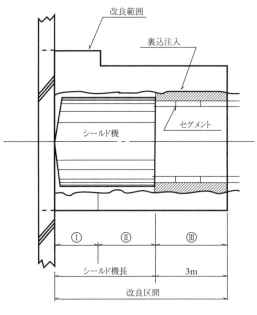

図2.3-57

①土圧
  $P_a ≒ 69.00 \text{ kN/m}^2$
②水圧
  $P_w = 100.00 \text{ kN/m}^2$
したがって
  $W = 2141.80 \text{ kN/m}^3$
  $F = 1005.30 \text{ t}$
  $t = 3.17 \text{ m} → 3.20 \text{ m}$

ii 範囲の計算

シールド発進部と同じ計算（P.73）
  上部の厚み　$t_1 = 6.24$ m
  側部の厚み　$t_2 = 3.73$ m
  底部の厚み　$t_3 = 4.09$ m

iii 改良範囲の設定

計算結果と最小改良範囲 表2.2-13（P.000）を比較して改良範囲を表2.3-73の通りとする。

表2.3-73　改良範囲

検討条件		計算結果	最小改良値	設計値	備考
改良延長		※7.50m （シールド機長＋3m）	5.00m	7.50m	※到達部鏡切部＝3.20m シールド受入部＝4.30m
上部	到達部鏡切部	6.24m	3.00m	6.30m	
	シールド受入部	―	2.00m	2.00m	
側部	到達部鏡切部	3.73m	2.50m	3.80m	
	シールド受入部	―	2.00m	2.00m	
底部	到達部鏡切部	4.09m	2.00m	4.10m	
	シールド受入部	―	2.00m	2.00m	

(6) 数量の算定

i 注入量

注入量は
  $Q = V × λ × J$
で算定する。
ここで
  $λ$：表2.2-15（P.18）より、 35％
  J：表2.2-17（P.18）より、 100％
よって注入量は

表2.3-74　注入量

箇所	土質	対象土量		注入率λ	重要度率J	注入量Q
鏡切部	礫	14.40×11.60×3.2＝	534.53m³	35.0％	100％	187.08m³
シールド受入部	礫	8.0×8.0×4.3＝	275.20m³	35.0％	100％	96.32m³
計			809.73m³			283.40m³

ii 注入材料比

表2.3-75 注入材別注入量

箇　　所	土質	注入比率		注入量	
		瞬結材	緩結材	瞬結材	緩結材
鏡切部	礫	1	1	93.54m³	93.54m³
シールド受入部	礫	1	1	48.15m³	48.16m³
計				141.17m³	141.17m³

iii 注入孔配置

図2.2-18より正方形配置とする。

表2.3-76 注入孔の配置

施工個所	到達部	シールド受入部
改良延長	3.20m	4.30m
改良幅	11.60m	8.00m
注入列間隔	3.20m÷1.00m/本=3列	4.30m÷1.00m/本=5列
注入行間隔	11.60m÷1.00m/本=12行	8.00m÷1.00m/本=8行
注入本数	12本×3列=36本	8本×5列=40本

(7) 改良範囲その他

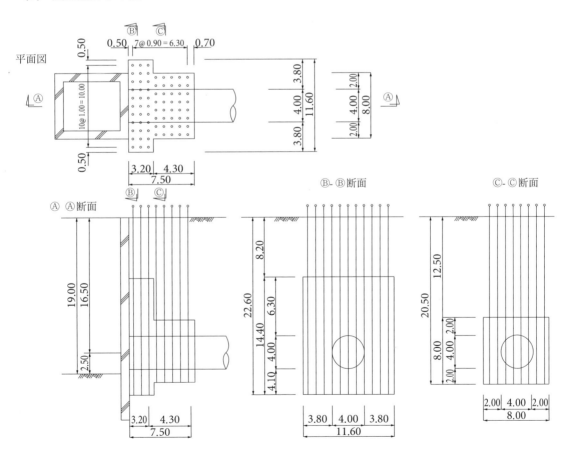

図2.3-58 シールド到達防護注入範囲

表2.3-77　数量表

注入工法	二重管ストレーナ工法〈複相タイプ〉
本　　数	36本+40本 = 76本
削孔長	22.60 m×36本+20.50 m×40本=1633.60m
対象土量	534.53m³+275.20m³=809.73m³
注入率	35%
重要度率	100%
注入量　瞬結材料	141.70m³
緩結材料	141.70m³
計	283.40m³

2.3.13　到達立坑（受働土圧強化）
(1) 設計条件

本体工事の方法

到達立坑の山留工法は連続柱列壁である。

　　立坑寸法：6.00 m×4.00 m

　　立坑深度：14.00 m

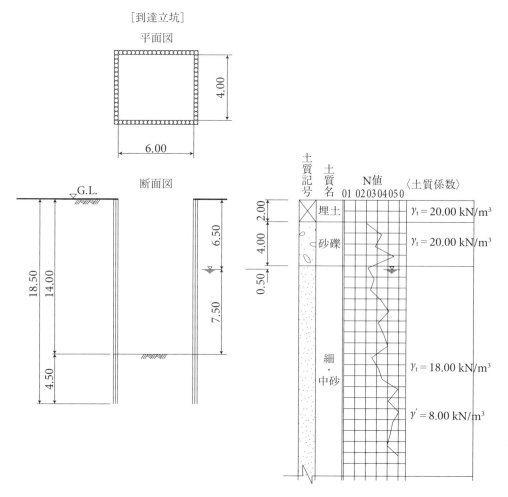

図2.3-59　設計条件図

(2) 問題点と対策

表2.3-78 問題点と対策

施工条件	土質条件	発生が予想される問題点	薬液注入による対策
ソイル柱列壁	・N値20～40の中位の砂 ・透水性大	・ボイリングの発生 ・根入部受働土圧不足により壁の変位	・底盤改良によるボイリング防止と先行地中梁の形成

立坑底盤部ボイリングの検討（現状の安定計算）

立坑の掘進につれ、底盤部と自然地下水位間の水頭差が大きくなってくる。山留め壁根入れ長さと水頭差との関係が下式の状態になると、底盤よりボイリング現象が発生する。

$$F_s = \frac{2\gamma' \times L_d}{\gamma_w \times h_w} < 1.5 \quad \cdots\cdots (2.3\text{-}13)$$

ここに

- F_s：安全率
- γ'：土の水中単位体積重量 $= 8.00 \text{ kN/m}^3$
- γ_w：水の単位体積重量 $= 10.00 \text{ kN/m}^3$
- h_w：水頭差（$= H - h$）$= 7.50$ m
- L_d：根入れ長 $= 4.50$ m
- H：開削深度 $= 14.00$ m
- h：地下水位 $= 6.50$ m

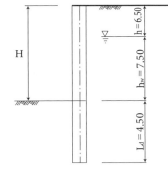

図2.3-60 設計条件図

現状の安定計算は、上式より

$F_s = 0.96 < 1.5 \quad \cdots\cdots$ NG

以上より、ボイリング現象が発生するため、遮水を目的とした底盤改良が必要となる。

(3) 工法および材料の選定および改良粘着力

工法は図2.2-2～3（P.11）、材料は表2.2-3（P.10）により選定する。

選定結果は、工法は二重管ストレーナ工法〈複相タイプ〉、材料は溶液型となる。

したがって改良土の粘着力は図2.2-4（P.12）から

$C' = 80.00 \text{ kN/m}^2$

を得る。

(4) 改良範囲の算出

i 計算方法

①盤ぶくれ防止は揚圧力Uと重量W及び付着力Fとのバランス

②受働土圧増加による土留壁変位防止を検討する。

ii 立坑底盤部改良範囲の検討

背面部同様湧水にともなう土砂の噴発防止を目的に、底盤改良を行う。湧水を防止する目的で薬液注入により底盤に遮水盤を形成すると遮水盤に揚圧力が作用し盤ぶくれ現象が発生する。この遮水盤にはたらく揚圧力Uと土塊重量W+改良土の付着抵抗力Fとの平衡条件より改良厚さを求める。

$$F_s = \frac{W+F}{U}$$

ここに

    F_s：安全率

    W：土塊重量 $= \gamma_t \times A \times L_d$

    F：付着抵抗力 $= f \times L \times t$

    U：揚圧力 $= \gamma_w \times (h_w + L_d) \times A$

図2.3-59（P.86）および図2.3-60（P.87）において

    A：立坑平面積 $= 24.00$ m^2

    L：立坑周長 $= 20.00$ m

    h_w：底盤からの地下水頭 $= 7.50$ m

    h：地下水位 $= 6.50$ m

    L_d：山留根入れ長 $= 4.50$ m

    γ_t：　　土の単位体積重量 $= 18.00$ kN/m^3

    γ_w：　　水の単位体積重量 $= 10.00$ kN/m^3

    f：土留壁と改良土の付着抵抗 $= c/3 = 26.70$ kN/m^2

    ϕ：土の内部摩擦角 $= 30°$

    t：改良厚さ

とすると

    $W = \gamma_t \cdot A \cdot L_d = 1944$ kN

    $F = f \cdot L \cdot t = 534t$

    $U = \gamma_w (h_w + L_d) \cdot A = 2880$ kN

    $F_s = \dfrac{W+F}{U} = 1.50$

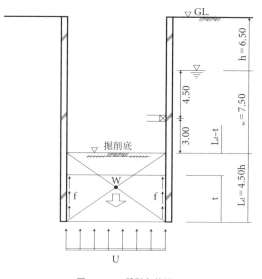

図2.3-61　設計条件図

改良厚さは

    $t = 4.46$ m → 4.5 m

改良厚が短辺長の1/2以上になり、改良土に曲げ張力がはたらかないため安全である。

iii　土留め根入部の安定の計算

掘削すると深度が深くなるほど主働土圧が増加し、受働土圧も増加する。この際、立坑内の土質や根入れ不足等によっては、土留め壁が押しだされたり、場合によっては破損する。

ここでは、受働土圧を増加させることによって、根入部を安定させる方法について述べる。

ただし、土圧の計算は、主働土圧式2.3-5～6（P.32）および次に示す受働土圧式から求め、土圧分布を図2.3-62（P.89）に示す。

受働土圧式

    $P_P = (\gamma' \cdot H + q) \cdot \tan^2(45 + \phi/2) + 2C \cdot \tan(45 + \phi/2)$　……（2.3-14）

図2.3-62における最下段梁以下の土圧に対するモーメントの平衡式から、安全率 $F_s = 1.50$ とする場合の改良厚 x を求める。主働土圧は、各層ごとの土荷重を求めて、土圧係数を乗じて求めると次の値を得る。

主働土圧
$P_{a1} = 58.33 \text{ kN/m}^2$
$P_{a2} = 78.33 \text{ kN/m}^2$
$P_{w1} = 45.00 \text{ kN/m}^2$
$P_{w4} = 120.00 \text{ kN/m}^2$

受働土圧
$P_{p1} = 0.00 \text{ kN/m}^2$
$P_{p2} = 108.00 - 24.00x \text{ kN/m}^2$
$P_{p3} = 385.13 - 24.00x \text{ kN/m}^2$
$P_{p4} = 385.13 \text{ kN/m}^2$
$P_{w1} = 0 \text{ kN/m}^2$
$P_{w2} = 45.00 - 10.00x \text{ kN/m}^2$
$P_{w3} = P_{w2}$
$P_{w4} = 45.00 \text{ kN/m}^2$

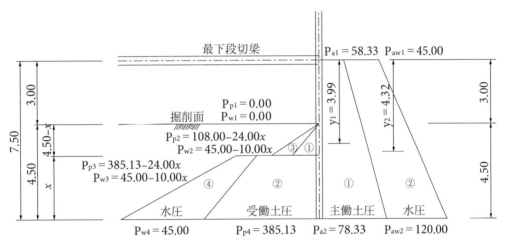

図2.3-62 改良後の土圧バランス

受働土圧合力

$$P_p① = \frac{(108.00 - 24.00x) \times (4.5 - x)}{2} \text{ kN/m}^2$$

$$P_p② = \frac{(385.13 - 24.00x + 385.13) \times x}{2} \text{ kN/m}^2$$

$$P_w③ = \frac{(45.00 - 10.00x) \times (4.5 - x)}{2} \text{ kN/m}^2$$

$$P_w④ = \frac{(45.00 - 10.00x + 45.00) \times x}{2} \text{ kN/m}^2$$

受働土圧合力の作用点

$$y① = \frac{2(4.5 - x)}{3} + 3.00$$

$$y② = \frac{385.13 - 24.00x + 2 \times 385.13}{385.13 - 24.00x + 385.13} \times \frac{x}{3} + 3.00 + (4.5 - x)$$

$$y③ = \frac{2(4.5-x)}{3} + 3.00$$

$$y④ = \frac{45.00 - 10.00x + 2 \times 45.00}{45.00 - 10.00x + 45.00} \times \frac{x}{3} + 3.00 + (4.5 - x)$$

最下段切梁を支点とするモーメント

$M_p① = -8.00x^3 + 144.00x^2 - 774.00x + 1458.0$

$M_p② = 8.00x^3 - 282.57x^2 + 2888.48$

$M_p③ = -3.33x^3 + 60.00x^2 - 405.00x + 1215.0$

$M_p④ = 3.33x^3 - 60.00x^2 - 337.5x$

$\Sigma M_p = -138.57x^2 + 2046.98x + 2673.00$

$M_a = 4717.78$

$F_s = \dfrac{M_p}{M_a} = \dfrac{-138.57x^2 + 2046.98x + 2673.00}{4717.78}$

$x = 2.61$ m → ∴ 2.7 m

iv 改良範囲の設定

計算で求められた改良範囲と最小改良範囲の比較により大きい方の数値を採用する。

表2.3-79　改良範囲

検討個所		計算結果	最小改良範囲	改良範囲
立坑底盤	ボイリング 根入の安定	4.50 m 2.70 m	2.50 m	4.50 m 2.70 m

計算結果の大きいボイリング防止に必要な4.5 mを採用する。

(5) 数量の算定

i 注入量

注入量は

$Q = V \times \lambda \times J$

で算定する。

ここで

λ：表2.2-15（P.18）より、35％

J：表2.2-17（P.18）より、100％

よって注入量は

表2.3-80　注入量

個所	土質	対象土量V	注入率λ	重要度率J	注入量Q
底盤	砂	4.00×6.00×4.50 = 108.00m³	35％	100％	37.80m³

ii 注入比率

注入比率は表2.2-6（P.12）より決定する。

表2.3-81 注入材別注入量

箇　所	土質	注入比率		注入量	
		瞬結材	緩結材	瞬結材	緩結材
立坑底盤	砂	1	3	9.45m³	28.35m³

(6) 改良範囲その他

表2.3-82　数量表

注入工法	二重管ストレーナ工法〈複相タイプ〉	
本　数	4×6 = 24本	
削孔長	18.50 m×24本=444.0m	
対象土量	108.00 m³	
注入率	35%	
重要度率	100%	
注入量	瞬結材料	9.45m³
	緩結材料	28.35m³
	計	37.80m³

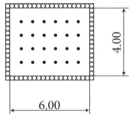

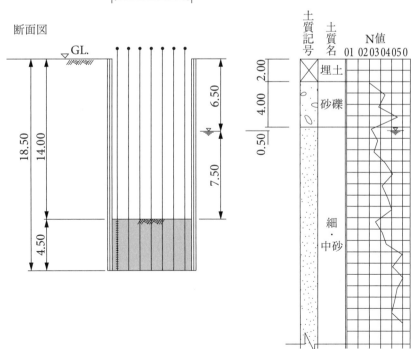

図2.3-63　立坑底盤ボイリング防止注入範囲図

2.3.14 近接建物沈下防止（せん断滑り防止）
(1) 設計条件
建物基礎を造成するため、開削を行なう。

　　土留めはH鋼横矢板方式で、掘削高さ：H = 5.00 m
　　建物の土留め壁方向の長さ：L = 9.00 m
　　建物の上載荷重：q = 10.00 kN/m²

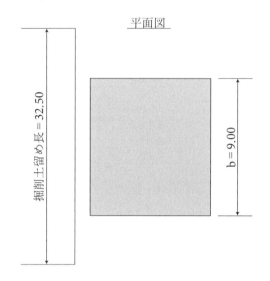

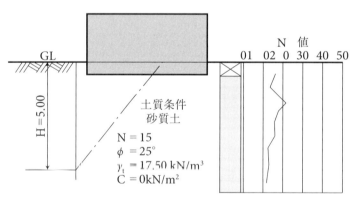

図2.3-64　せん断すべり

基礎杭を持たない構造物に接して掘削するが、土留め壁はH鋼横矢板方式で施工する計画である。

(2) 問題点と対策

表2.3-83　問題点とその対策

施工条件	土質条件	発生が予想される問題点	薬液注入による対策
・開削背面 ・ベタ基礎の建物	・N値の小さい、粒度分布の悪い砂。 ・地下水位は床付面近く。	土留背面土砂の崩壊による建物の不等沈下。	粘着力の増加によるせん断すべり防止と沈下抑制。

(3) 工法ならびに薬液の選定

工法は図2.2-2〜3（P.11）、材料は表2.2-3（P.10）により選定する。
選定の結果、工法は二重管ストレーナ工法〈複相タイプ〉、材料は溶液型となる。

(4) 設計に用いる数値の決定

設計に用いる数値は土質がN=15の砂質土、工法が二重管ストレーナ工法より図2.2-4（P.12）粘着力C'は70.00 kN/m²となる。

(5) 改良範囲の算定

掘削すると地中応力を開放する一方で建物下に滑り土荷重が発生し、地盤のせん断力が不足するとせん断すべり面を形成して、土塊が掘削側に滑る力としてはたらくことになる。したがって、土塊が移動すると建物は不等沈下したり、最悪の場合は崩壊の危険性がある。
ここでは、すべり面付近のせん断抵抗力を、薬液注入工法によって増加させて安定させる。
図2.3-65は、せん断すべり面上にはたらく力の関係を示したものである。

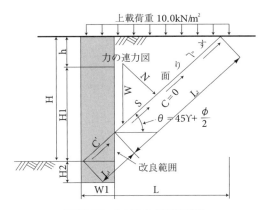

図2.3-65　せん断すべり算定条件

ここに

せ ん 断 力　S：$S = W\sin\theta = 171.46\sin57.5 = 144.61$ kN

軸　　　力　N：$N = W\cos\theta = 171.46\cos57.5 = 92.13$ kN

土 荷 重　W：$W = \dfrac{H \cdot L}{2} \cdot \gamma_t + L \cdot q = \dfrac{5.00 \times 3.19}{2} \times 17.50 + 3.19 \times 10.00 = 171.46$ kN

掘 削 高 さ：H=5.00 m

抵 抗 力　R：$R = \Sigma L \cdot C + N\tan\phi = 5.93 \times 0 + 42.96$ kN

摩 擦 抵 抗：$F = N\tan\phi = 92.13 \times \tan 250 = 42.96$ kN

上 載 荷 重：q=10.00 kN/m²

単 位 体 積 重 量：γ_t=17.50 kN/m³

土の内部摩擦角：ϕ=25°

地盤の粘着力：C=0 kN/m²

改 良 粘 着 力：C'=70.00 kN/m²

掘 削 高 さ：H=5.00 m

$$R = C' \cdot L_1 + C \cdot (L-L_1) + N \cdot \tan\phi$$

ただし、L_1、L_2 は

せん断長：$L' = L_1 + L_2$

以上の条件でそれぞれの計算を行うと次のようになる。

$\theta = 45° + 25°/2 = 57.5°$

$B = H \tan(90°-\theta) = 3.19$ m

$W = 171.46$ kN

$S = 144.61$ kN

$N = 92.13$ kN

$F = 42.96$ kN

改良前は、粘着力を持たないため抵抗力 $R = F$ であることから安全率 F_s は

$$F_s \leqq \frac{R}{S} = \frac{42.96}{144.61} = 0.30 < 1.5 \quad \cdots\cdots \text{NO（改良前）}$$

したがって、地盤はせん断すべりを発生する。このため次式から改良幅を求める。ただし安全率 $F_s = 1.5$ とする。

せん断面上の改良長

$$L_1 = \frac{F_s \cdot S - (N \cdot \tan\phi + C \cdot L')}{C'-C} = \frac{F_s \cdot W\sin\theta - W\cos\theta \cdot \tan\phi - C \cdot L'}{C'-C}$$

$$= \frac{1.5 \times 171.46\sin57.5° - 171.46\cos57.5° \times \tan25° - 0}{70-0} = 2.49 \text{ m}$$

改良幅

$W_1 = L_1 \cdot \cos\theta = 1.34$ m → 1.50 m

(6) 改良幅の決定

ライナープレート立坑の計算で求めた掘削高さでの計算による厚みと最小改良幅を比較して大きい方を採用する。図2.2-7（P.13）、表2.2-10（P.14）参照

表2.3-84　改良幅

検討個所	計算結果	最小改良幅	改良範囲	備考
土留め背面	1.50m	1.50m	1.50m	

表2.3-85　《選択条件》最小改良範囲

深度	B、T
0～5m	1.5m
5～10m	2.0m
10～15m	2.5m
15～20m	3.0m

改良高さは、掘削時の余掘りを配慮して床付け面下 1.50 m から建物基礎面までとする。

改良延長は、家屋への影響を配慮して図2.3-66のようになる。

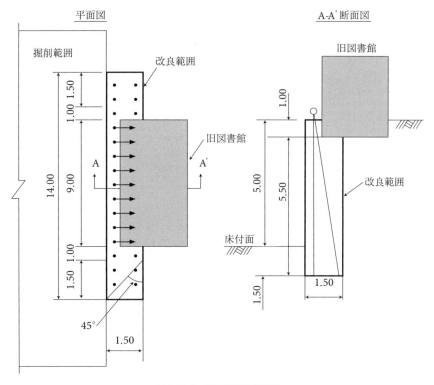

図2.3-66 家屋防護改良範囲

(7) 数量の算定
ⅰ 注入量
注入量は

$$Q = V \times \lambda \times J$$

で算定する。
ここで

 λ：表2.2-15（P.18）より、35％

 J：表2.2-17（P.18）より、90％

よって注入量は

表2.3-86 注入量

個　所	土　質	対象土量J	注入率λ	重要度率J	注入量Q
土留背面	砂質土	$1.50 \times 5.50 \times 14.00 = 115.50\text{m}^3$	35.0%	90.0%	36.383m³

ⅱ 注入比率
注入比率は表2.2-6（P.12）より決定する。

表2.3-87 注入材別注入量

個　所	土　質	注入比率		注入量	
		瞬結材	緩結材	瞬結材	緩結材
土留め背面	砂	1	1	18.19m³	18.19m³

(8) 改良範囲その他

表2.3-88　数量表

注入工法	二重ストレーナ工法〈複相タイプ〉
土　質	砂質土
本　数	30本
削孔長	195.0m
対象土量	115.50m³
注入率	35%
重要度率	90%
注入量 瞬結注入材料	18.19m³
注入量 緩結注入材料	18.19m³
注入量 計	36.38m³

2.3.15 送信塔沈下防止（ゆるみに対抗するための地盤補強）

(1) 設計条件

基礎の大きさ：4.50×4.50 m

基礎の深さ　：1.00 m

支持形式　　：松杭基礎

支持地盤　　：砂礫層

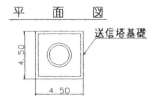

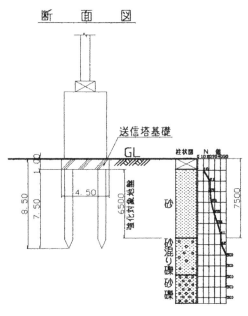

図2.3-67　送信塔基礎構造

図 2.3-67 に示す送信塔は、松杭による支持力基礎で建設以来数 10 年が経過しており、腐食のため支持力低下が危惧される。送信塔自体は、トラワイヤーで四方に引っ張られているものの絶縁のため碍子で支持されており、沈下に伴う変心荷重が加わると破損の恐れがある。
注入することによって、地盤支持力を向上させて防止する。

(2) 問題点と対策

表2.3-89 問題点とその対策

施 工 条 件	土 質 条 件	発生が予想される問題	薬液注入による対策
・古い建築物 ・松杭基礎	・N=10〜30の砂 ・N>40の砂礫 ・粘着力なし	・支持杭腐食による支持力の低減 ・不等沈下、転倒	支持力増強による直接支持

(3) 工法ならびに薬液の選定

工法は図2.2-2〜3（P.11）、材料は表2.2-3（P.10）により選定する。
選定結果は、工法は二重管ストレーナ工法〈複相タイプ〉材料は溶液型となる。

(4) 設計に用いる数値の決定

設計に用いる数値は、N = 20〜30（平均25）の砂層、工法は二重管ストレーナ工法であることから、粘着力は図2.2-4（P.12）より C = 80.00 kN/m² となる。

(5) 改良範囲の検討
計算方法

表2.3-90 計算方法

個 所	計 算 方 法
現状支持力の計算による把握	杭が腐食して支持力不能になった場合の砂地盤の支持力を求めて確認する。
改良後の支持力計算	砂地盤に粘着力を付与することによって地盤の支持力を増加させる。
改良範囲の検討	改良範囲を基礎面積より広くして荷重の分散させる方法（浅く広く）と、支持力の大きな地盤までの間を改良する方法がある。 ここでは、周囲を広い範囲で改良できないことから後者の支持地盤までの改良を行う。

(6) 現状の支持力

松杭が支持力を失った場合、直下の砂層が直接基礎として荷重を受けることになる。この場合の支持力は次の式から求めることができる。（『建築基礎構造設計指針』日本建築学会）

$$q_a = \frac{1}{3}(\alpha \cdot C \cdot N_c + \beta \cdot \gamma_1 \cdot B \cdot N_\gamma + \gamma_2 \cdot D_f \cdot N_q) \quad \cdots\cdots (2.3\text{-}14)$$

長期許容支持力 ：q_a (kN/m³)
現地盤の粘着力 ：$C = 0$ kN/m²
土の単位体積重量：$\gamma_1 = 8.00$ kN/m³ 基礎底面下（地下水位下：水中重量）
　　　　　　　　　（$\gamma_t - \gamma_w = 18.00 - 10.00 = 8.00$ kN/m³）
　　　　　　　：$\gamma_2 = 18.00$ kN/m³ 基礎下面上（地下水位上：単体重量）砂質土

土の内部摩擦角 ： $\phi = 20°$
基礎最小幅 ： $B = 4.50$ m
基礎下面上の深度： $D_f = 1.00$ m
長辺 ： $L = 4.50$ m
短辺 ： $B = 4.50$ m
支持力係数 ： $N_c = 7.9$ （表2.3-92支持力係数表より）
： $N_\gamma = 2.0$ （　　　〃　　　）
： $N_q = 5.9$ （　　　〃　　　）
形状係数 ： $\alpha = 1.3$ （表2.3-91より）
（正方形） ： $\beta = 0.4$ （表2.3-91より）
送信塔の荷重 ： 55.00 kN/m² （地震荷重含む）

表2.3-91　形状係数

基礎底面の形状	連続	正方形	長方形	円形
α	1.0	1.3	$1.0 + 0.3\dfrac{B}{L}$	1.3
β	0.5	0.4	$0.5 - 0.1\dfrac{B}{L}$	0.3

注）B：長方形の短辺の長さ
　　L：長方形の長辺の長さ

表2.3-92　支持力係数

ϕ	N_c	N_γ	N_q
0°	5.3	0	3.0
5°	5.3	0	3.4
10°	5.3	0	3.9
15°	6.5	1.2	4.7
20°	7.9	2.0	5.9
25°	9.9	3.3	7.6
28°	11.4	4.4	9.1
32°	20.9	10.6	16.1
36°	42.2	30.5	33.6
40°以上	95.7	114.0	83.2

これらの数値を計算式に代入して現状の長期許容支持力を求めると次のようになる。

∴ $q_a = 45.23$ kN/m² < 55.00 kN/m²

したがって腐食が進行している現状の支持力は、限界に達していると推定される。支持力を増加させる方法は、基礎直下の砂質土に粘着力を与えることによって目的を達成させる。

(7) 改良後の支持力

改良粘着力
　　$C' = 80.00$ kN/m²
とする。
支持力公式の粘着力の値が改良によって増加するだけ支持力が増加する。したがって改良後の長期支持力は次のようになる。

$C = 0 \rightarrow 80.00$ kN/m²

$q_a = \dfrac{1}{3}(1.3 \times 80.00 \times 7.90) + 273.87$

　　$= 45.23 + 273.87$

　　$\fallingdotseq 319.1$ kN/m² > 55.00 kN/m²

$F_s = \dfrac{319.10}{55.00} = 5.80$

計算の結果は、約6倍の支持力が得られることなる。

(8) 改良幅の決定

改良範囲は、基礎周囲から外側へ1.00 m（6.50×6.50 m）の範囲とする。

改良深度は、基礎下面からN＝40の礫混り砂層の間とする。ただし礫混り砂層面が平らであるとは限らないので安全を見込み1.00 mを加算した深度とする。図2.3-68（P.100）計画図。

表2.3-93 改良範囲

検討個所	最小改良幅	改良範囲			備考
基礎下面	基礎面より外へ ＋1.00m	L 6.50	B ×6.50	H ×7.50	

(9) 数量の算定

i 注入量

$Q = V \times \lambda \times J$

λ：表2.2-15（P.18）より、35％

J：表2.2-17（P.18）より、90％

表2.3-94 注入量

箇所	土質	対象土量	注入率	重要度率	注入量
基礎直下	砂	6.50×6.50×7.50=316.88m^3	35％	90％	99.82m^3

ii 注入比率

注入比率は、表2.2-6（P.12）より決定する。

表2.3-95 注入材料別注入量

個所	土質	注入比率		注入量	
		瞬結材	緩結材	瞬結材	緩結材
基礎直下	砂	1	2	33.27m^3	66.55m^3

iii 注入孔配置

図2.2-18（P.20）より正方形配置とする。

基本的には行・列ともL＝6.5÷1.0本/m＝7本である。

図2.3-68（P.100）に示すようにほとんどの注入孔が斜注入になるため、間隔が一定でない。したがって、狭くなった部分で隆起を発生しやすくなる。

隆起を抑える意図から注入孔間隔を多少広くとる関係で6×6本の配列とする。

ただし斜注入のため列数が10列となる。

表2.3-96 数量表

注入工法	二重ストレーナ工法〈複相タイプ〉
土質	砂
本数	垂直20本・斜32本
削孔長	垂直170.0＋斜244.0=414.0m
対象土量	316.88m^3
注入率	35％
重要度率	90％
注入量 瞬結注入材料	33.27m^3
注入量 緩結注入材料	66.55m^3
注入量 計	99.82m^3

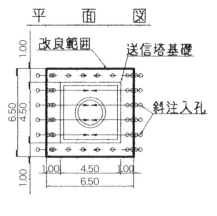
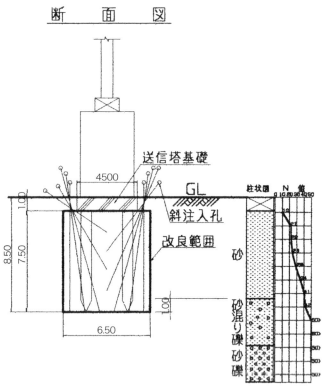

図2.3-68　送信塔基礎注入計画

3章
積算

3.1 積算の基本

3.1.1 積算のフロー

薬液注入工法の積算は以下のフローにしたがって行う。

表 3.1-1

項　目	適　用	参照項目
設　計　の　成　果	積算に用いる工法、材料、数量は設計にて決まる。	
工法・材料・数量の設定	『施工管理等』の別紙2より、薬液注入工事に係る条件明示次項等についての項目を参考にする。	
施　工　条　件　の　確　認	・体制（通常は昼間一方）	P. 104
	・作業可能時間	P. 104
	・プラントの設置方法（定置・車上）	P. 104
	・休日の扱い	P. 104
	・電力（商用・発動発電機）	P. 104
歩　掛　か　り　計　算	・セット数の決定	P. 105
	・一本当たり作業時間の算出	P. 105
	・一日当たり施工本数の算出	P. 106
	・施工日数の算出	P. 107
単　価　の　設　定	・労務費	P. 112
	・材料費	P. 112
	・機械損料	P. 113
	・消耗材料費	P. 112～113
	・動力用水費	
	・特許料	P. 114
	・排泥処理費	P. 114
	・プラント仮設費	P. 115
	・運搬費	P. 115
積　　　算		

3.1.2 施工条件に対する留意点

積算に対して現場の条件を反映することが重要である。時間や場所に対する制約や土質や地下水の条件を調べ、これを積算に取り入れるように努める。主な例を以下に示す。

①時　　　　間：一般的には作業時間は8時～17時（昼休み1時間）を定時とする。夜間および時間制限がある場合は、別途考慮。
②狭あい・空頭：標準は平場で上空に障害がない現場を基準としている。高さ、広さが制限あるときは作業能率の低下を考慮。
③プ ラ ン ト：プラントは定置式を標準とする。車上プラント、中継プラントは別途積算。
④土　　　　質：砂質系、粘性土系を基準とし、玉石層、礫層岩盤などの硬質な土質では別途検討。
⑤近　接　施　工：鉄道、道路、埋設管などの構造物に近接した施工では、施工方法、作業能率機械台数制限などが必要。
⑥そ　の　　他：河川や湖沼などの中やこれらに近接した施工、水の保温が必要な寒冷地での施工など、各現場毎に特有な条件下では必要設備や能率を考慮。

3.1.3 積算単価について

積算単価は公表される下記の資料を参考にした。

実際の積算においては、最新の資料を用いる。

　①『薬液注入工　積算資料』　社団法人日本グラウト協会（平成18年度）
　②『建設機械等損料表』　社団法人日本建設機械化協会（平成18年度版）
　③『土木工事積算基準マニュアル』　財団法人建設物価調査会（平成18年度版）
　④『建設物価』　財団法人建設物価調査会（平成18年）
　⑤『積算資料』　財団法人経済調査会（平成18年）
　⑥『建設資材情報』　株式会社日本ビジネスプラン（平成18年）

注）価格については、東京地区価格を適用している。

3.2　二重管ストレーナ工法の積算例（通常の作業時間の例）

3.2.1　積算モデルの積算例

積算モデルの積算例は次表の通りである。

各項目の数量、単価の求め方については、後述する通りである。

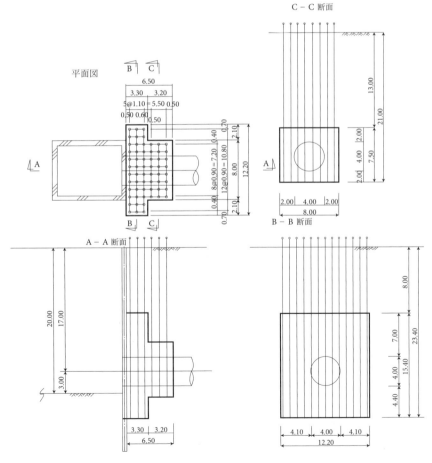

図3.2-1　算定モデル

表3.2-1 積算例集計表

		仕　様	単位	数量	単価（円）	金（円）	備　考	
							数量	単価
直接工事費	労務費	削孔注入工	日	51			P.152	
	材料費	溶液型無機瞬結材	ℓ	72,170			条件明示	
		溶液型無機緩結材	ℓ	216,510			条件明示	
	消耗材料費	削孔用　粘性土	m	132.00			条件明示	
		削孔用　砂質土	m	1083.60			条件明示	
		削孔用　砂礫土	m	264.00			条件明示	
		注入用	ℓ	288,680			条件明示	
		埋設防護口元管	式	1				
	機械損料	削孔注入	日	51			P.155	
	動入用水費	電力費	kWH	7,690			P.149	
		用水費	m³	750			P.149	
	特許料		ℓ	288,680			条件明示	
	小計							
間接工事費	排泥処理費	処理設備	日	51			P.155	
		処理費	m³	16			P.151	
	プラント仮設費	仮設・撤去	式	1				
		移設	式	1				
	運搬費		式	1				
	小計							
純工事費								
専業者経費								
現場管理費								
工事原価								
一般管理費								
総工事費								

3.2.2　積算条件
①目　　的：シールドの発進部の地山防護
②施工条件：2セット昼間作業、標準施工
③施工場所：東京都内
④電力用水：一次側を注入プラントまで引き込み済み
⑤注入工法：二重管ストレーナ工法
⑥注 入 材：溶液型無機瞬結材、溶液型無機緩結材
⑦作業時間：8時間（実作業時間6時間）

3.2.3　作業日数の算定
　ここでは、それぞれの項目に関する必要日数を計算する。特に削孔注入工の日数は削孔長さ、注入量、作業条件を考慮して求める。

(1) 作業日数の構成

　①プラント仮設工　　　　　日　　表3.2-2（P.105）
　②削孔注入工　　　　　　　日　　(3)の(i)〜(iii)（P.106）
　③プラント移設工　　　　　日　　表3.2-3（P.106当工事例では不要）
　④プラント撤去工　　　　　日　　表3.2-2（P.105）
　―――――――――――――――――
　⑤実作業日数（①〜④計）　日
　⑥中断日数　　　　　　　　日
　⑦休日日数　　　　　　　　日
　―――――――――――――――――
　　暦日（⑤〜⑦計）　　　　日

(2) プラント仮設撤去および移設日数の算定

i プラント仮設撤去日数

プラント組立解体の標準日数は表3.2-2に示す通りとする。

表3.2-2　プラント組立解体の標準日数

項　目	標準日数
プラントの設置および機械器具搬入据付日数	2日
プラントの撤去および機械器具搬出据付日数	1日

注1）プラントでの整地などは含まない。
注2）現場の整地や足場の組立解体などは含まない。
注3）1セットの場合もほぼ同様の日数を要す。

ii プラント移設日数

表3.2-3　プラントの移設日数（2〜4セット）

項　目	標準日数
プラントの設置および機械器具移動据付日数	2日

注1）プラントでの整地などは含まない。
注2）現場の整地や足場の組立解体などは含まない。
注3）1セットの場合もほぼ同様の日数を要す。

ただし、上記日数は2〜4セットの通常施工を標準とした場合で、特殊施工（坑内施工、路下施工など）や大規模セット数で施工する場合は、実状に応じて算定する。

(3) 削孔注入日数の算定

i 算定フロー

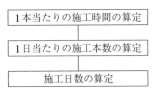

図3.2-2　削孔注入日数算定のフロー

ii 1本当たりの施工時間の算定

a) 算定方法

1本当たりの施工時間は次のように算定する。

$T = (T_1 + T_2 + T_3 + T_4 + T_5)$

T ＝二重管ストレーナ工法1本当たり施工時間

T_1＝機械移動据付時間　　　　（分）　表3.2-4

T_2＝削孔時間　　　　　　　　（分）　表3.2-5 など

T_3＝注入時間　　　　　　　　（分）　表3.2-7

T_4＝土被り部注入管引抜時間　（分）　表3.2-8

T_5＝器具類洗浄時間　　　　　（分）　表3.2-9

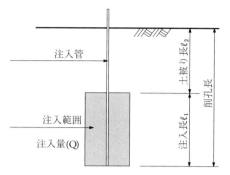

図3.2-3　注入時間および土被り部引抜時間算定モデル

b) 施工歩掛

① 機械移動据付時間 T_1

表3.2-4　機械移動据付時間

項　目	時　間
機械移動	10分
機械据付および角度調整	5分
計	15分

注) 特殊な条件で施工する場合は実状に応じて算定する。

② 削孔時間 T_2

$T_2 = \Sigma (T_n \cdot \ell_n) \cdot \gamma$

T_n：土質別標準削孔速度（分/m）　表3.2-5

ℓ_n：土質別削孔長（m）　　　　図3.2-1積算モデルより決定

γ：削孔角度による補正　　　　表3.2-6、図3.2-4

表3.2-5　土質別標準削孔速度（T_n）

土　質	注入管1m当りの削孔時間
粘性土	7分
砂質土	9分
砂礫土	19分
玉石層	50分

注1) 削孔速度の中には注入管の継ぎ足し時間を含む。
注2) 舗装削孔、埋設物下端までのジェッティイングあるいはVPクラウンの交換に要する時間を含む。
注3) 玉石層については礫質や礫径、含有率によって削孔時間が著しく異なるので、現場試験で確認の上、積算ならびに計画上の時間を設定することが望ましい。

表3.2-6　削孔角度による補正（γ）

ゾーン	補正係数
A	1.0
B	1.35
C	1.5

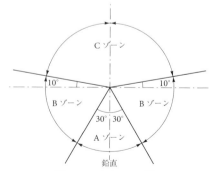

図3.2-4　角度による補正

③注入時間 T_3

$$T_3 = \frac{Q}{q}$$

Q：1本当たり注入量（ℓ）
q：注入速度　　　　（ℓ/分）

表3.2-7　注入速度（q）

工　法	注入速度
二重管ストレーナ	16 ℓ/分

注1）基準注入速度は、単位吐出量（ℓ/分）を言い、通常地盤の状況により早送りや遅送りあるいは中断などを考慮した平均的な値として表されるので、実施工事において各孔ごとに多少の差が出ることもある。
注2）一般的な範囲とは、特殊条件のない注入において実施する注入速度の範囲を言う。建物や鉄道下、構造物の近く、土被の浅い場合など注入圧力の影響を排除する必要のあるケースや、大きな空隙など容易に注入できるケースなどではその都度状況に応じて検討する。

④土被り部注入管引抜時間 T_4

$T_4 = \ell_2 \cdot t$

ℓ_2：土被り長（m）
t：引抜速度

表3.2-8　土被り部注入管引抜速度（T_4）

土被り部注入管引抜時間	2分/m

⑤器具類洗浄時間 T_5

注入作業終了後、ホースおよび注入管などの中を洗浄し、次の作業にそなえるために要する時間である。

表3.2-9　器具類洗浄時間（T_5）

ホースおよび器具類洗浄時間	1回当り　5分

iii　1日当たりの施工本数の算定
a）1日当たりの実作業時間H

1日1方当たりの実作業時間は6時間を標準とするが、特に作業時間が制限されたり、特殊な作業を行う場合はそれぞれの条件に合わせて設定する。

表3.2-10　1日1方当りの作業時間

ケース	施　工　条　件	作業時間	実作業時間
1	プラントおよびボーリングマシンが終日作業現場内に設置しておけるケース（標準施工）	8H	6H
2	プラントは終日設置して置けるがボーリングマシンはその都度設置撤去するケース	8H	5.5H
3	車上プラント等、注入設備の移動が毎日必要なケース	8H	4〜4.5H
4	狭あい作業	8H	4.5〜5.5H
5	トンネル内作業	8H	4〜5H

b) 1日当たりの施工本数 N

$$N = \frac{60 \times H}{T} \times n$$

N：1日当たりの施工本数（本/日）
H：注入設備の1日当たり実作業時間（時間）
T：二重管ストレーナ工法1本当たり施工時間（分）
n：注入セット数（台）

iv 施工日数の算定 D

$$D = \frac{総本数}{1日当たりの施工本数}$$

(4) 中断日数の算定
作業条件により作業が中断されることが予想される場合、実状に応じて算定する。

(5) 休日日数の算定
法定休日や作業休止の日数は1月当たり10日程度とし、日割計算。
年末年始、夏期休暇などの特別休日も必要な場合には考慮する。

(6) 積算モデルの作業日数の算定
i 条件明示

表3.2-11 数量表

注入工法	二重管ストレーナ工法
本数	39本 + 27本 = 66本
削孔長	23.40m×39本 + 21.00m×27本 = 1,479.60 m
対象土量	620.00㎥ + 204.80㎥ = 824.80㎥
注入率	35%
重要度率	100%
注入量 瞬結注入材	72.17㎥（注入比率は表3.2- ）
注入量 緩結注入材	216.51㎥
注入量 計	288.68㎥

表3.2-12 砂層における使い分け

ゲルタイム	N値				
	10	20	30	40	50
瞬結	1				
緩結	0〜1		2〜3		4以上

1本当たりの平均注入量： 288.68 m³ ÷ 66本 ≒ 4.374 m³/本
1本当たりの平均注入長： 816.60 m ÷ 66本 ≒ 12.37 m/本
1本当たりの平均削孔長： 粘性土　　　2.00　m/本
　　　　　　　　　　　　砂礫土　　　4.00　m/本
　　　　　　　　　　　　砂質土　　　16.42　m/本（平均）
　　　　　　　　　　　　　　　　　　─────
　　　　　　　　　　　計　　　　　22.42　m/本

ii 削孔注入日数Dの算定
a) 1孔当りの削孔時間T

T_1 = 15分
T_2 = 2.0m×7分/m + 4.0m×19分/m + 16.2m×9分/m ≒ 236分
T_3 = 4.374ℓ÷16ℓ/分 ≒ 274分
T_4 = 10.00m×2分/m ≒ 20分
T_5 = 5分
―――――――――――――――――――――――――――
T ≒ 551分

b) 1日当りの削孔本数N

$$N = \frac{60分 \times 6時間}{551分} \times 2セット ≒ 1.31本/日$$

(H:ケース1 実作業時間6時間)

c) 削孔注入日数D

$$D = \frac{66本}{1.31本/日} ≒ 51日$$

iii 作業日数の算定

プラント仮設工　　2日（標準施工）表3.2-2（P.105）
削孔注入工　　　 51日
プラント移設工　　0日　　　　　　表3.2-3（P.105）
プラント撤去工　　1日（標準施工）表3.2-2（P.105）
―――――――――――――――――――――――
実作業日数　　　 54日
中断日数　　　　 0日
休日日数　　　　 18日（54日/30日×10日）
―――――――――――――――――――――――
暦　日　　　　　 72日

3.2.4 動力用水量の算出
(1) 使用電力量算出のフロー
算出手順は次のフローのように行う。

図3.2-5　使用電力算出フロー

(2) 使用機械構成の決定

i　使用機械

二重管ストレーナ工法で使用する機種、規格は次表を標準とする。

表3.2-13　二重管ストレーナ工法標準使用機械

機　械　名	規　　　格		適　　用
ボーリングマシン	油圧式	5.5kw	ボーリング作業
薬液注入ポンプ	(5〜20) ℓ/min×2	5.5kw	削孔・注入用ポンプ
薬液ミキサ	200ℓ×2400ℓ×2	0.4kw	A、B液の作液
グラウトミキサ	200ℓ×2	2.2kw	緩結材料のC液作液
流量圧力測定装置	印字式流量計	0.15kw	流量、圧力の計測・記録
水ガラス積算流量計			使用水ガラス量の計測
送液ポンプ	φ50 mm	2.2kw	ギヤポンプ等（水ガラス用）
送水ポンプ	φ50 mm	2.2kw	水中ポンプ（配合用）
貯液槽	5㎥		水ガラスの貯蔵槽
貯水槽	5㎥		
サンドポンプ	φ50 mm	2.2kw	排泥処理用

注1) 流量圧力測定装置は日本グラウト協会にもとづくものである。
注2) 水ガラス流量積算計は注入量500kℓ以上の場合に計上する。

ii　セット別使用機械構成と総負荷

二重管ストレーナ工法のセット別使用機械構成は表3.2-14を標準とする。

表3.2-14　セット別使用機械標準構成

名　　　称	電力量	2セット	4セット
ボーリングマシン	5.5kw	2	4
薬液注入ポンプ	5.5kw	2	4
薬液ミキサ	0.4kw	1	1
グラウトミキサ	2.2kw	1	1
流量圧力測定装置	0.15kw	2	4
水ガラス流量積算計		—	—
送液ポンプ	2.2kw	1	1
送水ポンプ	2.2kw	2	2
貯液槽		1	1
貯水槽		1	1
サンドポンプ	2.2kw	2	2
総負荷kw		35.9	58.2

(3) 使用電力量の算出

i　使用電力量の算出方法

1日当たり使用電力量（kWH/日）＝総負荷設備容量（kW）×実作業時間×0.7

ii　積算モデルの使用電力量の算出

総使用電力量＝35.9 kW×6 H×0.7×51日 ≒ 7,690 kWH（P.147参照）

(4) 用水量の算出

i　用水量の算出方法

用水使用量には、削孔用水、薬液調合の混合用水、機器類洗浄および現場清掃などに使用する一切を含み、水道料金として積算する。

使用量は、現場条件によって著しく異なるが、標準的には以下の通りとする。

　　削孔用水　　　　：総削孔時分×送水量（20 ℓ/分）/1000（㎥）

薬液調合の混合用水：注入量×80％（m³）
洗浄および清掃用水：2 m³/日セット×日数（m³）

ii 積算モデルの用水量の算出

削　　孔 (2.00 m×7分/m + 4.00 m×19分/m + 16.42 m×9分/m)×66本×20 ℓ/分 ≒ 314.2 m³
薬液調合 288.68 m³×0.8 ≒ 230.9 m³
洗　　浄 2 m³×2セット×51日 = 204 m³

計　　　　　　　　　　　　　　　　　　　749.1m³ → 750.0m³

3.2.5 産業廃棄物として処理する排泥量 V_s の算出

薬液注入工事においては、排泥水が発生する。これを分離、沈澱、pH処理後の排水を行うが、最終的にはある量の排泥量をバキュームカーによって搬出し、産業廃棄物として処理する。

排泥量は次のように区分して求める。
①削孔に伴う排泥水量
②注入に伴う洗浄・清掃の用水の排泥水量

(1) 計算式

i 削孔に伴う排泥水量 V_1（1日当り）

$V_1 = q×t×R×S_1$（m³）

q：単位当りの送水量（薬液注入ポンプ規格から 20 ℓ/分）
t：1日当りの実削孔時間（分/日台）
R：排泥水回収率（実績により80％）
S_1：削孔機の台数（日台）

ii プラントなどの洗浄・清掃用水の排泥水量 V_2（1日当り）

実績により

$V_2 = 2m³/日台×S_2$（m³）

S_2：注入機の台数（日セット）

iii 全排泥水量 V（1日当り）

$V = V_1+V_2$（m³）

(2) 産業廃棄物として処理する排泥量 V_s の計算

前項で計算した排泥水量の全てを産業廃棄物として処理するのではなく、分離、沈澱、pH処理して含水率80％程度としてバキュームカーで処理する。

i 設定条件

排泥水量	V m³/日
発生土のSS濃度	8,000 ppm（実績での平均値）
土粒子の真比重	2.6（土粒子の平均値）
排泥処理土の発生土に対する比率	100％
搬出の排泥処理土の含有率	80％

ii　固結物乾砂重量 W
　　$W = 8000\,\text{ppm} \times 10^{-6} \times V\ (\text{tf}/日)$

iii　1日当りの排泥量 V_S
　　$V_S = 80\% \div (100\% - 80\%) \times W + W \div 2.6\ (\text{m}^3/日)$

(3) 積算例からの排泥水量の計算

i　削孔に伴う排泥水量 V_1 の計算
　①1本当りの削孔時間 T_2
　　$T_2 = 238\,分$
　②1日当りの削孔時間 t_1
　　$t_1 = 238\,分/本 \times 1.31\,本/日 = 311.8\,分/日$
　③排泥水量 V_1
　　$V_1 = 20\,\ell/分 \times 311.8\,分/日 \times 80\% \div 1000\,\text{m}^3/\ell = 5.0\,\text{m}^3/日$

ii　洗浄・清掃用排泥水量 V_2
　　$V_2 = 2\,\text{m}^3/日セット \times 2\,セット = 4\,\text{m}^3/日$

iii　全排泥水量 V
　　$V = 5.0\,\text{m}^3/日 + 4\,\text{m}^3/日 = 9.0\,\text{m}^3/日$

iv　固形物乾砂重量 W
　　$W = 8000\,\text{ppm} \times 10^{-6} \times 9.0\,\text{m}^3/日 = 0.07\,\text{tf}/日$

v　1日当たりの排泥量 V_S
　　$V_S = 80\% \div (100\% - 80\%) \times 0.07\,\text{tf}/日 + 0.07\,\text{tf}/日 \div 2.6 = 0.31\,\text{m}^3/日$
　　$\Sigma V_S = 0.31\,\text{m}^3/日 \times 51\,日 = 16.0\,\text{m}^3$

3.2.6　単価の算出

(1) 労務費

i　セット別標準編成人員

作業班の編成は2セット施工を標準とし、4セットが同時稼働しても、注入孔間の相互干渉が生じないだけの充分な作業スペースがある場合は4セット施工とする。職種別の人員は表3.2-15に示す通りである。特殊な施工を行う場合や、編成が大きな場合はその都度検討する。

表3.2-15　二重管ストレーナ工法セット別標準編成人員

職　種	2セット	4セット
注入技士	1	1
世話役	1	1
特殊作業員	3	6
普通作業員	2	3
計	7	11

ii 積算モデルの1日当たりの労務費の算出

2セット昼間作業、標準施工。

表3.2-16 労務費（1日当り）

名　　称	仕様	単位	数量	単価	金額（円）	備考
注入技士		人	1	29,400	29,400	
世話役		人	1	19,900	19,900	
特殊作業員		人	3	17,100	51,300	
普通作業員		人	2	14,000	28,000	
計			7		128,600	

(2) 注入材料費

注入材料費は注入材料（薬液）のみの費用とし、使用する材料別に計上する。注入材料の選定は設計編を参照。材料単価については各材料メーカーより単価見積を参考にする。

(3) 消耗材料費

消耗材料費には、削孔用消耗材料費と注入用消耗材料費および埋設防護口元管（必要な場合）がある。

i 削孔用消耗材料費

削孔は、一般にボーリング機による削孔方法で行われるため、二重管ロッド、グラウトモニタ、メタルクラウンおよびその他雑品一式を削孔用消耗材料費とする。削孔用消耗材料費の標準を土質別に示したものが表3.2-17である。

表3.2-17 二重管ストレーナ工法削孔用消耗材料費（φ40.5mm、削孔長1.0m当り）

品　名	材料価格	粘性土 消耗率	粘性土 金額（円）	砂質土 消耗率	砂質土 金額（円）	砂礫土 消耗率	砂礫土 金額（円）
二重管ボーリングロッド	11,000	0.02	220	0.03	330	0.05	550
メタルクラウンφ41mm	2900	0.03	87	0.04	116	0.30	870
グラウトモニタ	190,600	0.002	382	0.003	572	0.005	953
ロッドカップリング	5200	0.02	104	0.03	156	0.05	260
その他雑品							
計			793		1,174		2,633

注1) この表には鉛直削孔時の標準単位を示しているが、傾斜削孔、または水平削孔にあっては、孔壁の崩壊防止のため、ケーシングパイプの使用など適切な処理を必要とすることがある。このような場合は実状に応じて算定する。
注2) その他雑品とは、圧力計、パイプレンチ、ペンチ、ドライバーカッター、スラントルール水切りモップなどのことをいう。
注3) ボーリングロッドは3.0m/本のものである。3.0m/本以下のロッドを使用する場合は適応する材料価格を別途計上する。

ii 注入用消耗材料費

注入工における標準的消耗材料費は表3.2-18に示す通りである。

表3.2-18　二重管ストレーナ工法注入用消耗材料費（1kℓ当たり）

品　名	単位	数量	単価（円）	金額（円）	備　考
グラウトモニタ	個	0.02	190,600	3,812	
スイベル	個	0.005	134,000	670	
分流バルブ	個	0.003	89,100	268	
注入用配管部品	式	1		2,000	
その他雑品	式	1			
計				6,750	

注）なお、ホースの長さ（プラントから注入口元までの距離）は50m程度までを標準とするので、特に距離が長くなるときは比例により算定する。

iii　埋設防護口元管

埋設管に近接して施工する場合、埋設管防護のために事前にケーシングなどの口元管を設置する場合がある。口元管の材質、形状、寸法については、「4．施工」（P.242）を参照。
この場合、ケーシングなどを消耗材料費として実状に応じて計上する。

(4) 機械損料

i　使用機械損料

各使用機械の機械損料は、表3.2-19（P.114）に示す通りである。

表3.2-19　二重管ストレーナ工法機械損料表

名　称	規　格			基礎価格（千円）	標準使用（年）	年間標準			運転1時間当り	供用1日当り	備　考	
	諸　元	機関出力 kw (PS)	機械質量 (t)			運転時間（時間）	運転日数（日）	供用日数（日）	損料（円）	損料（円）	運転1時間当り換算値	
											損料率 (×10⁻⁶)	損料（円）
ボーリングマシン	5.5kw級	5.8	0.5	2,320	11.5	—	110	140	（日）2,140	2,160	（日）2,107	（日）4,890
薬注ポンプ	5〜20ℓ/分×2	5.5	0.4	2,190	11.5	—	90	180	（日）2,470	1,340	（日）2,353	（日）5,150
薬液ミキサ	200ℓ×2 400ℓ×2	0.4	0.5	2,660	11.5	—	90	130	（日）3,120	2,260	（日）2,401	（日）6,390
グラウトミキサ	200ℓ×2	2.2	0.2	792	11.5	—	90	130	（日）930	570	（日）2,401	（日）1,900
流量圧力測定装置	印字式流量計 0〜50ℓ/分	0.15	0.12	3,370	9.0	—	80	120	（日）4,980	3,420	3,000	（日）10,100
水中ポンプ	口径50mm 揚程20m	2.2	0.03	104	9.5	—	100	140	（日）182	88	（日）2,932	（日）305
水ガラス積算流量計	0〜50ℓ/分		0.02	283	10.0	—	80	140	（日）377	235	（日）2,788	（日）789
送液ポンプ	φ50mm	2.2	0.03	104	9.5	—	100	140	（日）182	88	（日）2,932	（日）305
送水ポンプ	φ50mm	2.2	0.03	104	9.5	—	100	140	（日）182	88	（日）2,932	（日）305
貯液槽	容量5m³		0.8	249	8.0	—	—	160	—	377	—	—
貯水槽	容量5m³		0.8	249	8.0	—	—	160	—	377	—	—

①通常は、表3.2-19の運転1日当たりの換算値を用いる。
②特に中断期間が長いなど特殊な場合は、機械損料＝運転1日当たり損料（1欄）×運転日数＋供用1日当たり損料（1欄）×供用日数を用いる。

③損料率は、日本建設機械化協会の建設機械等損料算定法にもとづいた。
④単価については同上資料および積算資料（財団法人経済調査会）などによる。

ii　積算モデルの1日当たりの機械損料

セット別の機械構成は表3.2-14（P.110）を参照。

表3.2-20　機械損料（1日当り2セット使用）

名　称	仕様	数量	単価（円）	金額（円）	備　考
ボーリングマシン	5.5kw	2	4,890	9,780	
薬液注入ポンプ	5.5kw	2	5,150	10,300	
薬液ミキサ	0.4kw	1	6,390	6,390	
グラウトミキサ	2.2kw	1	1,900	1,900	
流量圧力測定装置	0.15kw	2	10,100	20,200	
水ガラス流量積算計					
送液ポンプ	2.2kw	1	305	305	
送水ポンプ	2.2kw	2	305	610	
貯液槽	5㎥	1	377	377	
貯水槽	5㎥	1	377	377	
計	31.5kw			50,239	

(5) 特許料

特許料は工法により異なるが、おおむね2円/ℓである。

(6) 排泥処理費

1日当たりの排泥処理費は、次表の示す通りである。

表3.2-21　排泥処理費（1日当り）

名　称	仕　様	単位	数量	単価	金（円）	備　考
労務費	普通作業員	人	1	14,000	14,000	
機械損料	サンドポンプ	台	2	305	610	φ50mm 2.2kw
	中和処理装置	台	1	8,040	8,040	処理量6㎥/h
	原水槽	台	1	538	538	10㎥タンク
運搬料	バキューム車（3㎥）	台	0.1			
材料費	中和剤等	式	1			上記までの10%
計						

注1）排泥処理量の計算は積算例のように行う。
注2）捨場代、処理費は別途計上。なお、当該現場にて既に処理設備を有しかつ使用可能な場合には、既存処理施設への計上となり、上表は適用しない。
注3）バキューム車は各地域における積算価格に準ずる。

表3.2-22　排泥処理機械設備損料

名　称	規　格			基礎価格（千円）	標準使用（年）	年間標準			運転1時間当り損料（円）	供用1日当り損料（円）	備　考	
	諸元	機関出力kw(PS)	機械質量(t)			運転時間（時間）	運転日数（日）	供用日数（日）			運転1時間当り換算値	
											損料率(×10⁻⁶)	損料（円）
サンドポンプ	口径50mm 揚程20m	2.2	0.03	104	9.5	—	100	140	（日）182	88	（日）2,932	1,340
中和処理装置	処理量6㎥/h		0.5	4,010	8.5	680	140	210	（日）602	2,380	333	（日）5,150
原水槽	容量10㎥		0.8	249	8.0	—	—	160	—	377	—	—

(7) プラント仮設費

プラント仮設撤去日数は、表3.2-2（P.105）参照。

2～4セットのプラント仮設費は、下表を標準とする。

表3.2-23 プラント仮設費（設置・撤去）

名　称	仕　様	単位	数量	単価（円）	金額（円）	備　考
労務費	注入技士	人	3	29,400	88,200	
	世話役	人	3	19,900	59,700	
	特殊作業員	人	18	17,100	307,800	
	電工	人	3	17,900	53,700	
機械賃料	5tクレーン	台	3	29,000	87,000	
材料費	式		1		119,280	上記までの10%
計					715,680	

(8) 運搬費

2セット当たりの運搬費は、下表を標準とする。ただし、特殊な条件で施工する場合は、実状に応じて計上する。

セット数が増えた場合は基本的には、セット数の比例にて計上する。

表3.2-24 運搬費の内訳（4セット以下）

項　目	内訳	数　量
機器設備の搬入搬出	4～6t	6台
小口運搬	2t車	4～5台／月
材料の運搬		必要に応じて計上

(9) 専業者経費

純工事費に表3.2-25の専業者経費率を乗じた金額を計上する。

表3.2-25 専業者経費率（国土交通省土木工事積算基準）

工事単価	専業者経費率
500万円以下	14.38%
500万円～30億円以下	A*
30億円以上	7.22%

A* ＝ －2.57651・LogB ＋ 31.63531
A：一般管理費率
B：純工事費

(10) 現場管理費

純工事費に現場管理費率を乗じた金額を計上する。

i　現場管理費の構成要素

①労務管理費　　②租税公課　　③地代家賃　　④保険料　　⑤従業員給料手当
⑥福利厚生費　　⑦減価償却費　⑧通信費　　　⑨旅費交通費　⑩法定福利費
⑪事務所管理費　⑫交際費　　　⑬補償費　　　⑭雑費

ii 現場管理費率

表3.2-26 現場管理費率（国土交通省土木工事積算基準）

純工事費	現場管理費率
700万円以下	15.39%～29.36%（20%）
700万円～10億円以下	11.09%～29.36%（17%）
10億円以上	11.09%～21.14%（13%）

注）工事区分により経費率は変化する。

(11) 一般管理費

工事原価に表3.2-27の一般管理費率を乗じた金額を計上する。

表3.2-27 一般管理費率（国土交通省土木工事積算基準）

工事単価	一般管理費率
100万円以下	14.38%
100万円～10億円以下	A*
10億円以上	7.22%

$A^* = 2.57651 \cdot \log B + 31.63531$
A：一般管理費率
B：工事原価

3.3 二重管ストレーナ工法の積算例（車上プラントの場合）

3.3.1 積算モデルの積算例

3.2の積算モデルを車上プラントにて施工した場合の積算例は表3.3-1の通りである。各項目の数量、単価の求め方については後述する通りである。

表3.3-1 積算例

		仕　様	単位	数量	単価（円）	金（円）	備　考	
							数量	単価
直接工事費	労務費	削孔注入工	日	76				
	材料費	溶液型無機瞬結材	ℓ	72,170			条件明示	
		溶液型無機緩結材	ℓ	216,510			条件明示	
	消耗材料費	削孔用　粘性土	m	132.00			条件明示	
		削孔用　砂質土	m	1083.00			条件明示	
		削孔用　砂礫土	m	264.00			条件明示	
		注入用	ℓ	288,680			条件明示	
		埋設防護口元管	式	1				
	機械損料	削孔注入	日	76				
	動入用水費	電力費	kWH	7,640				
		用水費	m³	850				
	特許料		ℓ	288,860			条件明示	
	小計							
間接工事費	排泥処理費	処理設備	日	76				
		処理費	m³	21				
	プラント仮設費	仮設・撤去	式	1				
		移設	式	1				
	運搬費		式	1				
	車上プラント費	クレーン装置付4t車3台	日	79				
		散水車	日	76				
	小計							
純工事費								
専業者経費								
現場管理費								
工事原価								
一般管理費								
総工事費								

3.3.2　積算条件

①目　　的：シールドの発進部の地山防護
②施工条件：2セット昼間作業、標準施工
③施工場所：東京都内
④電力用水：一次側を注入プラントまで引き込み済み
⑤注入工法：二重管ストレーナ工法
⑥注 入 材：溶液型無機瞬結材、溶液型無機緩結材
⑦作業時間：4時間（車上プラントなど注入設備の移動が必要なケース）
⑧排泥処理：保留基地にて処理するものとする

3.3.3　作業日数の算定

作業日数の算定方法は通常の作業時間の例に準じる。

(1) 削孔日数Dの算定

1孔当たりの削孔時間T

T_1 = 15分
$T_2 = 2.00 \text{ m} \times 7\text{分/m} + 4.00 \text{ m} \times 19\text{分/m} + 16.42 \times 9\text{分/m} ≒ 238$分
$T_3 = 4374 \ell ÷ 16 \ell/\text{分}$ ≒ 273分
$T_4 = 10.05 \text{ m} \times 2\text{分/m}$ ≒ 20分
T_5 = 5分

T ≒ 551分

1日当たりの削孔本数N

$$N = \frac{60\text{分} \times 4\text{時間}}{551\text{分}} \times 2\text{セット} ≒ 0.87\text{本/日}$$

(H:ケース3の実作業時間4時間)(表3.2-10 P.107参照)

削孔注入日数D

$$D = \frac{66\text{本}}{0.87\text{本/日}} ≒ 76\text{日}$$

(2) 作業日数の算定

プラント仮設工	2日	(通常の作業時間)
削 孔 注 入 工	76日	
プラント移設工	0日	
プラント撤去工	1日	(通常の作業時間)
実 作 業 日 数	79日	
中 断 日 数	0日	
休 日 日 数	27日	(79日/30日×10日)
暦　　　　日	106日	

3.3.4 動力用水量の算出

(1) 使用電力量算出のフロー

算出手順は次のフローのように行う。

図3.3-1　使用電力算出フロー

(2) 使用機械構成の決定

i 使用機械

二重管ストレーナ工法で使用する機種、規格は表3.3-2を標準とする。

表3.3-2 二重管ストレーナ工法標準使用機械（車上プラント用）

機 械 名	規　　　格	適　　用
ボーリングマシン	油圧式　　　　　5.5kw	ボーリング作業
薬液注入ポンプ	(5〜20) ℓ/min×2　5.5kw	削孔・注入用ポンプ
薬液ミキサ	200ℓ×2,400ℓ×2　0.4kw	A、B液の作液
グラウトミキサ	200ℓ×2　　　　2.2kw	緩結材料のC液作液
流量圧力測定装置	印字式流量計　　0.15kw	流量、圧力の計測・記録
水ガラス積算流量計		使用水ガラス量の計測
送液ポンプ	φ50mm　　　　2.2kw	ギヤポンプ等（水ガラス用）
送水ポンプ	φ50mm　　　　2.2kw	水中ポンプ（配合用）
貯液槽	5㎥	水ガラスの貯蔵槽
貯水槽	5㎥	
サンドポンプ	2.2kw	排泥処理用
トラック（クレーン装置付）	4t積 2.9t吊	車上プラント用
散水車	3,800ℓ	給水用

注1) 流量圧力測定装置は日本グラウト協会にもとづくものである。
注2) 水ガラス流量積算計は注入量500kℓ以上の場合に計上する。

ii セット別使用機械構成と総負荷

二重管ストレーナ工法のセット別使用機械構成は表3.3-3を標準とする。

表3.3-3 2セット使用機械標準構成

機械名	電力量	2セット
ボーリングマシン	5.5	2
薬液注入ポンプ	5.5	2
薬液ミキサ	0.4	1
グラウトミキサ	2.2	1
流量圧力測定装置	0.15	2
水ガラス積算流量計		
送液ポンプ	2.2	1
送水ポンプ	2.2	2
貯液槽		1
貯水槽		1
サンドポンプ	2.2	2
トラック（クレーン装置付）		3
散水車		1
総負荷kw		35.9

(3) 使用電力量の算出

i 使用電力量の算出方法

1日当たりの使用電力量＝総負荷設備容量×実作業時間×0.7
　　（kWH/日）　　　　　　　（kW）

ii 積算モデルの使用電力量の算出

総使用電力量＝35.9 kW×4 H×0.7×76日＊≒7640 kWH

(4) 用水量の算出
i 用水量の算出方法
用水使用量には、削孔用水、薬液調合の混合用水、機器類洗浄および現場清掃などに使用する一切を含み、水道料金として積算する。

使用量は、現場条件によって著しく異なるが、標準的には下記の通りとする。

削孔用水：総削孔時分×送水量（20 ℓ/分）/1000（m³）
薬液調合の混合用水：注入量×80%（m³）
洗浄および清掃用水：2 m³/日セット×日数（m³）

ii 積算モデルの用水量の算出

削 孔	(2.00 m×7分/m+4.00 m×19分/m+16.42 m×9分/m)×66本×20 ℓ/分	≒ 314.2 m³
薬液調合	288.68 m³×0.8	≒ 230.9 m³
洗 浄	2 m³×2セット×76日	= 304 m³
計		849.1 m³ → 850.0 m³

3.3.5　産業廃棄物として処理する排泥量の算出

薬液注入工事においては、排泥水が発生する。これを分離、沈殿、pH処理後の排水を行うが、最終的にはある量の排泥量をバキュームカーによって搬出し、産業廃棄物として処理する。

排泥量は次のように区分して求める。
　①削孔に伴う排泥水量
　②注入に伴う洗浄・清掃の用水の排泥水量

(1) 計算式
i 削孔に伴う排泥水量 V_1（1日当たり）
　$V_1 = q×t×R×S_1$（m³）
　q：単位当たりの送水量（薬液注入ポンプ規格から 20 ℓ/分）
　t：1日当たりの実削孔時間（分/日台）
　R：排泥水回収率（実績により80%）
　S_1：削孔機の台数（日台）

ii プラントなどの洗浄・清掃用水の排泥水量 V_2（1日当たり）
実績により
　$V_2 = 2m³/日台×S_2$（m³）
　S_2：注入機の台数（日セット）

iii 全排泥水量 V（1日当たり）
　$V = V_1 + V_2$

(2) 産業廃棄物として処理する排泥量 V_s の計算
前項で計算した排泥水量の全てを産業廃棄物として処理するのではなく、分離、沈殿、pH処理して含水率80%程度としてバキュームカーで処理する。

i 設定条件

　　排泥量　　　　　　　　　　　：V m³/日
　　発生土のSS濃度　　　　　　　：8000 ppm（実績での平均値）
　　土粒子の真比重　　　　　　　：2.6（土粒子の平均値）
　　排泥処理土の発生土に対する比率：100%
　　搬出の排泥処理土の含有率　　　：80%

ii 固結物乾砂重量W

　　$W = 8000 \text{ ppm} \times 10^{-6} \times V$（tf/日）

iii 1日当たりの排泥量 V_s

　　$V_s = 80\% \div (100\% - 80\%) \times W + W \div 2.6$（m³/日）

(3) 積算例からの排泥水量の計算

i 削孔に伴う排泥水量 V_1 の計算

　①1本当たりの削孔時間 T_2：$T_2 = 238$ 分（削孔注入日数の算定 P.109 参照）
　②1日当たりの削孔時間 t_1：$t_1 = 238$ 分/本 × 0.87 本/日 = 207.1 分/日
　③排泥水量　　　　　　　V_1：$V_1 = 20$ ℓ/分 × 207.1 分/日 × 80% ÷ 1000 m³/ℓ = 3.3 m³/日

ii 洗浄・清掃用排泥水量 V_2

　　$V_2 = 2$ m³/日セット × 2 セット = 4 m³/日

iii 全排泥水量 V

　　V = 3.3 m³/日 + 4 m³/日 = 7.3 m³/日

iv 固形物乾砂重量 W

　　$W = 8000 \text{ ppm} \times 10^{-6} \times 7.3$ m³/日 = 0.06 tf/日

v 1日当たりの排泥量

　　$V_s = 80\% \div (100\% - 80\%) \times 0.06$ tf/日 + 0.06 tf/日 ÷ 2.6 = 0.27 m³/日

vi 総排泥量

　　$\Sigma V_s = 0.27$ m³/日 × 76 日 = 21.0 m³

3.3.6 単価の算出

(1) 労務費

i セット別標準編成人員

作業班の編成は 2 セット施工を標準とする。特殊な施工を行う場合や、編成が大きな場合はその都度検討する。

表3.3-4　二重管ストレーナ工法セット別標準編成人員（車上プラント）

職　種	2セット
注入技士	1
世話役	1
特殊作業員	3
普通作業員	2
運転手（特殊）	3
運転手（一般）	1

ii 積算モデルの1日当たりの労務費の算出

2セット昼間作業、標準施工。

表3.3-5 労務費（1日当たり）：車上プラント

職　種	仕　様	単位	数量	単　価	金額（円）	備　考
注入技士		人	1	29,400	29,400	
世話役		人	1	19,900	19,900	
特殊作業員		人	3	17,100	51,300	
普通作業員		人	2	14,000	28,000	
計					128,600	

(2) 注入材料費

注入材料費は注入材料（薬液）のみの費用とし、使用する材料別に計上する。注入材料の選定は設計編を参照。

材料単価については、各材料メーカより単価見積を参考にする。

(3) 消耗材料費

消耗材料費には、削孔用消耗材料費と、注入用消耗材料費および埋設防護口元管（必要な場合）がある。

i 削孔用消耗材料費

削孔は、一般にボーリング機による削孔方法で行われるため、二重管ロッド、グラウトモニタ、メタルクラウンおよびその他雑品一式を削孔用消耗材料費とする。削孔用消耗材料費の標準を土質別に示したものが表3.3-6である。

表3.3-6 二重管ストレーナ工法削孔用消耗材料費（φ40.5mm、削孔長1.0m当たり）

品　名	材料価格	粘性土		砂質土		砂礫土	
		消耗率	金額（円）	消耗率	金額（円）	消耗率	金額（円）
二重管ボーリングロッド	11,000	0.02	220	0.03	330	0.05	0550
メタルクラウン φ41mm	2900	0.03	87	0.04	116	0.30	870
グラウトモニタ	190,600	0.002	382	0.003	572	0.005	953
ロッドカップリング	5200	0.02	104	0.03	156	0.05	260
その他雑品							
計			793		1,174		2,633

注1）この表には鉛直削孔時の標準単位を示しているが、傾斜削孔、または水平削孔にあっては、孔壁の崩壊防止のため、ケーシングパイプの使用など適切な処理を必要とすることがある。このような場合は実状に応じて算定する。
注2）その他雑品とは、圧力計、パイプレンチ、ペンチ、ドライバーカッター、スラントルール水切りモップなどのことをいう。
注3）ボーリングロッドは3.0m/本のものである。

ii 注入用消耗材料費

注入工における標準的消耗材料費は表3.3-7に示す通りである。

表3.3-7 二重管ストレーナ工法注入用消耗材料費

品　名	単位	数量	単価	金額（円）	備　考
グラウトモニタ	個	0.02	190,600	3,812	
スイベル	個	0.005	134,000	670	
分流バルブ	個	0.003	89,100	268	
注入用配管部品	式	1		2,000	
その他雑品	式	1			
計				6,750	

注）なお、ホースの長さ（プラントから注入口元までの距離）は50m程度までを標準とするので、特に距離が長くなるときは比例により算定する。

iii　埋設防護口元管

二重管ストレーナ工法に準じるものとする。（施工編P.242参照）

(4) 機械損料

i　使用機械損料

各使用機械の機械損料は、表3.3-8に示す通りである。

表3.3-8 二重管ストレーナ工法機械損料表（車上プラント）

名　称	規　格			基礎価格（千円）	標準使用（年）	年間標準			運転1時間当り	供用1日当り	備　考	
	諸　元	機関出力kw(PS)	機械質量(t)			運転時間（時間）	運転日数（日）	供用日数（日）	損料（円）	損料（円）	運転1時間当り換算値	
											損料率（×10⁻⁶）	損料（円）
ボーリングマシン	5.5kw級	5.8	0.5	2,320	11.5	—	110	140	(日)2,140	2,160	2,107	4,890
薬注ポンプ	5～20ℓ/分×2	5.5	0.4	2,190	11.5	—	90	180	(日)2,470	1,340	2,353	5,150
薬液ミキサ	200ℓ×2 400ℓ×2	0.4	0.5	2,660	11.5	—	90	130	(日)3,120	2,260	2,401	6,390
グラウトミキサ	200ℓ×2	2.2	0.2	792	11.5	—	90	130	(日)930	570	2,401	1,900
流量圧力測定装置	印字式流量計 0～50ℓ/分	0.15	0.12	3,370	9.0	—	80	120	(日)4,980	3,420	3,000	10,100
水中ポンプ	口径50mm 揚程20m	2.2	0.03	104	9.5	—	100	140	(日)182	88	2,932	305
水ガラス積算流量計	0～50ℓ/分		0.02	283	10.0	—	80	140	(日)377	235	2,788	789
送液ポンプ	φ50mm	2.2	0.03	104	9.5	—	100	140	(日)182	88	2,932	305
送水ポンプ	φ50mm	2.2	0.03	104	9.5	—	100	140	(日)182	88	2,932	305
貯液槽	容量5㎥		0.8	249	8.0	—	—	160		377		
貯水槽	容量5㎥		0.8	249	8.0	—	—	160		377		
散水車	3,800ℓ		3.4	4,990	9.5	710	150	230	679	3,020	333	1,660

①通常は表3.3-8の運転1日当たりの換算値を用いる。

②特に中断期間が長いなど特殊な場合は、機械損料＝運転1日当たり損料（1欄×運転日数＋供用1日当たり損料（1欄）×供用日数を用いる。

③損料率は、社団法人日本建設機械化協会の建設機械等損料表にもとづいた。

④単価については同上資料および積算資料（財団法人経済調査会）などによる。

ii　積算モデルの1日当たりの機械損料

セット別の機械構成は、表3.3-3（P.120）を参照。

表3.3-9　機械損料（1日当り2セット使用）

名　　称	仕様	数量	単　価	金額（円）	備　考
ボーリングマシン	5.5kw	2	4,890	9,780	2.5
薬液注入ポンプ	5.5kw	2	5,150	10,300	3.0
薬液ミキサ	0.4kw	1	6,390	6,390	2.0
グラウトミキサ	2.2kw	1	1,900	1,900	5.0
流量圧力測定装置	0.15kw	2	10,100	20,200	
水ガラス流量積算計					
送液ポンプ	2.2kw	1	305	305	
送水ポンプ	2.2kw	2	305	610	
貯液槽	5㎥	1	377	377	
貯水槽	5㎥	1	377	377	
計	31.5kw			50,239	

表3.3-10　トラック（クレーン装置4t車、2.9t吊）運転1日当たり単価表

機械名	規　格	単位	数量	単価	金額	適　用
運転手（特殊）		人	1	17,200	17,200	
トラック（クレーン装置付）	4t積 2.9t吊	供用日	1.4	10,500	14,700	賃料
燃料費		ℓ	39.6	83	3,287	
諸雑費		式	1		3	
計					105,570	上記までの計×3台/日

表3.3-11　散水車（3,800ℓ）運転1日当たり単価表

機械名	規　格	単位	数量	単価	金額	適　用
運転手（一般）		人	1	15,600	15,600	
散水車	3,800ℓ	h	6	1,660	9,960	損料
燃料費		ℓ	28.2	83	2,341	
諸雑費		式	1		9	
計					27,910	

(5) 特許料

特許料は工法により異なるが、おおむね2円/ℓである。

(6) 排泥処理費

1日当たりの排泥処理費は、表3.3-12に示す通りである。

表3.3-12　排泥処理費（1日当り）

名　称	仕　様	単位	数量	単価	金額（円）	備　考
労務費	普通作業員	人	1	14,000	14,000	
機械損料	サンドポンプ	台	2	305	610	φ50mm 2.2kw
	中和処理施設	台	1	8,040	8,040	処理量6㎥/h
	原水槽	台	1	538	538	10㎥タンク
運搬費	バキューム車（3㎥）	台	0.1			
材料費	中和剤等	式	1			上記までの約10%
計						

注1）排泥処理量の計算は積算例（P.000）のように行う。
注2）捨場代、処理費は別途計上。なお、当該現場にて既に処理設備を有しかつ使用可能な場合には、既存施設への計上となり、上表は適用しない。
注3）バキューム車は各地域に於ける積算価格に準ずる。

表3.3-13　排泥処理機械設備損料

名　称	規　格			基礎価格（千円）	標準使用（年）	年間標準			運転1時間当たり損料（円）	供用1日当たり損料（円）	備　考	
	諸元	機関出力kw(PS)	機械質量(t)			運転時間（時間）	運転日数（日）	供用日数（日）			運転1時間当たり換算値	
											損料率（×10⁻⁶）	損料（円）
サンドポンプ	口径50mm 揚程20m	2.2	0.03	104	9.5	—	100	140	(日)182	88	2,932	(日)305
中和処理装置	処理量6㎥/h		0.5	4,010	8.5	680	140	210	602	2,380	333	1,340
原水槽	容量10㎥		0.8	249	8.0	—		160		377	—	—

（7）プラント仮設費

プラント仮設撤去日数は、表3.2-2（P.105）参照。

2〜4セットのプラント仮設費は、表3.3-14を標準とする。

表3.3-14　プラント仮設費（設置・撤去）

名　称	仕　様	単位	数量	単　価	金額（円）	備　考
労務費	注入技士	人	3	29,400	88,200	
	世話役	人	3	19,900	59,700	
	特殊作業員	人	18	17,100	307,800	
	電工	人	3	17,900	53,700	
機械賃料	5tクレーン	台	3	29,000	87,000	
材料費		式	1		119,280	上記までの20%
計					715,680	

（8）運搬費

2セット当たりの運搬費は下表を標準とする。ただし、特殊な条件で施工する場合は、実状に応じて計上する。

セット数が増えた場合は、基本的には、セット数の比例にて計上する。

表3.3-15　運搬費の内訳（2セット当たり）

項　目	内　訳		数　量
機器設備の搬入搬出	4〜6t		6台
小口運搬	2t車		4〜5台/月
材料の運搬			必要に応じて計上

(9) 専業者経費

純工事費に表3.3-16の専業者経費率を乗じた金額を計上する。

表3.3-16 専業者経費率（国土交通省土木工事積算基準）

工事単価	専業者経費率
500万円以下	14.38%
500万円～30億円以下	A*
30億円以上	7.22%

A*=-2.57651・LogB+31.63531
A：一般管理費率
B：純工事費

(10) 現場管理費

純工事費に現場監理比率を乗じた金額を計上する。

i 現場管理費の構成要素

①労務管理費　　②租税公課　　③地代家賃　　④保険料　　⑤従業員給料手当
⑥福利厚生費　　⑦減価償却費　⑧通信費　　　⑨旅費交通費　⑩法定福利費
⑪事務所管理費　⑫交際費　　　⑬補償費　　　⑭雑費

ii 現場管理比率

表3.3-17 現場管理比率（国土交通省土木工事積算基準）

純工事費	現場管理費率
700万円以下	15.39%～29.36%（20%）
700万円～10億円以下	11.09%～29.36%（17%）
10億円以上	11.09%～21.14%（13%）

注）工事区分により経費率は変化する。

(11) 一般管理費

工事原価に表3.3-18の一般管理費率を乗じた金額を計上する。

表3.3-18 一般管理比率（国土交通省土木工事積算基準）

工事単価	一般管理費率
100万円以下	14.38%
100万円～10億円以下	A*
10億円以上	7.22%

A*=-2.57651・LogB+31.63531
A：一般管理費率
B：工事原価

3.4 ダブルパッカ工法の積算例
3.4.1 積算モデルの積算例（2.3.9 シールド発進坑）

積算モデルは図3.4-1積算例は表3.4-1の通りである。

各項目の数量、単価の求め方については、後述する通りである。

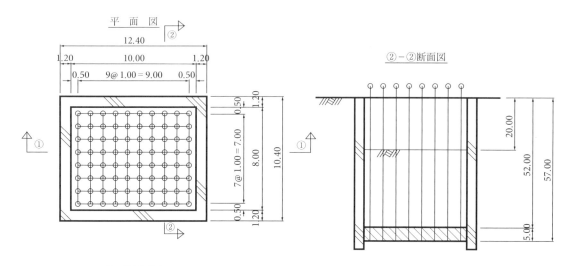

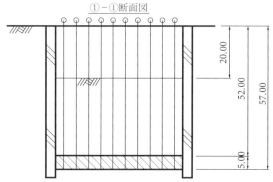

図3.4-1 ダブルパッカ積算モデル

表2.4-1 数量表

注入工法	ダブルパッカ工法
本数	10×8=80本
削孔長	57.00m×80本=4,560m
対象土量	400㎥
重要度率	120%
注入率	40.0×1.2=48.0%
注入量 一次注入	20㎥（5%）
注入量 二次注入	172㎥（43%）
注入量 計	192㎥

表3.4-2 積算例

職種		仕様	単位	数量	単価(円)	金額(円)	備考 数量	単価
直接工事費	削孔工	労務費	日	67			P.143	
		消耗材料費（ケーシング削孔）						
		粘性土	m	160			表3.4-11	
		砂	m	4,400			表3.4-11	
		砂礫	m	0.0			表3.4-11	
		機械損料	日	67			P.147	
		埋設防護口元管	式	1				
	注入管建込材料費		式	1				
	一次注入工	労務費	日	5			P.143	
		機械損料	日	5			P.147	
		材料費	ℓ	20,000			表3.4-1	
	二次注入工	労務費	日	19			P.143	
		機械損料	日	19			P.147	
		材料費	ℓ	172,000			表3.4-1	
	注入用消耗材料費		ℓ	192,000			表3.4-1	
	動力用水槽	電力費	kWH	14,847			P.139	
		用水費	m³	3,524			P.139	
		軽油費	ℓ	9,648			P.139	
	特許料		式	─				
	小計							
間接工事費	排泥処理費	削孔時	日	67			P.142	
		注入時	日	24			P.142	
		処理費	m³	97			P.142	
	プラント仮設費	削孔費	式	1				
		注入費	式	1				
	運搬費		式	1				
	小計							
純工事費								
専業者経費			式	1			11.9%	
現場管理費			式	1			17.0%	
工事原価								
一般管理費			式	1			11.7%	
総工事費								

3.4.2 積算条件

① 目　　　的：立抗の底盤改良
② 施工条件：昼間作業、標準施工
　　　　　　　削孔　2セット、注入　4セット
③ 施工場所：東京都内
④ 電力用水：一次側を注入プラントまで引き込み済み
⑤ 注入工法：ダブルパッカ工法
⑥ 注　入　材：一次注入材 ─ CB
　　　　　　　二次注入材 ─ 溶液型注入材（緩結、中性・酸性系）

3.4.3　作業日数の算定

ダブルパッカ工法の施工は、以下の3工程に大別され、各々について作業日数を算定する。
　①削孔工
　②一次注入工
　③二次注入工

（1）削孔工作業日数の算定

作業日数の構成、中断日数の算定、休日日数の算定は二重管ストレーナ工法に準ずるものとする。（P.147参照）

i　プラント仮設撤去および移設日数の算定

a）プラント仮設撤去日数

プラント組立解体の標準日数は表3.4-3に示す通りとする。

表3.4-3　プラント組立解体の標準日数（2セット）

項　目	標準日数
プラントの設置および機械器具搬入据付日数	1日
プラントの撤去および機械器具搬出据付日数	1日

注1）プラントでの整地などは含まない。
注2）現場の整地や足場の組立解体などは含まない。
注3）1セットの場合もほぼ同様の日数を要す。

b）プラント移設日数

ただし、右記日数は、2セットまでの通常施工の標準とした場合で、特殊施工（坑内施工、路下施工など）や、大規模セット数で施工する場合は、実状に応じて算定する。

表3.4-4　プラントの移設日数（2セット）

項　目	標準日数
プラントの設置および機械器具移動据付日数	2日

注1）プラントでの整地などは含まない。
注2）現場の整地や足場の組立解体などは含まない。
注3）1セットの場合もほぼ同様の日数を要す。

ii　削孔日数の算定

a）算定フロー

図3.4-2　削孔注入日数算定のフロー

b）1本当たりの施工時間の算定

①算定方法

1本当たりの施工時間は、次のように算定する。

$$T = T_1 + T_2 + T_3$$

　T：1本当たり削孔施工時間（分）
　T_1：機械移動据付時間（分）
　T_2：削孔時間（分）
　T_3：注入外管建込時間（分）

②施工歩掛
● 機械移動据付時間 T_1

表3.4-5 機械移動据付時間

項　目	時間
機　械　移　動	10分
機械据付および角度調整	10分
機　械　洗　浄	10分
計	30分

● 削孔時間 T_2

$$T_2 = \Sigma(T_n \cdot \ell_n) \cdot \beta \cdot \gamma$$

T_n：土質別1m当りの標準削孔速度（分/m）
ℓ_n：土質別削孔長（m）
β：深度による削孔時間の補正
γ：削孔角度による補正

表3.4-6 土質別1m当り削孔引抜速度（T_n）

項　目	1m当り削孔引抜速度
シルト・粘土	6分
砂	8分
砂礫	10分
玉石まじり礫土	15分

注1) 軟石（弾性波速度1.2km/sec以下）、硬質シルトは砂礫の項目を適用。
注2) 転石の場合は別途積算とする。
注3) 玉石混入の場合は混入率に関わらず、上記玉石混り砂礫の時間とする。

表3.4-7 深度による補正（β）

深　度	補正係数
40m迄	1.0
40mを越えた分	1.2〜3.0

表3.4-8 削孔角度による補正（γ）

ゾーン	補正係数
A	1.0
B	1.35
C	1.5

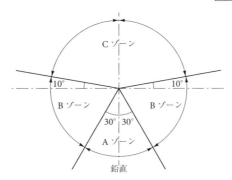

図3.4-3 角度による補正

● 注入管建込時間 T_3

注入外管建込時間は、シールグラウト注入、注入管の建て込みに要する時間であり次式とする。

$$T_3 = t \cdot L$$

t：シールグラウト注入、注入外管の建て込み速度（分）
L：1本当たり削孔長　（m）

表3.4-9 注入外管建込速度（t）

t	2分/m

c) 1日当たりの削孔長の算定

①1日当たりの実作業時間 H

1日1方当たりの実作業時間は6時間を標準とするが、特に作業時間が制限されたり、特殊な作業を行う場合はそれぞれ条件に合わせて設定する。

表3.4-10　1日1方当りの作業時間（削孔作業）

ケース	施 工 条 件	作業時間	実作業時間
1	プラントおよびボーリングマシンが終日作業、現場内に設置しておけるケース（標準施工）	8H	6 H
2	プラントは終日設置して置けるがボーリングマシンはその都度設置撤去するケース	8H	5.5H
3	車上プラント等、注入設備の移動が毎日必要なケース	8H	4〜4.5H
4	狭あい作業	8H	4.5〜5.5H
5	トンネル内作業	8H	4〜5 H

②1日当たりの削孔長N

$$N = \frac{60 \times H \times L}{T} \times n$$

N：1日当たり削孔長（m/日）
H：1日当たりの実作業時間（時間）
L：1本当たり削孔長（m）
T：1本当たり削孔時間（分）
n：削孔セット数（台）

d) 施工日数の算定D

$$D = \frac{総削孔長}{1日当たりの削孔長}$$

ⅲ 積算モデルの削孔工作業日数の算定

a) 条件明示

1本当たり削孔長は、図3.4-1 積算モデル図（P.128）から下記の数値を求める。

　　粘性土　　2.0 m/本
　　砂質土　　55.0 m/本
　　―――――――――
　　計　　　 57.0 m/本

表3.4-11　削孔工数量表

項目	数　　量
粘性土	2.0m/本×80本=160m
砂質土	55.0m/本×80本=4,400m
計	57.0m/本×80本=4,560m

b) 削孔日数の算定

①1本当りの施工時間の算定

　　T_1 　　　　　　　　　　　　　　　　　= 　30分
　　$T_2 = 2.0 \text{ m} \times 6 分/m + 55.0 \text{ m} \times 8 分/m$ 　= 452分
　　$T_3 = 57.0 \text{ m} \times 2 分/m$ 　　　　　　　　= 114分
　　―――――――――――――――――――――
　　T　　　　　　　　　　　　　　　　　　= 596分

②1日当りの削孔長の算定

$$N = \frac{60分 \times 6時間 \times 57m}{596分} \times 2 セット ≒ 68.9 \text{ m/日}（1.21本/日）$$

（H：ケース1　6時間）

③削孔所要日数（実働）の算定

$$D = \frac{4560 \text{ m}}{68.9 \text{ m/日}} ≒ 67 日$$

c) 作業日数の算定
　　プラント仮設工　　1日（標準施工）
　　削　孔　工　　　67日
　　プラント移設工　　　日
　　プラント撤去工　　1日（標準施工）
___
　　実 作 業 日 数　69日
　　中 断 日 数　　　日
　　休 日 日 数　23日（69日／30日×10日）
___
　　暦　　　　日　92日

(2) 注入工（一次・二次）作業日数の算定
作業日数の構成・中断日数の算定・休日日数の算定は、二重管ストレーナ工法に準ずるものとする。

i　プラント仮設撤去および移設日数の算定
a)　プラント仮設撤去日数
プラント組立解体の標準日数は表3.4-12に示す通りとする。

表3.4-12　プラント組立解体の標準日数（4セットまで）

項　　目	標準日数
プラントの設置および機械器具搬入据付日数	2日
プラントの設置および機械器具搬出据付日数	1日

注1）プラントでの整地などは含まない。
注2）現場の整地や足場の組立解体などは含まない。
注3）1セットの場合もほぼ同様の日数を要す。

b)　プラント移設日数
ただし、右記日数は、4セットまでの通常施工を標準とした場合で、特殊施工（坑内施工、路下施工など）や、大規模セット数で施工する場合は、実状の応じて算定する。

表3.4-13　プラントの移設日数（4セット）

項　　目	標準日数
プラントの設置および機械器具移動据付日数	2日

注1）プラントでの整地などは含まない。
注2）現場の整地や足場の組立解体などは含まない。
注3）1セットの場合もほぼ同様の日数を要す。

ii　注入日数の算定
a)　算出フロー

図3.4-4　注入日数算出のフロー

b)　1本当たりの施工時間の算定
①算定方法
1本当たりの施工時間は、次のように算定する。

$$T = T_1 + T_2$$

T：1本当たり注入施工時間（分）
T_1：注入管建込み引抜き時間（分）
T_2：1本当たり注入時間（分）

②施工歩掛

●注入管建込み引き抜き時間 T_1

$$T_1 = t \cdot L$$

t：注入管建込み引き抜き時間（分/m）
L：注入管建込み深度（m）

表3.4-14　注入管建込み引抜き速度（t）

t	1分/m

●注入時間 T_2

$$T_2 = Q/q$$

Q：1本当たり注入数量（ℓ）
q：注入速度（ℓ/分）

表3.4-15　注入速度（q）

q	8ℓ/分

c）1日当たりの注入量の算定

①1日当たりの実作業時間H

1日1方当たりの実作業時間は6時間を標準とするが、特に作業時間が制限されたり、特殊な作業を行う場合はそれぞれ条件に合わせて設定する。（P.132表3.4-10参照）

②1日当たりの注入量N

$$N = \frac{60 \times H \times Q}{T} \times n$$

N：1日当たりの注入量（ℓ/日）
H：1日当たり実作業時間（時間）
Q：1本当たり注入数量（ℓ）
T：1本当たり注入所要時間（分）
n：注入セット数（台）

d）施工日数の算定D

$$D = \frac{総注入量}{1日当たりの注入量}$$

iii　積算モデルの注入工作業日数の算定

a）条件明示

1本当たりの注入量
$Q_1 = 250$ ℓ/本
$Q_2 = 2,150$ ℓ/本

b）注入日数の算定

①一次注入日数の算定

$T_1 = 1$分/m×57 m　＝　57分
$T_2 = 250$ ℓ/本÷8 ℓ/本 ≒ 31.3分
───────────────
T　　　　　　　　＝88.3分

表3.4-16　注入工法数量表

注入工法	ダブルパッカ工法	
本数	10×8=80本	
削孔長	57.00m×80本=4,560m	
対象土量	V=10m×8m×5m=400㎥	
注入率	48.0%（一次注入5%、二次注入43%）	
重要度率	120%	
注入量	一次注入	20㎥
	二次注入	172㎥
	計	192㎥

$$N = \frac{60分 \times 6時間 \times 250 \ell/本}{88.3分} \times 4セット ≒ 4080 \ell/日$$

（H：ケース1　実働時間6時間）

$$D = \frac{20000 \ell}{4080 \ell/日} ≒ 5日$$

②二次注入日数の算定

$T_1 = 1分/m \times 57m = 57分$

$T_2 = 2150 \ell/本 \div 8 \ell/本 ≒ 269分$

―――――――――――――――

$T = 326分$

$$N = \frac{60分 \times 6時間 \times 2150 \ell/本}{326分} \times 4セット ≒ 9504 \ell/日$$

（H：ケース1　6時間）

$$D = \frac{172000 \ell}{9504 \ell/日} ≒ 19日$$

c）作業日数の算定

　　プラント仮設工　　2日（標準施工）
　　注入工（一次）　　5日
　　注入工（二次）　 19日
　　プラント移設工　　　日
　　プラント撤去工　　1日（標準施工）
　　―――――――――――――――
　　実 作 業 日 数　27日 ⎫
　　中 断 日 数　　　日 ⎬ 注入日数 ＝ 24日
　　休 日 日 数　 9日（27日/30日×10日）
　　―――――――――――――――
　　暦　　　　日　 36日

3.4.4　動力用水量の算出

(1) 使用電力量の算出のフロー

使用電力量の算定は右のフローにより行う。

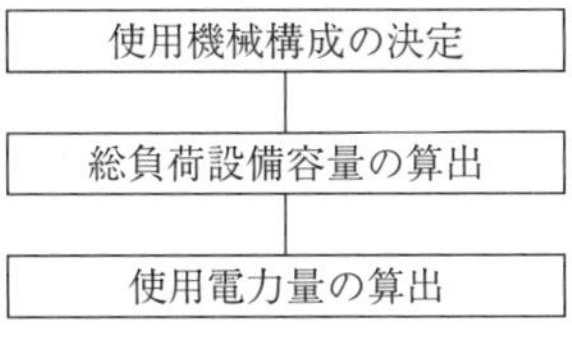

```
┌─────────────────┐
│ 使用機械構成の決定 │
├─────────────────┤
│ 総負荷設備容量の算出 │
├─────────────────┤
│ 使用電力量の算出 │
└─────────────────┘
```

図3.4-5　使用電力量算出のフロー

(2) 使用機械構成の決定

ｉ　使用機械

削孔工および注入工に使用する機種、規格は、表3.4-17、18を標準とする。

表3.4-17 標準削孔使用機器

名　　称	規　　格	
ドリリングマシン	ロータリーパーカッション	110PS 81.0kw
送水ポンプ	100 ℓ/min	7.5kw
シール用グラウトミキサ	300 ℓ×2槽	3.7kw
シール用グラウトポンプ	100 ℓ/min	7.5kw
送水ポンプ	φ50mm	2.2kw
水タンク	5 ㎥	
サンドポンプ（排泥処理用）	φ50mm	2.2kw

表3.4-18 標準注入使用機器

機　械　名	規　　格		適　　応
薬液注入ポンプ	0～20 ℓ/min、0～100kgf/㎠	11.0kw	
グラウトミキサ	300 ℓ×2槽	4.0kw	CBミキサ
ゲルミキサ	300 ℓ	8.9kw	有機系溶液注入ミキサ
ミキシングプラント	3,000 ℓ/h	20.0kw	シリカゾル系注入ミキサ
流量圧力測定装置	0～60 ℓ/min	0.15kw	注入量測定（印字式）
パッカー加圧ポンプ	0～7Mpa/㎠	3.7kw	注入パッカー加圧用
水ガラス流量積算計	φ40mm		500㎥以上で使用
送水ポンプ	100 ℓ/min	7.5kw	注入管水洗い用
貯液槽	5 ㎥		
貯水槽	10 ㎥		
サンドポンプ	φ50mm	2.2kw	排泥処理用

ⅱ　セット別使用機械構成

削孔工および注入工のセット別機械構成は、次表を標準とする。

表3.4-19 削孔工セット別使用機械標準構成

名　　称	1セット	2セット
ドリリングマシン	1	2
送水ポンプ	1	2
シール用グラウトミキサ	1	1
シール用グラウトポンプ	1	1
送水ポンプ	1	1
水タンク	1	1
サンドポンプ	2	2

（3）総負荷設備容量の算出

使用機械の規格およびセット別の機械構成から、総負荷設備容量は、次表のようになる。

表3.4-20 削孔工セット別総負荷設備容量

名　　称	1セット	2セット
ドリリングマシン	1	2
送水ポンプ	1	2
シール用グラウトミキサ	1	1
シール用グラウトポンプ	1	1
送水ポンプ	1	1
水タンク	1	1
サンドポンプ	2	2
総負荷設備用量（kw）	25.6	33.1

表3.4-21　注入工セット別総負荷設備容量（1.0ショット）

名称	一次注入（CB）		二次注入（有機系）		二次注入（シリカゾル系）	
	2セット	4セット	2セット	4セット	2セット	4セット
薬液注入ポンプ	1	2	1	2	1	2
グラウトミキサー	1	1				
ゲルミキサー			1	1		
ミキシングプラント					1	1
流量圧力測定装置	2	4	2	4	2	4
パッカー加圧ポンプ	1	1	1	1	1	1
水ガラス流量積算計	—	—	—	—	—	—
送水ポンプ	1	1	1	1	1	1
貯液槽	1	1	1	1	1	1
貯水槽	1	1	1	1	1	1
サンドポンプ	2	2	2	2	2	2
総負荷設備用量（kw）	30.9	42.2	35.8	47.1	46.9	58.2

注）1.5、2.0ショットの注入を行う場合に薬液注入ポンプは、2セットは2台、 4セットは4台となる

(4) 使用電力量の算出
i 使用電力量の算出方法
　1日当たり使用電力量＝総負荷設備容量×実作業時間×0.7
　　　（kWH/日）　　　　　（kW）

ii 積算モデルの使用電力量の算出
総使用電力量
　削孔用　　33.1 kW×6 H^{*1}×0.7×67 日^{*2} ≒ 9315 kWH（2セット）
　注入用
　（一次）　42.2 kW×6 H^{*2}×0.7×5 日^{*3} ≒ 887 kWH
　（二次）　58.2 kW×6 H^{*2}×0.7×19 日^{*4} ≒ 4645 kWH
　　────────────────────────────
　　　計　　　　　　　　　　　　14,847 kWH

注）＊1：P.132参照、＊2：P.132参照、＊3：P.135参照、＊4：P.135参照

(5) 燃料（軽油）量の算出
削孔工ドリリングマシンの使用燃料量（日・台当り）
　110 ps×0.108 ℓ/ps·h×実作業時間（ℓ/日・台）
〈積算モデル〉
　110 ps×0.108 ℓ/ps·h×6h　≒ 72 ℓ/日・台
　72 ℓ/日・台×67日×2台　＝ 9,648 ℓ

(6) 用水量の算出
用水量には、削孔用水、薬液調合の混合用水、機器類洗浄および現場清掃などに使用する水の一切を含む。
使用量は、現場条件によって著しく異なるが、標準的には下記の通りとする。
　削孔用水：100 ℓ/分×60分×実作業時間×0.6（ℓ/日・台）
　注入用水：1 m³/h×実作業時間

〈積算モデル〉
削孔用　100 ℓ/分×60分×6 h^{*1}×0.6(≒22 m³/日・台)×2台×67日^{*2} ＝ 2,948 m³
注入用　1 m³/h×6 h(＝6 m³/日・台)×4台×(5日^{*3}＋19日^{*4})　＝　557 m³

計　　　　　　　　　　　　　　　　　　　　　　　3,524 m³

注）＊1：P.132参照、＊2：P.133参照、＊3：P.135参照、＊4：P.135参照

3.4.5　産業廃棄物として処理する排泥量の算出

ダブルパッカ工法の計算方法は二重管ストレーナ工法と同じである。ただし、削孔と注入は別作業であるため計算は別途に行う。

(1) 削孔時の排泥水量 V_1

削孔に伴う泥排水量は削孔時に出る排泥水（V_{1-1}）と、シールグラウトなどで出る洗浄・清掃用水（V_{1-2}）の合計量である。

ⅰ　削孔に伴う排水量 V_{1-1}

$$V_{1-1} = p×t×R×S_1 \text{（m³/日）}$$

q：単位時間当りの送水量（送水規格より 100 ℓ/分）
t：1日当りの実削孔時間（分/日台）
R：泥水回収率（実績により 80％）
S_1：削孔機の台数（日台）

ⅱ　プラントなどの洗浄・清掃用水の排泥水量 V_{1-2}

実績により、

$$V_{1-2} = 2\text{m}³/\text{日台}×S_2 \text{（m³/日）}$$

S_2：注入機の台数（日/台）

ⅲ　削孔時の排泥水量 V_1

$$V_1 = V_{1-1} + V_{1-2} \text{（m³/日台）}$$

(2) 削孔に伴う排泥量 V_{S1} の計算

前項で計算した排泥水量の全てを産業廃棄物として処理するのではなく、分離、沈澱、pH処理して含有率80％程度としてバキュームカーで処理する。

ⅰ　設定条件

排泥水量　　　　　　　　　　　　：V_1 m³/日
発生土のSS濃度　　　　　　　　　：8,000 ppm（実績での平均値）
粒子の真比重　　　　　　　　　　：2.6（土粒子の平均値）
排泥処理土の発生土に対する比率　：100％
搬出の排泥処理土の含水率　　　　：80％

ⅱ　固結物乾砂重量 W_1

$$W_1 = 8000 \text{ ppm}×10^{-6}×V_1×50\% \text{（m³/日）}$$

50％は実績による係数・水送り量が二重管ストレーナ工法に比べて多いため、ダブルパッカ工法は二重管ストレーナ工法と比較して半分の量としている。

iii　1日当りの排泥量 V_S

$$V_{S1} = 80\% \div (100\% - 80\%) \times W_1 + W_1 \div 2.6 \ (m^3/日)$$

(3) 注入時の排泥水量 U_2

i　注入管洗浄水（V_{2-1}）シールグラウトと注入外管のセット作業

$$V_{2-1} = q \times t \times R \times S_1 \ (m^3/日)$$

　q：単位時間当りの送水量（グラウトポンプ規格より100ℓ/分）
　t：1日当りの実作業時間（360分/日）
　R：泥水回収率（実績により7％）
　S_1：削孔機の台数（日台）

7％は1日のうち排泥が出るような作業を行うのが全体作業時間の中で7％程度（実績）あることを示している。

ii　洗浄・清掃用水の排泥水量 V_{2-2}　プラントなどの洗い作業

実績により

$$V_{1-2} = 2 \ m^3/日台 \times S_2 \ (m^3/日)$$

　S_2：注入機の台数（日/台）

iii　注入時の排泥量 U_2

$$U_2 = V_{2-1} + V_{2-2} \ (m^3/日)$$

(4) 注入に伴う排泥量 V_{S2} の計算

前項で計算した排泥水量の全てを産業廃棄物として処理するのではなく、分類、沈澱、pH処理して含水率80％程度としてバキュームカーで処理する。

i　設定条件

　排泥水量　　　　　　　　　　　　：$V_2 \ m^3/日$
　発生土のSS濃度　　　　　　　　　：8,000 ppm（実績での平均値）
　粒子の真比重　　　　　　　　　　：2.6（土粒子の平均値）
　排泥処理土の発生土に対する比率　：100％
　搬出の排泥処理土の含水率　　　　：80％

ii　固結物乾砂重量 W_2

$$W_2 = 8000 \ ppm \times 10^{-6} \times V_2 \times 100\% \ (m^3/日)$$

iii　1日当りの排泥量 U_{S2}

$$U_{S2} = 80\% \div (100\% - 80\%) \times W_2 + W_2 \div 2.6 \ (m^3/日)$$

(5) 積算モデルの排泥量の算定

i　削孔時の排泥量の V_{S1} の計算

a）削孔に伴う排泥水量 V_{1-1}

$$V_{1-1} = 100 \ ℓ/分 \times 432 \ 分 \times 80\% \times 2 \div 1000 \ m^3/ℓ = 69.1 \ m^3/日$$

b）プラントなどの洗浄・清掃用水の排泥水量 V_{1-2}

$$V_{1-2} = 2 \ m^3/日セット \times 2 \ set = 4 \ m^3/日$$

c) 削孔時の泥排水量 V_1
   $V_1 = 69.1 + 4 = 73.1$ m³/日

d) 固結物乾砂重量 W_1
   $W_1 = 8000$ ppm×10^{-6}×73.1×50% = 0.29 m³/日

e) 1日当りの排泥量 V_{S1}
   $V_{S1} = 80\% \div (100\% - 80\%) \times 0.29$ m³/日 + 0.29 m³/日 ÷ 2.6 = 1.16 + 0.11 = 1.27 m³/日
   $\Sigma V_{S1} = 1.27 \times 67 = 85.1$ m³

ii 注入時の排泥量 V_{S2} の計算

a) 注入管洗浄水の排泥水量 V_{2-1} シールグラウト外管挿入
   $V_{2-1} = 100$ ℓ/分×360分×7%×2÷1000 m³/ℓ = 5.1 m³/日

b) 洗浄・清掃用水の排泥水量 V_{2-2} プラントなどの洗い作業
   $V_{2-2} = 2$ m³/日 set×4 set = 8 m³/日

c) 注入時の排泥水量 V_2
   $V_2 = 5.1 + 8 = 13.1$ m³/日

d) 固結物乾砂数量 W_2
   $W_2 = 8000$ ppm×10^{-6}×13.1×100% = 0.105 m³/日

e) 1日当りの排泥量 V_{S2}
   $V_{S2} = 80\% \div (100\% - 80\%) \times 0.105 + 0.105 \div 2.6 = 0.420 + 0.041 = 0.46$ m³/日
   $\Sigma V_{S2} = 0.460 \times 24 = 11.1$ m³
   $\Sigma V_{S1} + \Sigma V_{S2} = 97$ m³

3.4.6 単価の算出

(1) 労務費

i 削孔工

a) セット別標準編成人員

削孔およびシールグラウト注入、注入外管建込における作業班の標準労務構成は右の通りである。特殊な施工を行う場合や、編成が大きな場合は、その都度検討する。

表3.4-22 セット別削孔作業員編成人員

職種	2セット	4セット
注入技士	1人	1人
世話役	1人	1人
特殊作業員	3人	5人
普通作業員	1人	2人
計	6人	9人

b) 積算モデルの1日当たりの労務費の算出

2セット、昼間作業、標準施工。

表3.4-23 削孔労務費（1日当り）

名称	仕様	単位	数量	単価〈円〉	金（円）	備考
注入技士		人	1	29,400	29,400	地質調査技士同等
世話役		人	1	19,900	19,900	
特殊作業員		人	5	17,100	85,500	
普通作業員		人	2	14,000	28,000	
計					162,800	

ii 注入工
a) セット別標準編成人員

注入作業における作業班の標準労務構成は次の通りである。特殊な施工を行う場合や、編成が大きな場合は、その都度検討する。

表3.4-24 セット別注入作業員編成人員

職　　種	2セット	4セット
注入技士	1人	1人
世話役	1人	1人
特殊作業員	3人	6人
普通作業員	2人	3人
計	7人	11人

b) 積算モデルの1日当たりの労務費の算出

4セット、昼間作業、標準施工。

表3.4-25 注入労務費（1日当り）

名　　称	仕様	単位	数量	単価〈円〉	金額（円）	備　　考
注入技士		人	1	29,400	29,400	
世話役		人	1	19,900	19,900	
特殊作業員		人	6	17,100	102,600	
普通作業員		人	3	14,000	42,000	
計					193,900	

(2) 材料費

材料費には、削孔用の注入外管建込材料費と、注入用材料費がある。

i 注入外管建込材料費

所定深度まで削孔が完了した後、シールグラウトを孔内に充填し、注入区間はストレーナ加工が施されている注入外管を、非注入区間は塩ビパイプを建て込む工程における必要な材料は下記の通りである。

表3.4-26 注入外管建込材料費

品　　名	単位	単価〈円〉	金額（円）	摘　　　要
注入外管	m	2,250	3,812	$\phi40mm$、注入区間
塩ビパイプ	m	243	670	$\phi40mm$　VP-40規格品、非注入区間
アダプタ	m	360	268	$\phi40mm$
先端キャップ	m	450	2,000	$\phi40mm$
シールグラウト	ℓ			$\pi r^2 L \beta$ ※
雑費	材料費の3%		6,750	

※シールグラウトのβ（ロス）　シルト・細砂　1.3
　　　　　　　　　　　　　　中、粗砂　　　1.7
　　　　　　　　　　　　　　砂礫　　　　　2.0

注1）シールグラウトの配合は　セメント　　　100～500kg/m³
　　　　　　　　　　　　　　ベントナイト　 40～100kg/m³
　　の範囲内で目的に応じて選定する。
注2）路面などで防護用鉄キャップ使用の場合は別途積算する。
注3）削孔制度を高めるためガイドパイプを使用の場合は別途積算する。
注4）水平削孔などで口元処理が必要な場合は別途積算する。

〈積算モデル〉

表3.4-27　注入外管建込材料費

名　称	仕様	単位	数量	単価〈円〉	金額（円）	備　考
注入外管		m	400	2,250		
塩ビパイプ		m	4,000	243		
アダプタ		個	80	360		
先端キャップ		個	80	450		
シールグラウト		ℓ	47,352			0.052π×1.3×4,400
雑費		式	1			上記までの3%
計						

ii　注入材料費

注入材料費は注入材料（薬液）のみの費用とし、使用する材料別に計上する。注入材料の選定は、設計編を参照。（P.10～P.11）

材料単価については『積算資料』（経済調査会編）または『建設物価』（建設物価調査会編）を参照。

(3) 消耗材料費

消耗材料費には、削孔用消耗材料費と、注入用消耗材料費および埋設防護口元管（必要な場合）がある。

i　削孔用消耗材料費

削孔は、一般にドリリングマシンを使用するが、削孔方法には、ケーシング削孔と二重管内返し削孔とがある。

土質条件、施工条件などから削孔方法を選定するが、各方法の土質別消耗材料費を示したものが表3.4-28、29である。

表3.4-28　ドリリングマシン（ケーシング削孔）の1m当り消耗材料費（円/m）

名　称	単価（円）	土質別消耗度・金額			
		シルト・粘土	砂	砂礫	玉石・砂礫
ケーシング φ96mm（カップリング付き）	78,000	0.0040 312	0.0055 429	0.0167 1,303	0.0333 2,598
ウォータースイベル（φ96mm）	100,000	0.0007 70	0.0009 90	0.0028 280	0.0042 420
シャンクロッド	140,000	0.0025 350	0.0030 420	0.0083 1,162	0.0100 1,400
シャンクアダプタ（φ96mm）	120,000	0.0010 120	0.0031 372	0.0034 408	0.0047 564
リングビット（φ102mm）	80,000	0.0022 176	0.0025 200	0.0077 616	0.0111 888
削孔用電気配管部品類					
計					

ii　注入用消耗材料費

注入工における消耗材料は、注入機器・配管・電気部品などにより構成される。

表3.4-29 注入消耗材料費（1ℓ当たり）

品　名	単位	数量	単価〈円〉	金額（円）	摘　要
二重管ホース	本	0.00001	250,000	2.50	1本/1,000,000ℓ
接続アダプタ	個	0.00002	30,000	0.60	1ヶ/50,000ℓ
シールパッカーセット	個	0.00002	120,000	2.40	1ヶ/50,000ℓ
シールセット	個	0.00020	6,000	1.20	2ヶ/10,000ℓ
注入用部品類	式	1.0		3.00	
計					

iii 埋設防護口元管

二重管ストレーナ工法に準じるものとする。「4. 施工編」（P.172）参照。

（4）機械損料

i 使用機械損料

各使用機械の機械損料は、次表に示す通りである。

表3.4-30 ダブルパッカ工法機械設備一覧表

No.	名称	規格		基礎価格（千円）	耐用年数（年）	年間標準			運転1日当り損料（円）	運転1日当り換算値損料（円）
		諸元	機関出力（kw）			運転時間（時間）	運転日数（日）	供用日数（日）		
①	ドリリングマシン	ロータリーパーカッション	110PS(81.0)	36,600	11.5	—	110	140	3,370	77,100
②	送水ポンプ	100ℓ/min	7.5	1,280	11.5	—	90	130	1,560	3,130
③	シール用グラウトミキサ	300ℓ×2槽	3.7	766	11.5	—	90	130	899	1,840
④	シール用グラウトポンプ	100ℓ/min	7.5	1,280	11.5	—	90	130	1,560	3,130
⑤	送水ポンプ	φ50mm	2.2	104	9.5	—	100	140	182	305
⑥	貯水槽	5㎥		249	8.0	—	—	160	—	—
	注入用機械損料									
①	薬液注入ポンプ	0～20ℓ/min、0～100kgf/㎠	11.0	7,650	11.5	—	90	180	8,610	18,000
②	グラウトミキサ	300ℓ×2槽	4.0	766	11.5	—	90	180	899	1,840
③	ゲルミキサ	300ℓ	8.9	3,270	11.5	—	90	180	3,840	8,580
④	ミキシングプラント	3000ℓ/h	20.0	16,800	11.5	—	80	180	2,130	48,700
⑤	流量圧力測定装置	0～60ℓ/min	0.15	3,370	9.0	—	80	140	4,980	10,100
⑥	パッカー加圧ポンプ	0～7Mpa/㎠	3.7	367	9.5	—	110	180	655	1,050
⑦	水ガラス流量積算計	φ40mm		283	10.0	—	80	140	377	789
⑧	送水ポンプ	100ℓ/min	7.5	1,280	11.5	—	90	180	1,560	3,130
⑨	貯液槽	5㎥		249	8.0	—	—	170	—	—
⑩	貯水槽	10㎥		355	8.0	—	—	170	—	—

①通常は表3.4-30の運転1日当たりの換算値を用いる。

②特に中断期間が長いなど特殊な場合は、機械損料＝運転1日当たり損料（1欄×運転日数＋供用1日当たり損料（1欄）×供用日数を用いる。

③損料率は、社団法人日本建設機械化協会の建設機械等損料表にもとづいた。

ii 積算モデルの1日当たりの機械損料

a) 削孔工

セット別の機械構成は、表3.4-19（P.136）を参照。

表3.4-31　削孔用機械機械損料（1日当たり）：2セット施工

名　称	仕様	単位	数量	単価（円）	金額（円）	備　考
ドリリングマシン	110PS 81.0kw	台	2	77,100	154,200	
送水ポンプ	7.5kw	台	2	3,130	6,260	
シール用グラウトミキサ	3.7kw	台	1	1,840	1,840	
シール用グラウトポンプ	7.5kw	台	1	3,130	3,130	
送水ポンプ	2.2kw	台	1	305	305	
貯水槽	5㎥	台	1	377	377	
計					166,112	

b）注入工

セット別の機械構成は、表3.4-21（P.137）を参照。

　一次注入：4セット

　二次注入：4セット、中性・酸性系

表3.4-32　一次注入機械損料（1日当り）

名　称	仕様	単位	数量	単価	金額（円）	備　考
薬液注入ポンプ	11.0kw	台	2	18,000	36,000	
グラウトミキサ	4.0kw	台	1	1,840	18,400	
流量圧力測定装置	0.15kw	台	4	10,100	40,400	
パッカー加圧ポンプ	3.7kw	台	1	1,050	1,050	
送水ポンプ	7.5kw	台	1	3,130	3,130	
貯水槽	5㎥	台	1	377	377	
計					82,797	

表3.4-33　二次注入機械損料（1日当り）

名　称	仕様	単位	数量	単価	金額（円）	備　考
薬液注入ポンプ	11.0kw	台	2	18,000	36,000	
ミキシングプラント	20.0kw	台	1	48,700	48,700	
流量圧力測定装置	0.15kw	台	4	10,100	40,400	
パッカー加圧ポンプ	3.7kw	台	1	1,050	1,050	
送水ポンプ	7.5kw	台	1	3,130	3,130	
貯水槽	5㎥	台	1	377	377	
貯液槽	10㎥	台	1	1,340	1,340	
計					115,197	

（5）特許料

特許料は工法により異なるが、おおむね工事金額の2％を計上する。

（6）排泥処理費

1日当たりの排泥処理費は、表3.4-34のようになる。

表3.4-34　排泥処理費（1日当り）

名　称		仕様	単位	数量	単価（円）	金額（円）	備　考
労務費		普通作業員	人	1	14,100	14,100	
機械損料		水中ポンプ	台	2	305	610	φ50mm、2.2kw
		中和処理設備	h	1	8,040	8,040	処理費6㎥/h
		原水槽	h	1	538	538	10㎥タンク
運搬費		バキューム車	h	0.2			1台/5日
材料費		中和剤等	式	1			上記の10％
計							

注）バキューム車は各地域に於ける積算単価を参照すること。

(7) プラント仮設費
i 削孔工
プラント仮設撤去日数は、表3.4-3参照。2セットまでのプラント仮設費は、下表を標準とする。

表3.4-35 削孔用プラント仮設費

名　称	仕　様	単位	数量	単価(円)	金額(円)	備　考
労務費	注入技士	人	2	29,400	29,400	
	世話役	人	2	19,900	39,800	
	特殊作業員	人	12	17,100	205,200	
	電工	人	2	17,900	35,800	
材料費		式			62,040	上記までの20%
5tクレーン損料	油圧4.8～4.9t吊	日	2	29,000	58,000	
計					430,240	

ただし、上記仮設費は、2セットまでの通常施工を標準とした場合で、特殊施工（坑内施工、路下施工など）や大規模セット数で施工する場合は、実状に応じて算出する。

ii 注入工
プラント仮設撤去日数は、表3.4-12参照。4セットまでのプラント仮設費は、下表を標準とする。

表3.4-36 注入用プラント仮設費

名　称	仕　様	単位	数量	単価(円)	金額(円)	備　考
労務費	注入技士	人	3	29,400	88,200	
	世話役	人	3	19,900	59,700	
	特殊作業員	人	18	17,100	307,800	
	電工	人	3	17,900	52,700	
材料費		式			101,880	上記までの20%
5tクレーン損料	油圧4.8～4.9t吊	日	3	29,000	87,000	
計					698,280	

ただし、上記仮設費は、4セットまでの通常施工を標準とした場合で、特殊施工（坑内施工、路下施工など）や、大規模セット数で施工する場合は、実状に応じて算出する。

(8) 運搬費
削孔工2セット当たりおよび注入工4セット当たりの運搬費は下表を標準とする。
ただし、特殊な条件で施工する場合は、実状に応じて計上する。
セット数が増えた場合は、基本的には、セット数の比例にて計上する。

表3.4-37 運搬費の内訳

項　目	内訳	数　量
削孔用	11t	2台
機器設備の搬入搬出	11t	4台
小口運搬	2t車	4～5台/月
材料の運搬		必要に応じて計上

〈積算モデル〉

表3.4-38　運搬費

名　称	仕　様	単位	数量	単価（円）	金額（円）	備　考
削孔用	11tトラック	台	4			
注入用	11tトラック	台	8			
小口運搬	2t車	台	17			87日/25日×5台
計						

注）自貨代第39号公示の各運輸局運賃率表を適用して積算する。

(9) 専業者経費

二重管ストレーナ工法の専業者経費（P.116）に準じるものとする。

(10) 現場管理費

二重管ストレーナ工法の現場管理費（P.116）に準じるものとする。

(11) 一般管理費

二重管ストレーナ工法の一般管理費（P.117）に準じるものとする。

3.5　積算資料に含まない費用

下記の各項目は特に積算していないが、薬液注入工事を実施する上には必要なものであるから、状況に応じて算定する。

3.5.1　消費税

消費税に関するものは一切含まれていない。

3.5.2　調査試験に要する費用

薬液注入工事の計画施工管理および効果確認などのために実施される諸調査ならびに注入試験などで一般に実施されている調査および試験は下記の通りである。

(1) 現地の土質調査
　①成層状況および分析
　②土質試験（物理、力学試験および透水試験など）
　③原位置試験（N値、各種サウンディング、透水試験など）
　④地下水調査
　⑤その他（孔内載荷試験、弾性波試験など）

(2) 現地調査
　①周辺構造物調査
　②地下埋設物調査
　③空どう調査
　④その他

(3) 現場注入試験
計画、設計および施工管理上の具体的資料を得るために行う現場諸調査、試験、効果確認、測定および実験。

(4) その他
注入材の現地敵性調査（濃度、配合、温度、混合水の影響など）など。

3.5.3 観測測定に要する費用
薬液注入作業に並行して、地下水や隣接構造物または地下埋設物などに対する影響を防止するため、いろいろな観測、測定が行われる。特に観測、測定のために計器または測定設備を設ける場合や、専任の測定員を必要とする場合においては、別に観測、測定を行うものとする。

観測、測定には、次に上げる種類がある。

(1) 地盤変位測定
上下方向および水平方向の変位に対するレベルまたはトランシット測定、ならびに傾斜計、沈下計などによる計器測定など。

(2) 構造物変位測定
上下方向および水平方向の変位に対するレベルまたはトランシット測定、ならびに沈下計、傾斜計その他の測定器による計器測定、あるいは、き裂、間隙の変化測定など。

(3) 地下埋設物への影響観測
上記に準じた変位測定および埋設管内への流入状況観測など。

3.5.4 『暫定指針』にもとづく観測井の設置費および水質試験費
(1) 観測井設置
薬液注入作業に先行して地下水の汚染を監視するために、『暫定指針』にもとづき観測井を設置し、注入前、注入中、注入後の水質を検査する。

　ⅰ　設置位置

観測井の設置位置は注入個所からおおむね10m以内に少なくとも2ヶ所以上とする。

　ⅱ　位置深さ

観測井の位置深さは注入深度よりおおむね1m下位までとし、ストレーナは地下水位以下に設置する。また検査期間は6ヶ月以上になるので、観測井の上部に防護桝を設置するとともに、雨水などが流入しない構造とする。

(2) 水質試験費
観測井より資料を採水し、分析を行うが、その際には表3.5-1にしたがって実施する。

表3.5-1 水質検査の採水回数および調査項目

試験期間	検査回数	
	現場	公的期間
注入工事着工前	1回	1回
注入工事施工中	1回/日	1回/10日
注入終了後2週間経過するまで	1回	1回
2週間経過後半年を経過するまで	1回/15日	1回/30日

4章 施工

4.1 施工の基本

4.1.1 施工に関する必要な検討事項

合理的で安全な施工を実施し、より良い品質を確保するためには、施工の各段階で慎重に検討し、最適な手段を選択、実施、確認することが大切である。ここでは、その各段階での主な検討項目をフロー図に示す。

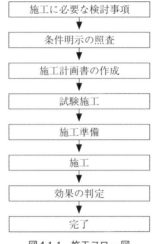

図4.1-1 施工フロー図

4.1.2 条件明示の照査

(1) 条件明示の照査のフロー

明示された条件を専門技術者の立場で検討し、その結果から施工計画書を作成して提出の上、協議して施工内容を決定する。

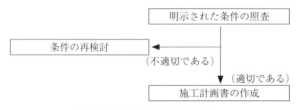

図4.1-2 条件明示の照査フロー

(2) 契約時に明示する事項

薬液注入工事の施工に当たっては、発注者から示される条件明示を基に、専門技術者の立場から具体的な検討を行うことが『施工管理者等』で義務付けられている。

明示される条件は、以下の通りである。

---

1. 契約時に明示する事項
(1) 工法区分
　二重管ストレーナー、ダブルパッカー等

(2) 材料種類
　①溶液型、懸濁型の別
　②溶液型の場合は、有機、無機の別
　③瞬結、緩結、長結の別
(3) 施工範囲
　①注入対象範囲
　②注入対象範囲の土質分布
(4) 削孔
　①削孔間隔及び配置
　②削孔総延長
　③削孔本数
　なお、一孔当りの削孔延長に幅がある場合、(3)の①注入対象範囲、(4)の①削孔間隔及び配置等に一孔当たりの削孔延長区分がわかるよう明示するものとする。
(5) 注入量
　①総注入量
　②土質別注入率
(6) その他
　上記の他、本文Ⅰ、Ⅱに記述される事項等薬液注入工法の適切な施工管理に必要となる事項(注)

注1) (3)の①注入対象範囲及び(4)の①削孔間隔及び配置は、標準的なものを表していることを合わせて明示するものとする。
注2) 本文Ⅰ、ⅡはP.382の建設省の施工管理の通達を参照のこと。

4.1.3　施工計画書の作成

施工計画書の作成に当たり、請負者から検討して提出する事項は、以下のように決められている。

---

2. 施工計画打合わせ時等に請負者から提出する事項

上記1.に示す事項の他、以下について双方で確認するものとする。
(1) 工法関係
　①注入圧
　②注入速度
　③注入順序
　④ステップ長
(2) 材料関係
　①材料（購入・流通経路等を含む）
　②ゲルタイム
　③配合

3. その他

なお、『薬液注入工法による建設工事の施工に関する暫定指針』に記載している事項についても適切に明示するものとする。

上記事項により施工計画書には原則として以下の項目を記載する。
　①工事概要と目的
　②注入工法の選定
　③使用注入材の選定
　④改良範囲の設定
　⑤必要注入量
　⑥施工方法の概要
　⑦注入材料の搬入と管理計画　　（「4.3.5　材料および注入量管理」参照）
　⑧安全管理計画　　　　　　　　（「4.3.6　安全管理」参照）
　⑨地下水などの水質の管理計画（「4.3.7　環境保全の管理」参照）
　⑩実施工程表
なお、詳細は施工計画書例P.184～P.205参照。

参考文献
注1)『薬液注入工事における施工管理方式について』社団法人日本グラウト協会（平成2年10月）
注2)『薬液注入工事施工資料』社団法人日本グラウト協会

4.1.4　試験施工

効果的な薬液注入を行うためには、本注入に先立って現場注入試験を行い、注入の効果を確認する必要があり、暫定指針にも定められている。

『暫定指針』では、現場注入試験として「薬液注入工事の施工に当たっては、あらかじめ、注入計画地盤またはこれと同等の地盤において設計通りの薬液の注入が行われるか否かについて、調査を行うものとする。」と記載されている。（P.356参照）

4.1.5　施工準備

施工準備として、以下の項目を示す。
　①プラント地点の作業
　②削孔・注入地点の作業
　③排泥処理の作業
　④水質監視工の作業
なお詳細は後述する。

4.1.6　施工

施工に関しては、以下の項目を示す。
　①機械設備
　②削孔および注入作業の管理
　③材料および注入量管理
　④安全管理
　⑤環境保全の管理
なお詳細は後述する。

4.1.7 効果確認

一般的な効果確認方法を、以下に示す。
　　①目視による方法（掘削による目視、色素判別法）
　　②透水性の確認（現場透水試験）
　　③強度の確認（標準貫入試験、室内強度試験）
なお詳細は第6章「6.12.3　効果確認」（P.318～319）参照。

4.1.8 完工

注入工事が完了後、以下に示す書類を提出する。
　　①材料品質証明書
　　②材料数量証明書
　　③材料納入記録票
　　④材料納入伝票
　　⑤チャート紙（注入記録用紙）
　　⑥注入日報
　　⑦工事写真
　　⑧水質検査日報
なお詳細は第4章「4.6.1（3）施工計画例」（P186～）参照。

4.2 施工に際しての準備工

4.2.1 事前調査工

施工に先立って、効果的な注入を行い工事の安全を図るため、事前に次表に示す調査項目を確認する。

表4.2-1　調査内容と分担

◎実施　●確認

調査項目	内容	発注者	請負者	注入施工者
土質調査	現位置試験　土質柱状図　N値	◎	●	●
	室内試験　粒度組成　三軸圧縮試験	◎	●	●
地下水調査	地下水位の確認　滞水層が分かれている時は各層の水位および流向などの確認	●	◎	●
	透水係数　現場透水試験を行う	●	◎	●
	水質その他の環境調査　海水の混入や強酸性土などはゲルタイムや固化に影響を及ぼす恐れがある	●	◎	●
埋設物調査	埋設物、構造物図面　図面による確認のため資料の提出	◎	●	●
	試掘調査　管理企業者立会いで試験堀りを行う　必要に応じてガイドパイプの建込みを行う	●	◎	●
環境調査	井戸調査　井戸の使用目的、構造、深さ	●	◎	●
	公共用水域、養魚施設　その構造と注入位置との距離	●	◎	●
	植物　植物の種類、注入箇所との距離等を調査する	●	◎	●
	生活環境　施工場所付近の民家や生活形態は作業時間と密接な関係がある	●	◎	●
	交通調査　迂回路が必要になる時がある	●	◎	●

4.2.2　プラント地点の準備作業
(1) プラント用地の確保
注入プラントには、固定プラントと移動プラントがある。一般には、固定プラントが用いられているが、プラントの設置場所が確保できなかったり、注入工事期間中に定置することが不可能な場合には、移動プラント（車上プラント）を計画する。

ⅰ　固定プラント
注入時に使用する機械は、注入材を製造するための装置を除けば、削孔時に使用する装置とほとんど同じである。
- ●標準的な注入設備：2〜4セット
- ●プラント用地：50〜100 m²

ⅱ　移動プラント
移動プラントは、トラックの荷台を利用した車上プラントが一般的である。
- ●標準的な注入設備：2〜4セット
- ●プラント用地：4〜6台（4 t車）

(2) 環境条件
プラントの稼働に伴う騒音や振動の影響ができるだけ小さくなるような場所を選定する。特に、夏期の夜間工事では影響が大きいため、十分な配慮が必要である。

(3) 施工条件
施工管理の上からは、注入施工位置にできるだけ近接していることが望ましい。注入材料の搬入（材料車の横付け・積み下し作業）が容易な場所が望ましい。可能であれば、プラント用地内に材料車が入れるようなヤードを確保する。

(4) プラント内の準備
ⅰ　プラントの設置位置
プラントは、周辺への影響（騒音、振動）の少ない位置に設置する。

ⅱ　プラント内の機械器具の点検
諸機械の始業点検および定期点検を実施して、機械の保守に努力するとともに、作業中の機械の取り扱いに十分注意する。特に、電気の取り扱いには十分注意する。

ⅲ　注入材料の搬入保管
材料の保管については、火災・盗難の恐れのないように保管するとともに、次の事項に留意することが必要である。
- ●主材（水ガラス）などの液体材料は、専用タンクやドラム缶などの容器に保管する。適時、容器からの漏れや滲み出し等のないことを確認する。
- ●袋詰めの材料は、材料台の上に荷崩れしないように積む。また、風による飛散・雨水の浸透・湿気の影響のないように保管する。

(5) 電力設備の設置
標準的な注入作業に必要な電力は以下の通りである。

二重管ストレーナ工法　　2セット……35〜50 kW
　　　　　　　　　　　　　　　4セット……55〜65 kW
　　　二重管ダブルパッカ工法
　　　　　　削孔用　1セット……30〜35 kW
　　　　　　　　　　2セット……45〜50 kW
　　　　　　注入用　2セット……45〜65 kW
　　　　　　　　　　4セット……60〜80 kW

(6) 用水設備の設置
削孔・注入・清掃等に必要な工事用水は、注入2セット当り40ℓ/分程度である。水道の供給量は、水圧により異なるが、水道管の口径による一般的な概略供給量は、以下の通りである。

　　水道管の口径　　概略供給量
　　　13 mm　　　　15〜 20 ℓ/min
　　　20 mm　　　　30〜 40 ℓ/min
　　　25 mm　　　　70〜 90 ℓ/min
　　　40 mm　　　130〜160 ℓ/min

4.2.3　削孔・注入地点の準備作業
1) 本体工事と薬液注入孔の位置を施工計画図面にて正しく把握して、薬液注入の削孔位置を正しく地表へマーキングする。
2) 地下埋設物が存在する場合には、ボーリングによる埋設物への損傷を防ぐために、次の順序で削孔位置を明示する。
　　①管理者・元請の立会いのもとに、試掘を行なって確認する。
　　②確認した埋設物位置のマーキングを行う。(種類、大きさ、深さ等も記入)
　　③埋設物に当たらない位置・角度を算出して注入孔のマーキングをする。

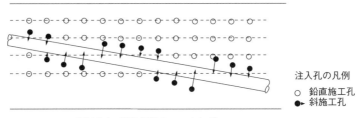

図4.2-1　削孔位置のマーキング

3) 地下埋設物が施工域に隣接する場合おいて、注入材が地下埋設物に流入しないように、あらかじめ流入防止対策を行う。
4) 施工域がプラントから離れて、道路横断する場合には、あらかじめ注入ホース等の配管を行う。
5) 地下埋設物に隣接して施工する場合、試掘時において、ガイドパイプ(塩ビパイプ等)を建て込んでおく。

4.2.4　排泥処理の準備作業
　削孔時には、地山の切削屑(スライム)が削孔水とともに排出され、また、注入時には、リー

クした注入材・プラントの洗浄水等が排出されるが、水質保全の点からこれらの排泥水を適切に処理することが必要である。

通常、削孔時および注入時の排泥水は混合した状態で排出されるため、これらの処理は沈降処理した後、上澄み液は中和処理した後放流し、沈降した固形分はバキューム処理（産業廃棄物処理）する方法をとる。

また、削孔時のスライムだけの場合は、土砂として処理することもできる。

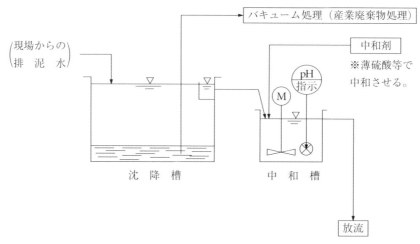

図4.2-2　排水・排泥処理装置（例）

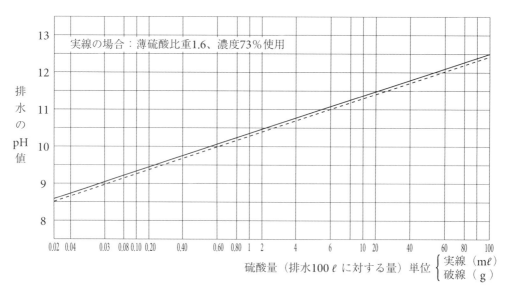

図4.2-3　中和に要する硫酸量

4.2.5　水質監視工の準備作業

注入施工による水質の汚染・汚濁が生じないように、地下水および公共用水域等の水質について十分な監視を行う必要がある。

監視の結果により、水質の測定値が関係法規などの定める水質基準に適合していない場合、またはそのおそれがある場合には、直ちに注入を中止し、その原因を調査し対策を立てる必要がある。

(1) 井戸および公共用水域等の調査

事前調査の段階で、付近の既設井戸の分布状況を確実に把握し、各井戸の深度・構造・採水深度と土層の関係・使用目的等を調査し、さらに、井戸水の水質検査を行っておくことも必要である。

特に、注入場所に近接している井戸で、地下水流の方向・採水深度等から薬液の侵入のおそれがある場合は、注入期間中の井戸の使用を中止して、仮設の水道管の布設を行うことを原則とする。

(2) 水質監視方法

水質監視は、『暫定指針』に定められた方法に基づいて実施することを基本とする。

その方法としては、原則として注入箇所の周囲に観測井戸を設けて行う。しかし、既設の井戸で観測井戸として利用できる場合には、これを利用しても良い。

● 観測井戸の設置

観測井戸は、注入箇所から約10m以内に地下水の流動方向・公共用水域との関係等を考慮して設置し、いつでも採水可能な場所および構造としなければならない。

観測井戸は、一般にボーリングを行って設置し、図4.2-4に示すような構造とする。

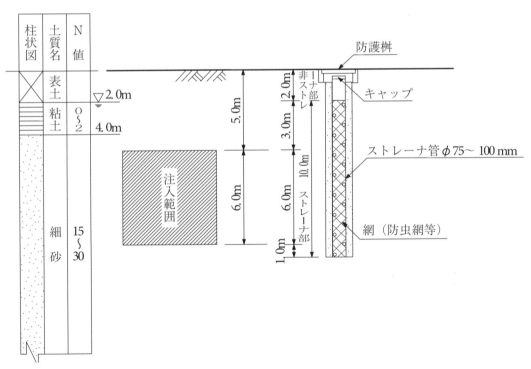

図4.2-4　観測井戸（例）

4.3 施工

4.3.1 工法の分類
現在使用されている注入方式を下記に示す。

注）二重管ストレーナの二次注入を瞬結で行うこともある。

図4.3-1　現在使用されている注入工法の分類

4.3.2 工法の概要
工法の概要として二重管ストレーナ工法、ダブルパッカ工法の施工手順を以下に示す。

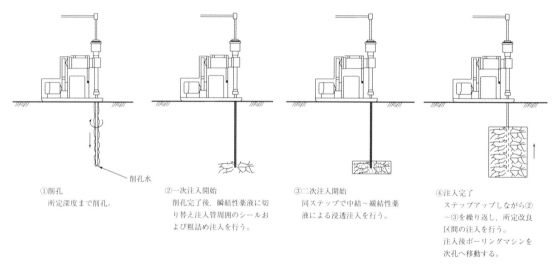

①削孔
所定深度まで削孔。

②一次注入開始
削孔完了後，瞬結性薬液に切り替え注入管周囲のシールおよび粗詰め注入を行う。

③二次注入開始
同ステップで中結～緩結性薬液による浸透注入を行う。

④注入完了
ステップアップしながら②～③を繰り返し，所定改良区間の注入を行う。
注入後ボーリングマシンを次孔へ移動する。

図4.3-2　二重管ストレーナ工法　施工手順

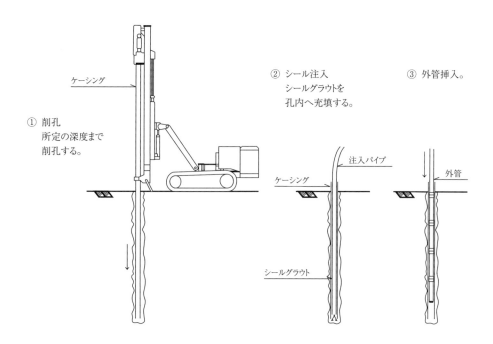

① 削孔
所定の深度まで
削孔する。

② シール注入
シールグラウトを
孔内へ充填する。

③ 外管挿入。

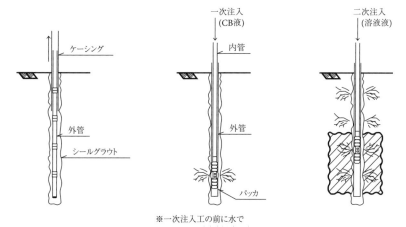

④ ケーシングパイプ引き抜き。

⑤ 一次注入
外管の中のパッカ付きの内管
を挿入し、一次注入(CB液)を
行い地盤の均一化を図る。

⑥ 二次注入
一次注入完了後、溶液型注入
材にて浸透改良を行う。

※一次注入工の前に水で

図4.3-3　ダブルパッカ工法　施工手順

4.3.3 機械設備

工法別の機械・器具構成を次項以降に表で示す。

(1) 二重管ストレーナ工法

表 4.3-1　二重管ストレーナ工法　機械・器具構成表

	機械名称	規　格	寸　法 L×B×H (m)	重量 (kg)	動力 (kW)	台数 2セット	台数 4セット	備　考
①	ボーリングマシン	油圧式	1.35×0.8×1.34	500	5.5	2	4	
②	薬液注入ポンプ	5〜20 ℓ/min×2	1.85×0.5×0.7	400	5.5	2	4	
③	薬液用ミキサ (A液用、B液用)	400 ℓ×2	1.21×2.00×1.85	400	0.4	1	1	有機・無機系注入材用
④	グラウトミキサ (C液用)	200 ℓ×2	1.45×0.9×1.45	300	2.2	1	1	有機・無機系注入材用
	シリカゾル製造装置	撹拌槽200 ℓ×1 貯液槽400 ℓ×2	1.70×2.00×2.00	2,000	20.0	(1)	(1)	シリカゾル系注入材用
⑦	水ガラス流量積算計	φ40 mm				1	1	500 m³以上で使用
⑧	流量圧力測定装置	印字式流量計	0.68×0.40×0.86	200		2	4	協会認定型印字式
⑤	送液ポンプ	口径50 mm	0.35×0.60×0.30	30	2.2	1	1	ギアポンプ
⑥	送水ポンプ	口径50 mm	φ0.3, h0.5	25	2.2	2	2	水中ポンプ
⑨	貯液槽	5m³	3.05×1.22×1.66			1	1	水ガラス用
⑩	貯水槽	5m³	3.05×1.22×1.66			1	1	
⑫	サンドポンプ	口径50 mm		30	2.2	1	1	排泥処理用
	その他	注入ホース、注入管（ロッド）、グラウトモニタ、スイベル、メタルクラウン、分流器、管理機器（比重計、温度計、カップ、ストップウォッチ、pH測定装置など）						

注) 工法・注入材料によりユニット型プラントを使用する場合がある。

i　固定プラント

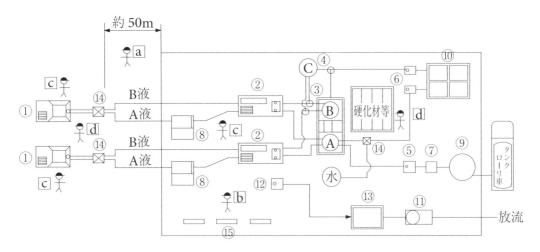

①ボーリングマシン　⑦流量積算計　⑫集水ポンプ　ⓐ注入技士
②薬液注入ポンプ　⑧流量・圧力測定装置　⑬集水・沈殿槽　ⓑ世話役
③薬液ミキサ　⑨貯液槽　⑭分流装置　ⓒ特殊作業員
④グラウトミキサ　⑩貯水槽　⑮分電盤　ⓓ普通作業員
⑤送液ポンプ　⑪アルカリ水中和装置
⑥送水ポンプ

図 4.3-4　プラント配置図（二重管ストレーナ工法　2セットの例）

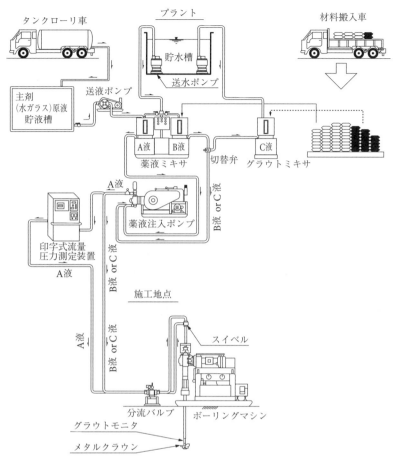

図4.3-5 二重管ストレーナ工法 施工機械の配置図

ii 移動プラント

移動プラントは、図4.3-6に示すようにトラックの荷台を利用した車上プラントが一般的である。車上プラントの仕様は、施工条件により異なるが一般的な施工条件の場合の概略配置を示す。

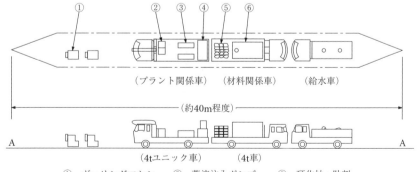

① ボーリングマシン　③ 薬液注入ポンプ　⑤ 硬化材・助剤
② 流量・圧力測定装置　④ 薬液ミキサ　⑥ 貯液槽

注1）施工位置に配水設備がある場合には、給水車が不要となる。
注2）施工位置に配電設備がない場合には、発電器が必要となる。

図4.3-6 車上プラントの配置図(例)

iii 主な機械
a) ボーリングマシン
施工位置にあって二重管ロッドをロータリー式削孔により、所定の深度まで設置し、注入に切り替えて、1ステップずつ引き上げ作業を行うための機械である。

ロッドの直径は 40.5 mm と小さいため、機械は一般の事務机ほどの大きさの小型の機械である。通常はロッドがスピンドルと呼ばれる回転装置の中を通るため、高さは 1.5 m ほどであるが、高さ制限のある場所での作業は特にローヘッド型を使用している。

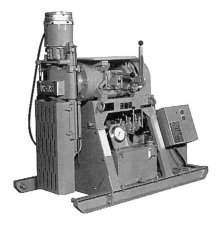
写真4.3-1 ボーリングマシン

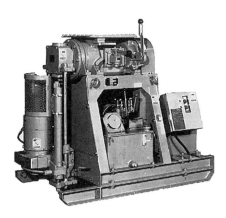
写真4.3-2 ローヘッド型ボーリングマシン

b) 薬液注入ポンプ
薬液注入ポンプは、A、B2液を同時に送ることから、一つの回転軸にシリンダが2つついている機構になっており、しかも別々に吸込、吐出を行うことができる、駆動機構はクランク式と油圧式がある。また注入速度が調整できるようにギヤ方式等による変速機構が備わっている。なかには耐酸性処置をほどこしたものもある。

写真4.3-3 ボーリングマシン

iv 主な器具
a) 先端モニタ
先端モニタとは、二重管式の注入管でA、B2液が別々に送られたものを注入管先端で合流させる装置である。

図4.3-7に複相式モニタの作動例を示す。

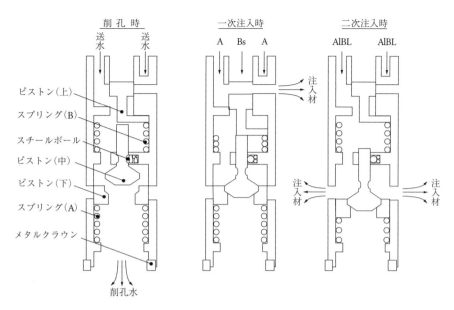

図4.3-7　複相式モニタの作動例

この図のように削孔時送水はロッド管の先端より排出され、切削ズリを管の外側を通って地表に排出される。

一次注入時は瞬結ゲルを送るために、内管からB液、内外管の間からA液を送り、モニタ上部のストレーナ位置で合流して直ちに地中へ注入される。

二次注入時は緩結から緩結の比較的長いゲルタイムの材料を送ることから、注入管頭部でA、B両液が合流して内外管の間を通ってモニタの下部のストレーナから地中に注入される。削孔、一次注入、二次注入がそれぞれ異なる状態での作業となるため、図のような複雑なモニタが必要である。

b）ウォータースイベル

ホースから、回転するロッド管へ水や薬液を送るために、ロッド管頭部につけられる器具である。これによってホースはロッドの回転にまき込まれることはない。

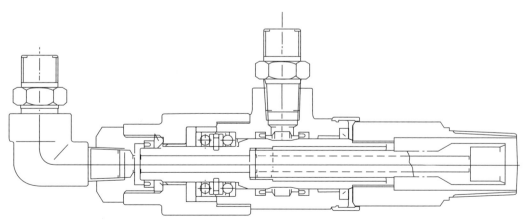

図4.3-8　ウォータースイベル

c） メタルクラウン

削孔のため先端部に取り付けられるもので、礫やコンクリートなども削孔できるよう、特殊合金が埋められている。

通常の土質地盤では一般的なものを使用しているが、硬い岩盤を削孔する場合にはその状況により、各種の特殊な工夫を加えている。

また埋設物付近を削孔する場合は、特殊な先端装置を利用する。

写真 4.3-4　メタルクラウン

(2) 二重管ダブルパッカ工法
i　削孔

表 4.3-2　二重管ダブルパッカ工法　削孔用機械・器具構成および標準構成

機械名称	規格	寸法 L×B×H (m)	重量 (kg)	動力 (kW)	台数 1セット	台数 2セット	備考
① ドリリングマシン	クローラタイプ 削孔能力 110 PS	6.30×2.30×2.40	8,980	5.5	1	2	
② 送水ポンプ	100 ℓ/min	1.90×0.60×1.00	400	7.5	1	2	
③ シールグラウト用ミキサ	300 ℓ×2	1.21×2.00×1.85	400	4.0	1	1	
④ シールグラウトポンプ	1,000 ℓ/min	1.45×0.9×1.45	300	2.2	1	1	
⑥ 送水ポンプ	口径 50 mm	φ0.3, h0.5	30	2.2	1	2	水中ポンプ
⑩ 貯水槽	5m³	3.05×1.22×1.66	—		1	1	

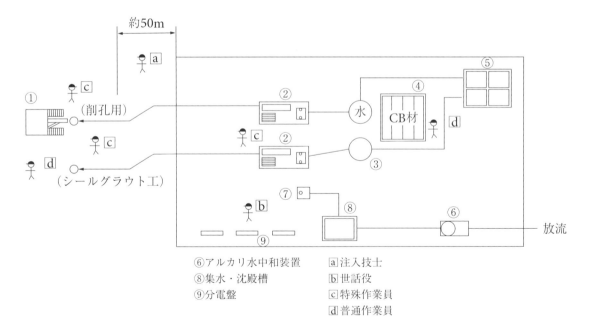

図 5.3-9　プラント配置図（二重管ダブルパッカ工法〈削孔用とシール注入用〉1セットの例）

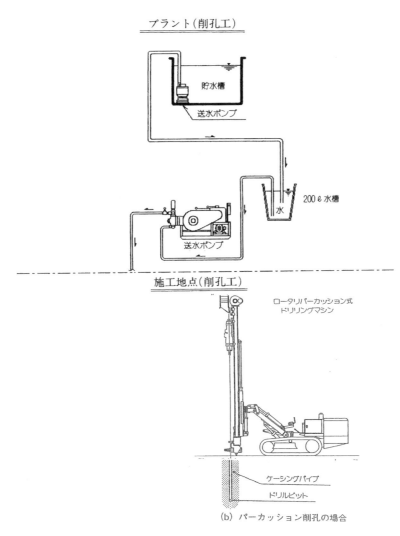

(b) パーカッション削孔の場合

図4.3-10 ダブルパッカ工法 削孔機械配置

ii 注入

表4.3-3 二重管ダブルパッカ工法 注入用機械・器具構成表

	機械名称	規　格	寸　法 L×B×H（m）	重量 (kg)	動力 (kW)	備　考
②	薬液注入ポンプ	0〜20 ℓ/min×2 0〜10 MPa	2.00×0.80×1.20	990	5.5	
③	グラウトミキサ	300ℓ×2	1.30×0.90×1.70	420	0.4	有機・無機系注入材用
	ゲルミキサ	300ℓ×1	2.00×1.10×1.905	350	2.2	
③	ミキシングプラント	3,000ℓ/h	2.00×1.60×2.10	900	20.0	シリカゾル系注入材用
⑥	水ガラス流量積算計	φ40 mm				500 m³以上で使用
⑦	流量圧力測定装置	印字式流量計	0.68×0.40×0.86	200		協会認定型印字式
①	パッカー加圧ポンプ	0〜7 MPa	1.70×0.50×0.70	190	2.2	ギアポンプ
⑤	送水ポンプ	口径50 mm	φ0.3、h0.5	25	2.2	水中ポンプ
⑧	貯液槽	5m³	3.05×1.22×1.66	—		水ガラス用
⑨	貯水槽	5m³	3.05×1.22×1.66	—		
	その他	注入ホース、注入管（ロッド）、グラウトモニタ、スイベル、メタルクラウン、分流器、 管理機器（比重計、温度計、カップ、ストップウォッチ、pH測定装置など）				

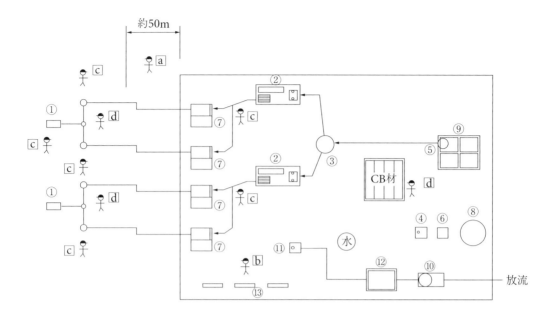

図4.3-11　プラント配置図（二重管ダブルパッカ工法〈一次注入〉4セットの例）

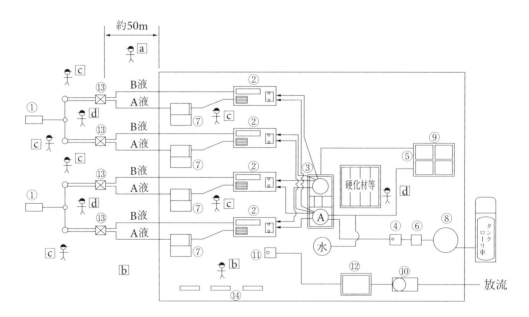

図4.3-12　プラント配置図（二重管ダブルパッカ工法〈二次注入〉4セットの例）

表4.3-4 セット・タイプ別使用機械標準構成

機械名	CB注入 2セット	CB注入 4セット	有機系注入 2セット	有機系注入 4セット	シリカゾル注入 2セット	シリカゾル注入 4セット
薬液注入ポンプ	1	2	1	2	1	2
グラウトミキサ	1	1	―	―	―	―
ゲルミキサ	―	―	1	1	―	―
ミキシングプラント	―	―	―	―	1	1
エキストラクタ	1	2	1	2	1	2
流量圧力測定装置	2	4	2	4	2	4
パッカ加圧ポンプ	1	1	1	1	1	1
流量積算計	―	―	(1)	(1)	(1)	(1)
送液ポンプ	1	1	1	1	1	1
送水ポンプ①	1	1	1	1	1	1
送水ポンプ②	2	2	2	2	2	2
貯水槽	1	1	1	1	1	1
貯液槽	1	1	1	1	1	1

注）1.5、2.0ショットの注入を行う場合に、薬液注入ポンプは2セットは2台、4セットは4台となる。

iii 排水

表4.3-5 排水処理用機械・器具構成表

機械名	規格	寸法 L×B×H (m)	重量 (kg)	動力 (kW)	台数 2セット	台数 4セット	備考
サンドポンプ	口径50 mm	φ300、h500	40	2.2	2	2	排泥処理用
中和処理装置	処理量 6 m³/h	(1.8〜2.4)×(1.2〜1.3)×(1.7〜2.0)	350〜700	3.7	1	1	水ガラス用
集水・沈殿槽	10m³	φ3 m×1.5	1,100	1.5	1	1	

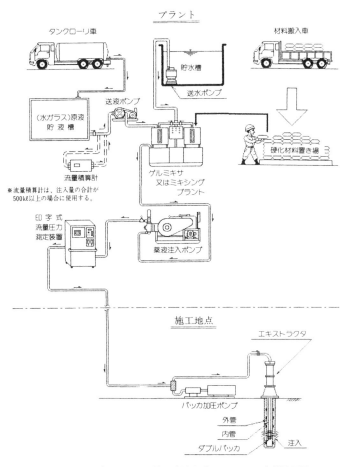

図4.3-13　ダブルパッカ工法二次注入（1.5ショット）機械配置

iv　主な機械

a）ロータリーパーカッションドリル

作業効率向上のため、ロータリーパーカッションドリルを用いて削孔するケースが多い。この機械を用いることによって、玉石転石も容易に削孔可能であり、また削孔精度もロータリー式に比較して良い。このため大深度などの削孔にも適している。ただし、騒音が15m離れた所で70ホーン以上あるため、住宅地等での施工ではロータリーのみの作業となり、その場合はパーカッション併用の場合より施工能率は低くなる。また一部で防音設備をつけて施工している例もある。

写真4.3-5　ロータリーパーカッションドリル（クローラ型）

v 主な器具

注入はあらかじめ設置した外管の注入孔に内管の上下のパッカーを挟む形で設置し、注入孔から順次注入して行く。そのメカニズムは図4.3-14のようになる。

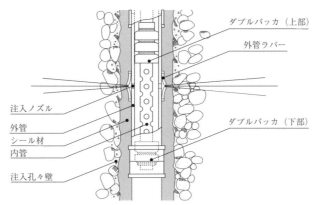

図4.3-14 ダブルパッカ注入のメカニズム

(3) 流量圧力管理測定装置

この装置は、注入中の注入量および注入圧力を連続記録するものである。注入量を記録した資料として発注者への提出物とするとともに圧力の変動などを読むことで、注入管理の一助ともなるものである。

かつては、メーカーによってさまざまな機種があったが、平成2年度より、社団法人日本グラウト協会統一機種となっており現在（平成18年度）では約4,000台が使われている。

協会認定型流量計が従来のものと異なる点は次の通りである。

① すべての機種の作業が統一されている。外形や大きさ色などが異なっても、機械の性能は統一されているのでどの機械を使っても同じ記録がとれる。
② 1孔の注入が完了するごとに、注入量、注入月日等が印字記録されるため、正確な値が記録されるとともに、一目で結果を読み取ることができる。

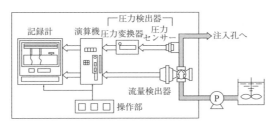

図4.3-15 流量圧力管理装置フロー図

③ 毎時正時になると、機械が動いているかぎり、その時の圧力や流量、紙送りのスピードなどが印字され、機械が機能していることが確認できる。
④ すべての機械が規格を守っているかどうかを確認の上日本グラウト協会の認定マークを貼りつけている。
⑤ 6ヶ月毎に整備点検を行い、機械が正しく機能していることを確認し、整備点検シールを貼りつけることで、常に正常な状況で動いていることが確認できる。

現在協会認定を受けている機械メーカーは5社あり、認定を受けた整備工場は全国で約60ヶ所存在している。記録はチャート紙に記録され、そのまま提出することになっている。

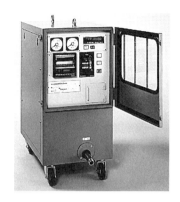

写真4.3-6 流量圧力測定装置

4.3.4 削孔および注入作業の管理
(1) 施工順序の確認
基本的には、改良範囲の中心から、外側へ向かって行う。これによって、地下水が排除されやすく、良好な改良結果を得ると同時に、地盤隆起を抑えられる。

地下水に流れがある場合には、地下水流の上流側から注入を行う。これによって、注入材の流出・拡散を防止する。

既設構造物に近接している場合には、構造物の近傍から注入を行うことを原則とする。これによって、構造物に沿って注入材が逸走するのと構造物の変状を防止する。

(2) 削孔工での管理
i 削孔精度の確保
注入効果を確実なものにするためには、施工計画図に定められた位置に注入管を配置できるよう管理することが必要である。

このためには、削孔位置を正確に割り出して、正確に定められた角度をセットすることが、さらに、孔曲がりが生じないように慎重に削孔することが必要である。

〔削孔精度向上のための対策〕
- 施工足場を良好に保つこと
- 水平注入では、削孔機のアンカーを確実に取ること
- 屈曲したり著しく摩耗したロッドは、使用しないこと
- 削孔角度のチェックをすること
- 過度の給圧力を加えないこと
- スライムの排出を良好に保つこと（送水量と掘進スピードのバランス）

ii 削孔角度の確認と調整
マーキングされた位置に正しく機械を据付け、角度方向を調整する。ロッドなどの傾斜角度は、スラントルールなどで水平角または鉛直角を測定する。傾斜施工時の削孔方向は、本体工事や注入孔の位置から測量器で、できる限り正しい方向を測定する。

方向角度・機械位置などが確定したら、機械は、ずれないように固定する。また、立坑内などの施工足場上で行う場合は、機械をアンカーなどで固定する必要がある。

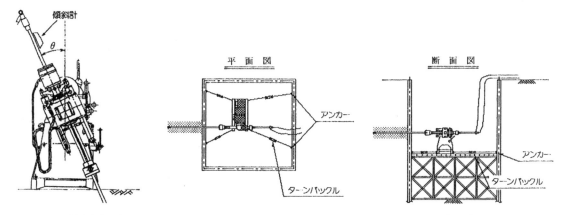

図4.3-16　削孔角度の確認　　　　図4.3-17　水平削孔の機械の据え付け方法

iii　施工空間の確保

施工場所が立坑内・トンネル坑内・建物内・構造物の中等の挟所および架空線がある場所などでの施工は、使用するロッドの長さを短くすることや特殊な機械を使用する等の施工可能な対策が必要となる。

また、軌道等に近接した施工の場合には、防護策など特別な処置をしてもらった上で、建築限界を侵さないように注意して施工することが必要がある。

〔最小作業空間算出例：鉛直施工の場合〕＊水平施工においてもこれに準ずる。

(最小作業空間) = (機械高) + (ロッド長) + (スイベル長) + (余裕)

= 1.3 m + (ロッド長) + 0.30 m + 0.20 m

ロッド長	最小作業空間
0.50 m	2.30 m
1.00 m	2.80 m
1.50 m	3.30 m

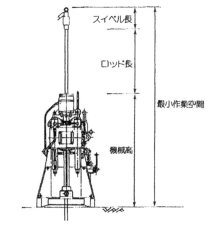

図4.3-18　所用施工空間

iv　削孔深度の確認

削孔深度の確認は、通常検尺（ロッドの長さ）により行う。検尺の方法は、

- 使用ロッド長の確認（ロッド長＋グラウトモニタ吐出口までの長さ）
- 削孔完了時の残尺の測定

を行なって、

削孔長 = (使用ロッド長) − (残尺)

を求める。

なお、削孔時には、不必要なロッドなどは保管場所にしまって置き、削孔場所には、所定本数しか置かないこととする。通常、削孔深度は、ロッドの残尺で確認しているので、削孔中におけるロッドの本数を勘違いしないためである。

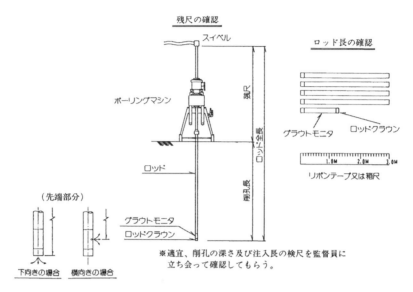

図4.3-19　削孔深度の確認

v　削孔中のその他の注意事項

地下埋設物付近での施工については、以下の方法で行う。

a）試掘を行った場合

- ガイドパイプの設置
  埋め戻し時にガイドパイプ（塩ビパイプ等）を建て込み、注入管設置の削孔は、そのガイドパイプの中から行う。

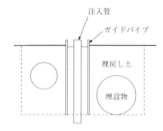

図4.3-20　ガイドパイプの設置例

b）試掘が行えなかった場合

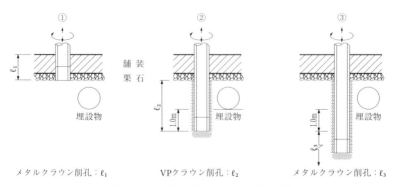

図4.3-21　試掘が行えなかった場合の方法

(3) 注入工での管理

i ステップ間隔、注入長、ステップ数の確認

注入孔1本当たりのステップ間隔、注入長とステップ数は、施工計画書で確認し、作業に先立ち、口元作業者並びにプラント管理者に指示徹底する。

ステップ間隔（長）の管理は、注入管にマーキング等により行う。

1本当たりのステップ数は、マーキングの数・残尺または注入プラント位置にある流量圧力測定装置のチャート紙によって管理する。

ii 周辺への影響防止

注入施工時における周辺への影響防止に対する監視は、以下の通りとする。

- 注入圧力の監視
- 注入材の地表へのリーク監視
- 地表面変状の監視あるいは測定
- 近接構造物の変状監視あるいは測定
- 埋設物への注入材の流入監視

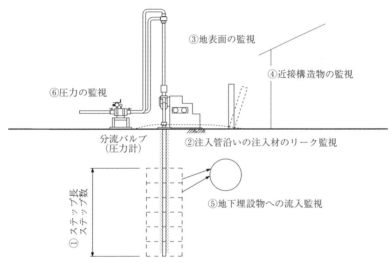

図4.3-22　施工場所周辺での管理項目

(4) プラントでの管理

i ゲルタイム

採用する注入方式と使用注入材によりゲルタイムを設定する。

ゲル化時間は、注入方式と使用薬液により大きく異なり、次の範囲に設定する場合が多い。

表4.3-6　標準的なゲル化時間

注入方式	注入材区分	ゲル化時間	
二重管ストレーナ工法	一次注入	瞬結	秒の単位
	二次注入	緩結	分の単位
		緩結	10数分以上
二重管ダブルパッカ工法		緩結	10数分以上

ゲル化時間の測定方法としては、カップ倒立法を用いる。

ゲル化時間の測定は、原則として、毎日、午前・午後の作業開始時および作業中の各2回とするが、以下の場合にも必要に応じて測定を行うものとする。
- 水温・気温が大きく変化した時（朝、日中、夕方、夜間）
- 注入材料（特に、水ガラス）の搬入時
- 配合を変化させた時

ゲル化時間の調整は、注入材の種類によって多少の違いはあるが、次の方法がある。
- 硬化材・助剤などの配合量を増減させる。
- 混合用水の液温を変化させる。水温が高くなれば、一般にゲル化時間は短くなる。

ⅱ 注入速度と圧力

注入速度と圧力は、社団法人日本グラウト協会認定型の流量計により管理する。流量計は注入圧力（P）、注入量（Q）をP-Q管理図〈チャート紙〉として記録保存される。

4.3.5 材料および注入量管理

(1) 材料の管理

ⅰ 数量管理

数量管理は、次の基準で行う。
- 搬入時：搬入量の確認
- 施工中：1日の注入量（使用量）と残材料の確認
- 施工完了時：全体の搬入量・使用量と残量の確認

表4.3-8 数量管理項目

管理項目＼管理時期	材料搬入時	注入施工中	注入施工完了時	備　　考
納入実数量の確認	○	○	○	工場の出荷伝票と累計納入数量の整理
自記流量記録による確認	―	○	○	チャート紙（デジタル印字数量値の確認）
注入材の残数量の確認	―	△	○	主材（水ガラス）・硬化材・助剤等の残数量、累計注入量との照合

注）○：必ず行う項目、△：必要により行う項目

- 納入実数量の確認：原則として、監督員の立会い検収を受ける。
- 自記流量記録による確認：監督員の立会いを受けたら確認のサインをもらう。

注）500kℓ以上の注入量となる大型工事においては、主材（水ガラス）原液貯液槽と薬液ミキサ（A液調合槽）との間に流量積算計を設置し、主材（水ガラス）原液の使用量を確認する。

ⅱ 品質管理

品質管理は、表4.4-9により行う。

表4.4-9 品質管理項目

管理項目＼管理時期	材料搬入時	注入着工前	注入施工中	備　　考
メーカーによる品質証明	―	○	―	検査成績表については、1ヶ月毎に提出
材料の風化・変質などの変化確認	○	○	―	硬化材・助剤などの風化・変質
配合時間・ゲル化時間の測定	―	○	○	主材（水ガラス）・反応材・水温等の確認

注）○：必ず行う項目

①主材（水ガラス）

　品質管理は、メーカーの分析表による。

②硬化材・助剤

　品質管理は、メーカーの品質証明書と分析結果報告書による。

　袋詰めの材料（粉体材料）の品質は、風化固結あるいは袋の破損がないかをチェックする。

③混合用水

　注入材料の混合用水は、水道水を使用する。河川の水や地下水あるいは、海水の混入ている水を使用する場合には、水質検査を行い、ゲル化時間やゲル強度に影響を及ぼさないことを確認してから使用する。

iii　薬液の管理

薬液の配合は、所定の配合設計にもとづき正確に計量を行い、ミキサにより確実に混合させる。配合時には、次の点に留意する必要がある。

a）注入材の取り扱い

取り扱う注入材に応じ、保護用具の着用・換気その他の労働環境の保全に努める。

b）材料の保管

材料保管は、水ガラスなどの液体はタンク類で、硬化材などの袋物は保管小屋または屋根囲いを設け、直射日光、雨、湿気に影響されないような状態に保ち、かつ飛散、漏えい、流出、浸水火災、盗難などの恐れのないように保管する。

注入材料として使用されるものは、ほとんどが法的規制を受けないが溶液型中性・酸性反応材に使用する硫酸は、消防法・毒物及び劇物取締法・労働安全衛生法〈特定化学物質等障害予防規則〉により届け出、保管などの規制がある。

表4.3-10　注入材の法的規制

対象法	対象	内容
消防法	硫酸（硫酸60％以下を除く）を200 kg以上貯蔵または取り扱う者	・所轄消防署への届け出
毒物及び劇物取締法	硫酸（濃度10％を超えるもの）	・貯蔵設備の設備基準 ・取り扱い方法明示
労働安全衛生法〈特定化学物質等障害予防規則〉	硫酸（1％を超えるもの）で100ℓ以上取り扱う場所	・特定化学物質等作業主任者の選任 ・取り扱い方法明示

c）混合の方法

薬液の混合は、比重が小さい材料を先に投入すると混合がしやすい。よって、一般に、水を入れてから材料を投入して混合する。

d）計量器の調整

各使用材料を正確に計量する。一般には、計量された袋物で搬入してくるので、そのまま投入する。現場で計量する場合は、計量器を使用して計量する。

自動計量器を使用しているミキサの場合は、適宜（プラント仮設時、配合変更時など）計量値の確認を行う。

e）ミキサ内の状況

ミキサ内に不純物・異物等がないことを確認して使用する。また、前回の混練り液が残っていないことを確認した後、新しい材料を投入する。

(2) 注入量の管理

注入施工は、一般に定量注入管理が原則になっている。また、注入効果の面でも注入量の管理は、重要である。注入量は、社団法人日本グラウト協会認定型の流量圧力測定装置により記録・管理する。

流量圧力の記録紙（チャート紙）は社団法人日本グラウト協会統一チャート紙を使用する。

(3) チャート紙の取り扱い

チャート紙の取り扱いは次の通りとする。
　①使用前に起業者の検印を受ける。
　②切断しないことを原則とし、1ロールごとに使用する。
　③1ロールの使用が完了したら起業者に提出する。
　④監督員の立ち会いを受けたら確認のサインをもらう。
　⑤注入記録が判然としなかったり、切断してしまうなどの諸問題が発生したら、起業者および元請けに協議を申し入れ、対応処置を決める。

日本グラウト協会認定流量計には、日本グラウト協会のロゴマーク入りのチャート紙が適合しているが、ロゴマーク入りのチャートの著作権は日本グラウト協会が所有しており、協会員以外が使用すると法律違反となる。

次項に日本グラウト協会統一チャート紙を参考に添付する。

《参考》

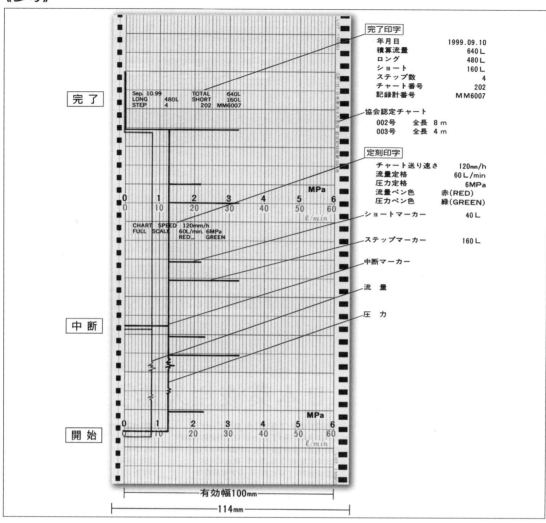

図4.3-23　日本グラウト協会　統一チャート紙

4.3.6　安全管理

(1) 安全教育の徹底

作業員全員を集め、1日の施工内容の説明および安全指導について、毎朝作業前のミーティングを実施し、安全作業を徹底する。

(2) 安全管理体制の実施

資格のいる作業は有資格者を定め配置し、諸機械の始業点検および定期点検を実施して機械の安全保持に努める。

労働安全衛生法および関係法令の定めに従って、作業環境に対する注意を作業員に徹底させる。
諸機械の始業点検および定期点検を実施して、機械の保守に努力するとともに、作業中の機械の取り扱いに十分注意する。

取り扱う注入材に応じ、保護用具の着用・換気その他の労働環境の保全に努める。

(3) 繰り返し型災害の防止
事故の発生原因・要因のほとんどが連携作業における相互の合図の不徹底によるものであり、作業手順や人員の配置について、作業指揮者と十分な打ち合せの上実施する。

(4) 埋設物に対する事故の防止
工事着手前に埋設物の有無を確認するとともに、工事中の作業打ち合せ時に埋設物のチェックを実施し、企業者の立会いを求めた上で作業を行う。埋設物近辺の削孔に当っては、ノーチップクラウンやプラスチッククラウンを使用し、極力回転をかけずジェッティング削孔を行う。

(5) 第三者災害の防止
工事中および工事終了後は、現場内外の点検を実施して、第三者への事故防止に努める。
往来する人や通行車両への配慮を十分行い施工し、特に注入材料の飛散を防止するため、スイベルキャップの装着やブルーシート等で作業帯を囲み、影響を防止する。
また周辺の整理整頓および清掃を徹底する。

4.3.7　環境保全の管理
(1) 水質検査
i　採水および検査回数
採水および検査の時期と回数については、『薬液注入工法による建設工事の施工に関する暫定指針』(P.376)に示されている通りであるが、一般に表4.3-11のように運用されている。
また、検査機関についても、施工管理という主旨から、現場での測定が認められている。ただし、現場測定のチェックの意味合いをもたせて、表4.3-11のように公的機関での検査を実施している。

表4.3-11　採水および検査の時期と回数

試験期間	検査回数	
	現場	公的機関
注入工事着工前	1回	1回
注入工事施工中	1回/日	1回/10日
注入終了後2週間経過するまで	1回/日	1回/2週
2週間経過後半年を経過するまで	2回/月	1回/月

ii　水質検査項目
『暫定指針』に定められた検査項目を表4.3-12に示す。

表4.3-12　水質基準

薬液の種類		検査項目	検査方法	水質基準
水ガラス系	有機物を含まないもの	水素イオン濃度	水質基準に関する省令(昭和41年厚生省令第11号。以下「厚生省令」という。)またはJIS K 0102の8に定める方法	pH値8.6以下(工事直前の測定値が8.6を超えるときは、当該測定値以下)であること
	有機物を含むもの	水素イオン濃度	同上	同上
		過マンガン酸カリウム消費量	厚生省令に定める方法	10ppm以下(工事直前の測定値が10ppmを超えるときは、当該測定値以下)であること

注1) 別表の検査方法：水質基準に関する省令(昭和41年厚生省令11号)は廃止され新たに省令昭和53年厚生省令第56号と読みかえること。
注2) 水質基準：下段文中10ppmは10mg/ℓと読みかえること。

(2) 排水処理

表4.3-13　水質基準

薬液の種類		検査項目	検査方法	水質基準
水ガラス系	有機物を含まないもの	水素イオン濃度	JIS K 0102の8に定める方法	排水基準を定める総理府令（昭和46年総理府令第35号）に定める一般基準に適合すること
	有機物を含むもの	水素イオン濃度	同上	同上
		生物化学的酸素要求量または科学的酸素要求量	JIS K 0102の16または13に定める方法	排水基準を定める総理府令に定める一般基準に適合すること

4.4　特記事項

4.4.1　土留め壁に近接して注入をする場合

シールド・推進工事の発進到達部のように土留め壁に沿って注入する場合、次の点に注意することが必要である。

(1) 土留め壁の種類と設置方法の確認

注入工事に際して問題となるのは、次の場合がある。

ⅰ　ケーソン立坑

フリクションカット部分は、空隙が存在するので、注入材が空隙に逸走することがある。ニューマッチケーソン立坑の場合は、エアブローにより水みちが発達している場合があり、この水みちを通じて注入材が広範囲に逸走することがある。

ⅱ　鋼矢板立坑

オーガー・ウォータージェット併用で鋼矢板を設置した場合は、鋼矢板に沿った地山が乱されていることが多い。

(2) 前処理注入の必要性

土留め壁周辺の空隙・水みちの発達・地山の乱れが予想される場合は、前処理注入を実施する。前処理注入として、ホモゲル強度の高い懸濁型注入材（瞬結材が適する）により空隙填充を行う。

(3) 管理項目

注入の基本的な管理項目として、注入圧力の挙動に十分注意し、土留め壁に沿った注入材の漏洩を確認したり、土留め壁の変位・変状を観測する。ただし、立坑が掘削済みの場合は、補強梁などの対策を行う必要がある。

4.4.2　構造物に近接して注入する場合

構造物に近接して注入する場合は、構造物の変位を生じたり、注入材が構造物と地盤との境界に沿って走りやすい。そのため、次のような施工管理が必要となる。

　①構造物の基礎構造について調査を行い、注入による構造物の変位の携行を考慮しておく。
　②構造物へのサービス管についても関係図面を入手しておく。
　③構造物の外観・外傷・内部の梁・壁・床面などの亀裂の有無を関係者立会いの下でチェックし、写真撮影・調査報告書を作り現状を互いに確認しておく。

④変位の測定は、一般にトランシットやレベルにより測定を行うが、重要な構造物等の近くで施工を行う場合は、沈下計・傾斜計などの自動記録計を使用しての連続測定方法を実施する。測定結果によっては、注入作業を直ちに中止しなければならない場合もあるため、監視員と注入プラントとの連絡設備（工事用電話等）を設置しておく必要がある。
⑤注入孔の間隔をできるだけ小さくする。
⑥注入速度は、小さくするとともに、注入機械の集中施工を避ける。
⑦注入順序を工夫し、間隙水の逸散を助けて構造物に影響のないよう、構造物の近くから遠くへ注入を進める。

4.4.3　河川・海域内などの水域内で注入する場合

河川・海域内などで注入施工を行う場合には、削孔時の排泥が流出して水域の汚濁を生じる恐れがあるため、汚濁に対する対策が必要である。対策方法の例として以下がある。
①大きな口径（φ100 mm 程度）でケーシング削孔を行い、地山に 2 m 程度（必要に応じて長さを延ばす）貫入させる。

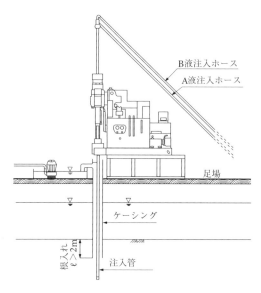

図4.4-1　水域内での排泥水処理（例）

②ケーシング内にロッドを挿入して、所定深度まで削孔を行う。削孔時のスライム・循環水は、ケーシング上部で回収する。
③スライム・排泥等をバキュームポンプ等で、ノッチタンクへ回収する。
④注入後の穴埋めを確実に行う。
⑤ケーシングの回収を行う。

推進・シールドの河川横断時の注意事項としては、掘削径よりセグメント径が小さいことから隙間が生じるので、地山の弛みが発生して地盤沈下・河川水の流入が懸念されるので、推進・シールド掘削完了後、直ちに裏込め注入を実施する必要がある。

河川内での施工に際し薬液の流出が懸念されるときは、施工域内を土留杭等により締切って薬液の流出を防止する。

また、注入孔の穴埋め状態が悪いと推進・シールド掘削時、泥水の奮発、推進・シールド内への河川水の流入、エアーブロー等の悪影響を及ぼす危険性があるので、注入孔の穴埋めは確実に行う必要がある。

4.4.4　推進・シールドの発進・到達時の施工

立坑掘削前に地盤改良を行った場合、立坑掘削に伴う立坑背面に隙間が生じる可能性があるので、掘削完了後、この隙間を填充注入する必要がある。

立坑掘削後に地盤改良を行った場合、立坑周辺部の地盤はゆるんだ状態となっている可能性があるので、本注入の前に、立坑周辺の填充注入を行う必要がある。また、注入圧力等により土留壁に影響を及ぼすことや立坑内に薬液の流出が生じる場合があるので十分監視が必要となる。

発進・到達部の土留壁の開放前には、鏡面に小さな穴をあけて、改良効果（湧水量の確認等）の確認を行う必要がある。

掘削径よりセグメント径が小さいことから隙間が生じるので、推進・シールド管路周りは大きな水みちとなっている可能性が高いため、到達部においては、後部からの管路に沿って流れている水みちをできるだけ閉塞するように、鏡切り前に必ず裏込め注入を実施する必要がある。

4.4.5　その他

プレボーリングやオーガー・ウォータージェット併用により立坑杭を打設している場合の施工

杭周囲部は、乱された状態となっているので、注入施工前において、乱された部分の填充注入を行う必要がある。

4.5　記録、報告

作業の状況をそれぞれ記録し、注入工事が完了後次のような書類を提出する。

　　①材料品質証明書　　⑤チャート紙（注入記録用紙）
　　②材料数量証明書　　⑥注入日報
　　③材料納入記録票　　⑦工事写真
　　④材料納入伝票　　　⑧水質検査日報

表4.5-1　提出書類と提出時期

提出書類			提出時期
材料品質証明書	水ガラス	JISK1408の項目	着手前、1ヶ月経過毎
	硬化材・助剤	品質証明書 分析結果報告書	着手前
材料数量証明書	水ガラス	メーカー出庫伝票 計量証明	納入時
	硬化材・助剤	納入伝票	納入時
チャート		1ロールごと	1ロール使用完了後
日報		日本グラウト統一用紙による	翌日
写真			整理完了後

チャート紙は、発注者の検印のあるものを用い、これに施工管理者が日々作業開始前にサインおよび日付を記入し、原則として切断せず1ロール使用毎に監督職員に提出するものとする。なお、やむを得ず切断する場合は、監督職員の判断をあおぐ。

また、監督職員などが現場立ち会いした場合などには、チャート紙に監督職員がサインをするものとする。

表4.5-2 日本グラウト協会が希望する現場写真撮影のパターン

作業項目		撮影箇所	実施者			写　　真	撮影頻度
			発注者	元請者	注入業者		
プラント仮設					○	仮設状況 使用機械、全景	1枚程度
準備	井戸水域調査 注入位置芯出し	埋設物確認・管理 マーキング 注入孔配置	○ ○	○ ○ ○	○ ○ ○	埋設物立合 状況確認 注入孔位置マーキング （道路上等）	数枚
	施工ヤード仮設	足場状況		○	○	全景	1枚程度
注入施工	全体	施工状況 削孔・注入、その他の作業一式	○	○	○	状況写真	着工後速やかに一工程程度　または必要に応じその後は立会い時
	削孔	削孔精度 削孔深度	○		○ ○	状況写真 状況写真	
	注入材作液	材料の品質 配合 ゲルタイム			○ ○ ○	状況写真 状況写真	
	数量		○		○	入荷写真	
	圧送・注入	注入圧力・速度 注入順序 注入量 地盤・構造物変状	○	○	○ ○ ○ ○	状況写真 状況写真	
	注入管引き上げ		○		○	状況写真	
注入プラント撤去					○	状況写真	1枚程度
注入施工完了後の作業		残土処理 舗装の復旧 注入施工完了後の水質検査		○ ○ ○		状況写真 状況写真	特に無し

（注入施工の圧送・注入列には「水質・排水の管理」の記載あり）

注）○発注者の立会写真を含む

4.6 施工計画例

4.6.1 条件明示例

契約時に明示する事項を確認する。

表4.6-1 条件明示例

明示項目		計画内容	備考
工法		二重管ストレーナ工法	
材料種類	溶液型or懸濁型	溶液型	
	有機or無機	無機	
	瞬結or緩結or長結	瞬結＋緩結	
施工範囲	注入対象範囲	鏡切部	15.40 m×12.20 m×3.30 m （GL-8.00〜23.40 m）
		シールド受入部	8.00 m×8.00 m×3.20m （GL-13.00〜21.00 m）
	注入対象範囲の土質分布	N=30〜50の砂質土地盤	
削孔	削孔間隔および配置	1.0 m以内	
	削孔総延長	1,462.20 m	
	削孔本数	N=66本 （鏡切部39本、シールド受入部27本）	
注入	総注入量	鏡切部	217.00 m³
		シールド受取部	71.68 m³
		合計	288.368 m³
	土質別注入率	砂質土λ=35%、瞬結：緩結=1:3	

4.6.2 施工計画時等に請負者から提出する事項の検討

施工計画打ち合せ時などに請負者から提出する事項として、契約時に明示する事項として前記に示す事項の他、以下について双方で確認するものとする。

表 4.6-2 確認事項

項　　目		計画内容	備考
工法	注入圧	対象土質と同等な施工例より判断して注入圧力を想定する	
	注入速度	16 ℓ/分を標準とする	
	注入順序	立坑側より外側へ、中央から外側へ施工することを基本とする	
	ステップ長	1ステップ25 cmを標準とする	
材料	材料搬入経路	珪酸ソーダ3号　日本薬液注入工業㈱→現場	
		薬液1号〈瞬結〉　薬材科学㈱→薬材商事→現場	
		薬液2号〈緩結〉	
	ゲルタイム	薬液1号：5～20秒、薬液2号：3～10分	
	配合	下記に示す	

表 4.6-3　薬液1号〈瞬結タイプ〉標準配合表（400 ℓ 当たり）

A液		B液	
珪酸ソーダ3号	100 ℓ	硬化材 \} 助剤	19 kg
水	100 ℓ	水	192 ℓ
計	200 ℓ	計	200 ℓ

表 4.6-4　薬液2号〈緩結タイプ〉標準配合表（400 ℓ 当たり）

A液		B液	
珪酸ソーダ3号	100 ℓ	硬化材 \} 助剤	11 kg
水	100 ℓ	水	195 ℓ
計	200 ℓ	計	200 ℓ

(3) 施工計画書例

施工計画書の例を次頁以降に示す。

文京後楽幹線その1
工事に伴う薬液注入工事
（シールド発進部）

施工計画書

平成18年4月

日本グラウト株式会社

── 目　　次 ──

(1) 工事概要 ………………………… XXX

(2) 基本計画 ………………………… XXX

(3) 施工計画図 ……………………… XXX

(4) 工程表 …………………………… XXX

(5) 試験工事 ………………………… XXX

(6) 施工方法 ………………………… XXX

(7) 施工管理計画 …………………… XXX

(8) 水質管理計画 …………………… XXX

(9) 提出書類 ………………………… XXX

(10) 参考資料 ………………………… XXX

(1) 工事概要

1）工事件名
　文京後楽幹線その1工事

2）工事場所
　東京都文京区後楽一丁目地内

3）発注者
　日本国

4）請負者
　幸福建設株式会社
　住所　：東京都港区新赤坂1-6-4
　TEL　：03-3796-5876

5）施工者
　日本グラウト株式会社
　住所　：東京都文京区後楽一丁目1番地2号
　TEL　：03-3816-2682

6）工事目的
　本工事は、シールドの発進を安全かつ確実に行い、鏡切部の切羽地山の安定を図るために、「透水性の低下」「地盤強化」を目的とした薬液注入による地盤改良工事を実施するものである。

7）土質条件
　当施工個所付近の地盤は、『文京後楽園幹線工事に伴う土質調査報告書』のボーリングNo.1によると、下記に示す通りとなっている。

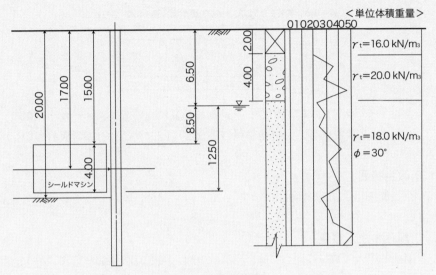

図4.6-1　設計条件図

(2) 基本計画

1) 注入工法

注入工法は、「二重管ストレーナ工法（複相タイプ）」とする。

2) 注入材

注入材は、瞬結タイプ（水ガラス系溶液型注入材）と緩結タイプ（水ガラス溶液型系注入材）とする。

本工事では、以下の注入材を使用する。

- 瞬結タイプ：薬液1号
- 緩結タイプ：薬液2号

表4.6-5　薬液1号（瞬結タイプ）標準配合表（400ℓ当り）

A液		B液	
珪酸ソーダ3号	100 ℓ	硬化材 助剤	19 kg
水	100 ℓ	水	192 ℓ
計	200 ℓ	計	200 ℓ

表4.6-6　薬液2号（緩結タイプ）標準配合表（400ℓ当り）

A液		B液	
珪酸ソーダ3号	100ℓ	硬化材 助剤	11 kg
水	100ℓ	水	195ℓ
計	200ℓ	計	200ℓ

主材〈水ガラス〉および硬化材・助剤の品質については、メーカー提出の証明書〈品質証明書、分析結果報告書など〉を添付する。（参考資料参照）

3) 改良範囲

改良範囲は、施工計画図に示す。

4) 削孔・注入数量

削孔と注入の数量に関しては、施工計画図、実施計画数量一覧表に示す。

5) 注入量

　(i) 注入率

注入率は35.0%である。

瞬結材と緩結材の注入比率は、1：3とする。

　(ii) 注入量

注入量は、実施計画数量一覧表に示す通りである。

注）実施計画数量一覧表で求めた注入量は実際施工するために求めたもので、設計数量より多少多い数量になっている。1孔ごとに数量を求めそれを合計すると設計数量より多くなるケースが生まれている。

(3) 改良範囲その他

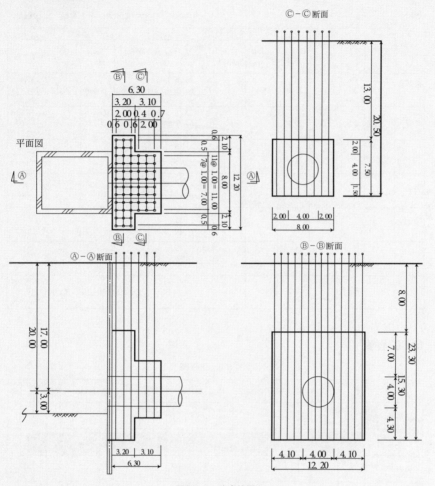

図4.6-2　改良範囲

表4.6-7 実施計画数量一覧表

* 1step＝25cm　　S：瞬結　　L：緩結

施工箇所	孔番	孔数	瞬結材と緩結材の注入比率	1孔当り数量					延数量			
				削孔長(m)	注入長(m)	注入step数	1step当り注入量(ℓ)	注入量(ℓ)	削孔長(m)	注入長(m)	注入step数	注入量(ℓ)
発進鏡切り部	1〜39	39	1:3	23.40	15.40	62	S 23 L 68 　91	S 1,426 L 4,216 　5,642	912.60	600.60	2,418	S 55,614 L 164,424 　220,038
シールド受入部	1〜27	27	1:3	20.50	7.50	30	S 23 L 68 　91	S 690 L 2,040 　2,730	553.50	202.50	810	S 18,630 L 55,080 　73,710
							S L	S L				S L
							S L	S L				S L
							S L	S L				S L
							S L	S L				S L
計		66							1,466.1	803.10	3,228	S 74,244 L 219,504 　293,748

(4) 工程表

表4.6-8　工程表

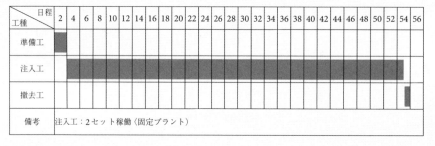

(5) 試験工事

1) 試験目的

本工事に先立ち、本注入計画にて確実な効果が発揮できるかを確認する。

2) 施工数量

施工数量を表に示す。

表4.6-9　試験施工数量

項目	施工本数〈本〉	削孔長(m)	注入長(m)	注入率(%)	1本当たりの注入量	
					瞬結(ℓ)	緩結(ℓ)
数量	3	20.50	3.00	35	276	816

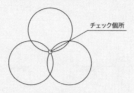

図4.6-3　施工位置図

3）施工仕様

施工仕様は本施工計画と同様の仕様にて実施する。

表4.6-10　施工仕様

項　目		計 画 内 容	備　考
工法	注入工法	SL工法	
	注入圧	対象土質と同等な施工例より判断して注入圧力を想定する。	
	注入速度	16ℓ/分を標準とする	
	注入順序	1→2→3	
	ステップ長	1ステップ25cmを標準とする	
材料	材料	薬液1号〈瞬結〉、薬液2号〈緩結〉	
	ゲルタイム	薬液1号：5～20秒、薬液2号：3～10分	
	配合	施工計画と同じ	

4）試験項目

注入効果の確認試験項目として、標準貫入試験、サンプリング、一軸圧縮試験などを行う。

(3) 施工方法

1）施工仕様

- 注入工法：　　　'二重管ストレーナ工法'
- ステップ間隔：　1ステップを25cmの標準とする。
- 注入速度：　　　16ℓ/分を標準とする。
- ゲルタイム：　　瞬結タイプの（水ガラス系溶液型注入材）
  {薬液1号（瞬結タイプ）}…5～20秒
  緩結タイプの（水ガラス溶液型系注入材）
  {薬液2号（緩結タイプ）}…3～10分

2) 施工順序

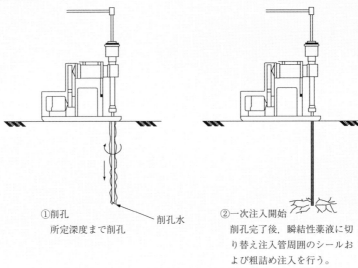

①削孔
所定深度まで削孔
削孔水

②一次注入開始
削孔完了後，瞬結性薬液に切り替え注入管周囲のシールおよび粗詰め注入を行う。

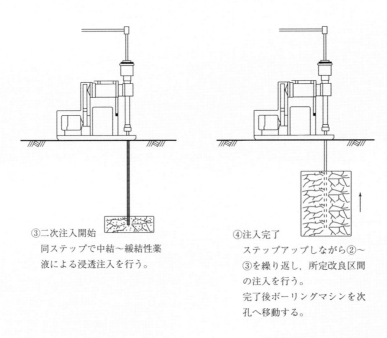

③二次注入開始
同ステップで中結～緩結性薬液による浸透注入を行う。

④注入完了
ステップアップしながら②～③を繰り返し，所定改良区間の注入を行う。
完了後ボーリングマシンを次孔へ移動する。

図4.6-4　二重管ストレーナ工法　施工順序

3) 使用機械

表4.6-11　使用機械器具一覧表

機械名称	規　　格	寸　法 L×B×H (m)	重量 (kg)	動力 (kW)	所要台数 2セット	所要台数 4セット	備　考
ボーリングマシン	油圧式	1.35×0.80×1.34	500	5.5	2	4	
薬液注入ポンプ	5～20 ℓ/min×2	1.85×0.54×0.75	400	5.5	2	4	
薬液ミキサ (A液用・B液用)	400 ℓ×2	1.21×2.00×1.35	400	0.4	1	1	無機系注入材用
グラウトミキサ (C液用)	200 ℓ×2	1.45×0.90×1.45	300	2.2	1	1	無機系注入材用
流量圧力測定装置	印字式流量計	0.68×0.40×0.86	200	0.15	2	4	協会認定型印字式
送液ポンプ	口径50 mm	0.35×0.60×0.30	30	2.2	1	1	ギアポンプ
送水ポンプ	口径50 mm	0.24×0.24×0.46	25	2.2	2	2	水中ポンプ
貯液槽	5m³	3.05×1.22×1.66	—		1	1	
貯水槽	5m³	3.05×1.22×1.66	—		1	1	
サンドポンプ	口径50 mm	0.35×0.60×0.30	30	2.2	1	1	排泥処理用
その他	注入ホース、注入管 (ロッド)、グラウトモニタ、スイベル、メタルクラウン分流器管理機器 (比重計、温度計、カップ、ストップウォッチ、pH測定装置など)						

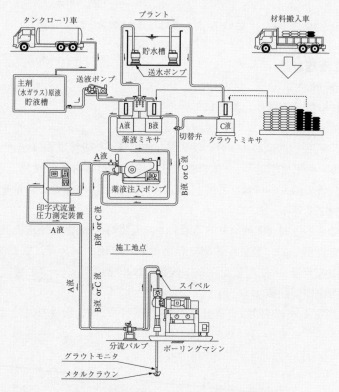

図4.6-5　二重管ストレーナ工法　施工機械の配置図

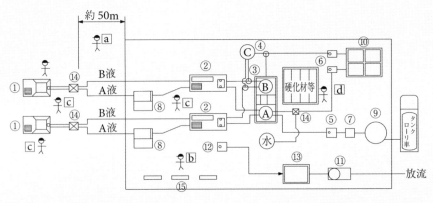

①ボーリングマシン	⑦流量積算計	⑫集水ポンプ	ⓐ注入技士
②薬液注入ポンプ	⑧流量・圧力測定装置	⑬集水・沈殿槽	ⓑ世話役
③薬液ミキサ	⑨貯液槽	⑭分流装置	ⓒ特殊作業員
④グラウトミキサ	⑩貯水槽	⑮分電盤	ⓓ普通作業員
⑤送液ポンプ	⑪アルカリ水中和装置		
⑥送水ポンプ			

図4.6-6　注入プラント標準配置図

(4) 施工管理計画
1) 数量管理

注入材の数量管理は、以下にて行う。

- 搬入時：　　　搬入量の確認
- 施工中：　　　1日の注入量（使用量）と残材量の確認
- 施工完了時：　全体の搬入量・使用量と残材量の確認

注入材料の搬入時には、監督員の立合いのもとに納品書と数量を照合して検収を受ける。

液体である主材（珪酸ソーダ3号）は、入荷時に液温・比重を測定して数量を算出して、数量が正確に判明出来る貯蔵タンク等に保管する。

材料の入荷量・使用量ならびに残数量は、常にチェックして、工事日報の所定欄に記載する。

残材・空袋・空容器は、監督員の検収を受けた後、現場で処分せず、すみやかにメーカー等に返納する。

表4.6-12　数量管理項目

管理項目＼管理時期	材料搬入時	注入時	注入施工完了時	備　　考
納入実数量の確認	○	○	○	工場の出荷伝票と累計納入数量の整理
自記流量記録による確認	—	○	○	チャート紙（デジタル印字数量値の確認）
注入材の残数量の確認	—	△	○	主材（水ガラス）・硬化材・助剤等の残数量、累計注入量との照合

注）○：必ず行う項目、△：必要により行う項目

- 納入実数量の確認：原則として、監督員の立会い研修を受ける。
- 自記流量記録による確認：監督員の立会いを受けたら確認のサインをもらう。

2）品質の証明

注入材の品質の証明は、下表に示した書類にて行う。

表4.6-13　品質証明提出書類と提出時期

注入材料	提出書類	提出時期
主材（珪酸ソーダ3号）	メーカーの分析表 JISK1408の項目	着手前 1ヵ月経過毎
硬化材・助剤	メーカーの品質証明書と分析結果報告書	着手前

3）品質管理

品質管理は、下表により行う。注入材料は、その荷姿・物性に応じた保管方法を取り、1ヶ所にまとめて保管し盗難防止に務め、また漏洩・飛散・滲み出しのない構造とする。

表4.6-14　品質管理項目

管理項目＼管理時期	材料搬入時	注入着工前	注入施工中	備　　考
メーカーによる品質証明	—	○	—	検査成績表については、1ヵ月毎に提出
材料の風化・変質などの変化確認	○	○	—	硬化材・助剤などの風化・変質
ゲル化時間の測定	—	—	○	主材（水ガラス）・反応材・水温等の確認

注）○：必ず行う項目

4）配合試験

注入材の硬化状態をチェックするため、注入前と注入施工中（午前、午後1回程度）に配合試験を行う。

ゲルタイムは、水温により変化する為、プラントには必ず液温計・測定器具類を備え測定する。
正しい配合が行われるように、責任者を決める。

5) 施工位置、削孔長の決定
施工計画図に基づき削孔ポイントを正確に測量し、マーキングを行う。削孔長は、ボーリングマシンを据え付ける基盤を施工基準面として深度を決める。その時基盤および改良範囲の標高を確認の上深度を決定する。

6) 削孔角度および削孔深度の管理
ボーリングマシンの据付けの際には水平器（スラントルール）等で鉛直性を保持し固定する。
使用ロッドは必要数だけボーリングマシン付近に準備し、ロッド本数×1本当りのロッド長＋グラウトモニタとロッドクラウンの検尺により削孔完了深度を管理する。
削孔残尺＝ロッド本数×1本当りのロッド長＋グラウトモニタ吐出口までの長さ−削孔長

7) 日常の施工管理

表4.6-15　日常の施工管理項目

項　目	管　理　方　法	管　理　基　準
注入吐出量	吐出量：自記記録流量計により確認	14 ℓ/分
注入圧力	圧力：自記記録流量計により確認	異常時は注入中断原因確認
注入量	自記記録流量計の印字により確認	印字数値
引上間隔（ステップ長）	箱尺（スタッフ）等により確認	25 cm/step

8) 残土および排水処理
注入機器の洗浄水・注入プラント並びに注入現場から出る排水は、地表・地下や公共水域・下水などに直接流すことは絶対に避け、釜場などに集水して、専用処理タンクにポンプアップする。この汚・排水は処理用ノッチタンクで、泥質を濾過・沈殿させ、上澄みは必要に応じて希釈・中和を行い、放流先の水域あるいは下水道法などに設定されている下表の排水基準に適うよう処理して放流する。
沈降した泥質のものは、バキュームカーなどで、産業廃棄物処理する。

表4.6-16 排水基準

薬液の種類		検査項目	検査方法	水質基準
水ガラス系	有機物を含まないもの	水素イオン濃度	日本工業規格K0102の8に定める方法	排水基準を定める総理府令（昭和46年総理府令第35号）に定める一般基準に適合すること
	有機物を含むもの	水素イオン濃度	同上	同上
		生物化学的酸素要求量又は化学的酸素要求量	日本工業規格K0102の16又は13に定める方法	排水基準を定める総理府令に定める一般基準に適合すること

9) 安全管理

- 安全教育の徹底

作業員全員を集め、1日の施工内容の説明および安全指導について、毎朝作業前のミーティングを実施し、安全作業を徹底する。

- 作業員の安全確保

労働安全衛生法および関係法令の定めに従って、作業環境に対する注意を作業員に徹底させる。

諸機械の始業点検および定期点検を実施して、機械の保守に努力すると共に、作業中の機械の取り扱いに十分注意する。

取り扱う注入材に応じ、保護用具の着用・換気その他の労働環境の保全に努める。

- 埋設事故の防止

工事着手前に埋設物の有無を確認すると共に、工事中の作業打ち合せ時に埋設物のチェックを実施し、企業者の立会いを求めた上で作業を行う。埋設物近辺の削孔に当っては、ノーチップクラウンやプラスチッククラウンを使用し、極力回転をかけずジェッティング削孔を行う。

- 第三者災害の防止

工事中および工事終了後は、現場内外の点検を実施して、第三者への事故防止に努める。

往来する人や通行車両への配慮を十分行い施工し、特に注入材料の飛散を防止するため、スイベルキャップの装着やブルーシート等で作業帯を囲み、影響を防止する。また周辺の整理整頓および清掃を徹底する。

(5) 水質監視計画

『薬液注入工法による建設工事の施工に関する暫定指針』（昭和49年7月10日、建設省）に基づいて水質監視を行う。

1) 水質観測井戸の設置と構造

水質の監視は、専用の観測井戸を注入個所から概ね 10 m 以内に設けて行う。観測井戸の設置数は、2 ヶ所で、水質観測井戸の構造・設置場所は、P.201 以降に載せた。

2) 検査項目と検査回数

使用注入材は、無機系注入材なので、検査項目は、水素イオン濃度（pH）試験を行う。検査期間と検査回数（1 監視井戸について）は、以下の通りに実施する。

表4.6-17　検査回数

調査期間	検査回数	
	現場測定	専門機関
注入工事着工前	1回	1回
注入工事施工中	1回/日	1回/10日
注入終了後2週間経過するまで	1回/日	1回/2週
2週間経過後半年を経過するまで	2回/月	1回/月

3) 水質基準および水質試験の検査方法

表4.6-18　水質基準

薬液の種類		検査項目	検査方法	水質基準
水ガラス系	有機物を含まないもの	水素イオン濃度	水質基準に関する省令（昭和41年厚生省令第11号。以下「厚生省令」という。）又は日本工業規格 K0102 の8に定める方法	pH値 8.6 以下（工事直前の測定値が 8.6 を超えるときは、当該測定値以下）であること
	有機物を含むもの	水素イオン濃度	同上	同上
		過マンガン酸カリウム消費量	厚生省令に定める方法	10ppm 以下（工事直前の測定値が 10ppm を超えるときは、当該測定値以下）であること

注1) 別表の検査方法：水質基準に関する症例（昭和41年厚生省令11号）は廃止され新たに省令昭和53年厚生省令第56号と読みかえること。

注2) 水質基準：下段文中 10ppm は 10 mg/ℓ と読みかえること。

4) 専門（公的）機関

名　　　称： 株式会社　水質・土壌分析センター
住　　　所： 東京都港区分楽八丁目9番地10号
電話番号： 03-XXXX-XXXX
計量証明番号： 東京都登録第10,000号

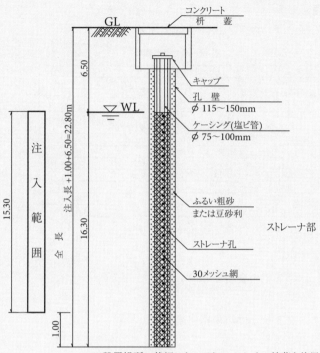

※設置場所の状況によってはコンクリートの鉄蓋を使用する。

図4.6-7　観測井設置図

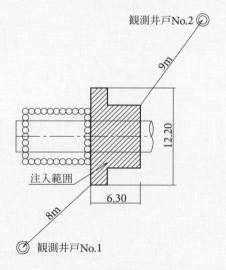

図4.6-8　水質観測井戸位置図

(6) 提出書類

薬液注入工事では、以下の書類を提出する。

表4.6-19　提出書類

分類	提出書類			提出時期
施工前	材料品質証明書	水ガラス	JISK1408の項目	1ヵ月毎
		硬化材・助材	品質証明書 分析結果報告書	
施工中	材料数量証明書	水ガラス	メーカー出庫伝票 計量証明書	納入時
		硬化材・助材	納入伝票	納入時
	材料納入記録表	納入量、使用量、残量		1週毎
	チャート紙	日本グラウト協会統一様式		1ロール毎
	注入日報	日本グラウト協会統一用紙		翌日
	水質検査日報			10日毎
施工後	工事写真			整理後
	水質検査日報			所定時間

10）参考資料

参考資料として下記の資料を示す。

①珪酸ソーダ3号分析結果報告書

②硬化材（薬液1号）品質証明書

③硬化材（薬液1号）分析結果報告書

④硬化材（薬液2号）品質証明書

⑤硬化材（薬液2号）分析結果報告書

分析結果報告書

No. _____

日本グラウト株式会社　殿

珪酸産業株式会社
東京都文京区後楽1丁目1番地2号
TEL　03-3816-2681

品　　名：珪酸ソーダ3号

↑
朱印

分析期日：平成19年4月　　日
製造期日：平成19年4月　　日
納入期日：平成　年　月　　日

分　析　項　目		分　析　値	分　析　方　法
比重	(15℃)	41.6 Be	JIS K1408
酸化ナトリウム	(Na_2O)	9.39%	JIS K1408
二酸化珪素	(SiO_2)	28.46%	JIS K1408
鉄	(Fe)	0.01%	JIS K1408
水不溶分		0.02%	JIS K1408
外観			
モル比	(M, R)	3.13	
アルミナ	(Al_2O_3)	0.03%	
粘土	(15℃)	cp	

備　考　　M,R = $SiO_2/Na_2O \times 1.032$

薬液１号（瞬結タイプ）

平成19年４月１日

日本グラウト株式会社　殿

薬材化学株式会社
東京都文京区前楽１丁目１番地１号

朱印

硬化材　品質証明書

下記銘柄は以下の品質であることを証明します。

銘柄　　薬液１号（瞬結タイプ）

材料種類	溶液型・懸濁型の別	溶液型
	溶液型の場合は、有機・無機の別	無　機
	瞬結・緩結の別	瞬　結
荷　姿	19kg/ポリエチレン袋	

項　目	規　格	備　考
外　観	白色粉末、白色フレーク	
比　重	1.2～1.4	見掛比重
主成分	炭酸水素ナトリウム　$NaHCO_3$	
	炭酸水素カリウム　$KHCO_3$	
	塩化マグネシウム　$MgCl_2$	
重金属分析	検出されない	有害物質に係わる排水基準に適合
安全性	毒劇物及び弗素化合物を含まない	

分析結果報告書　　　　No 1141

平成19年４月１日

薬材化学株式会社　御中

株式会社分析センター
東京都千代田区中楽１丁目２番地３号
↑
朱印

御依頼の試料の分析結果は下記の通りで御座居ますので宣敷
御査収の程お願い申し上げます。

分析試料名　薬液１号（瞬結タイプ）

数　量　　１　点

分析項目 / 材料名	薬液１号B液	検出限界	分析方法 (規格＝JISK0102)
カドミウム　(mg/ℓ)	不検出	0.001	規格 55・2 (原子吸光法)
シアン化合物　(mg/ℓ)	不検出	0.01	規格 38・1・2及び38.3
有機りん　(mg/ℓ)	不検出	0.1	環告 59付表1 (FPD ガスクロ法)
鉛　(mg/ℓ)	不検出	0.005	規格 54・2 (原子吸光法)
６価クロム　(mg/ℓ)	不検出	0.01	規格 65・2・1 (ジフェニル カルバジド法)
ひ素　(mg/ℓ)	不検出	0.001	規格 61・1 (ジエチル・ジチオ カルバミン酸銀法)
総水銀　(mg/ℓ)	不検出	0.0005	環告 59付表3 (原子吸光法)
アルキル水銀　(mg/ℓ)	不検出	0.0005	環告 59付表4 (ECD ガスクロ法)
PCB　(mg/ℓ)	不検出	0.0005	環告 59付表5 (ECD ガスクロ法)
トリクロロエチレン　(mg/ℓ)	不検出	0.002	JIS K 0125・5・2
テトラクロロエチレン　(mg/ℓ)	不検出	0.0005	JIS K 0125・5・2

検印	試験員

薬液1号（緩結タイプ）

平成19年4月1日

日本グラウト株式会社　殿

薬材化学株式会社
東京都文京区前楽1丁目1番地1号
朱印

硬化材　品質証明書

下記銘柄は以下の品質であることを証明します。

銘柄　薬液2号（緩結タイプ）

材料種類	溶液型・懸濁型の別	溶液型
	溶液型の場合は、有機・無機の別	無　機
	瞬結・緩結の別	緩　結
荷　姿	11kg/ポリエチレン袋	

項　目	規　格	備　考
外　観	白色粉末、白色フレーク	
比　重	1.2〜1.4	見掛比重
主成分	炭酸水素ナトリウム　$NaHCO_3$	
	塩化マグネシウム　$MgCl_2$	
重金属分析	検出されない	有害物質に係わる排水基準に適合
安全性	毒劇物及び弗素化合物を含まない	

分析結果報告書　　　No 1142

平成12年4月1日

薬材化学株式会社　御中

株式会社分析センター
東京都千代田区中楽1丁目2番地3号

↓
朱印

御依頼の試料の分析結果は下記の通りで御座居ますので宜敷
御査収の程お願い申し上げます。

分析試料名　薬液2号（緩結タイプ）

数　　量　　　　1　　点

分析項目　　材料名	薬液1号B液	検出限界	分析方法 (規格＝JISK0102)
カドミウム　（mg/ℓ）	不検出	0.001	規格 55・2 (原子吸光法)
シアン化合物　（mg/ℓ）	不検出	0.01	規格 38・1・2及び38.3
有機りん　（mg/ℓ）	不検出	0.1	環告 59付表1（FPD／ガスクロ法）
鉛　（mg/ℓ）	不検出	0.005	規格 54・2 (原子吸光法)
6価クロム　（mg/ℓ）	不検出	0.01	規格 65・2・1（ジフェニル／カルバジド法）
ひ素　（mg/ℓ）	不検出	0.0005	規格 61・1（ジエチル・ジチオ／カルパミン酸銀法）
総水銀　（mg/ℓ）	不検出	0.005	環告 59付表3 (原子吸光法)
アルキル水銀　（mg/ℓ）	不検出	0.0005	環告 59付表4（ECD／ガスクロ法）
PCB　（mg/ℓ）	不検出	0.0005	環告 59付表5（ECD／ガスクロ法）
トリクロロエチレン　（mg/ℓ）	不検出	0.002	JIS K 0125・5・2
テトラクロロエチレン（mg/ℓ）	不検出	0.0005	JIS K 0125・5・2

検印	試験員

5章
Q & A

5.1　準備に関するもの　　9問

5.2　設計に関するもの　　10問

5.3　積算に関するもの　　12問

5.4　施工に関するもの　　30問

5.5　開設に関するもの　　10問

　　　計　　　　　　　　81問

5.1　準備に関するもの

Q1：薬液注入工事を行うときの事前調査は、何を行えばいいのか？
A1：注入対象土層の土質調査、地下水調査、地下埋設物調査、近接構造物調査、『暫定指針』による井戸及び公共用水域調査と施工域周辺部の環境調査（植生・生活・交通）等を行う。
詳細は「1.3　事前調査」（P.3～）を参照。

Q2：地下埋設物及び近接構造物調査での調査項目と注意点は？
A2：調査図面のみを信用して施工を行わない。必ず立会いの上で試掘によって地下埋設物及び近接構造物の位置・形状・深度などを把握した上で施工を行う。
詳細は「1.4.2　埋設物、井戸、環境調査」（P.4～）を参照。

Q3：井戸及び公共水域等調査での項目と留意点は？
A3：『薬液注入工法による建設工事の施工に関する暫定指針』により、決定されている内容にしたがう。地下水位以上の注入でも観測井の設置は必要。
詳細は「4.2.5　水質監視工の準備作業」（P.156～）を参照。

Q4：環境調査（植生・生活・交通）での調査項目と注意点は？
A4：植生については注入材料による根詰まり等の影響を与えるので、施工域に近接するかを確認調査する。生活・交通に関しては作業可能時間帯があげられる。

Q5：土質調査を行う際の留意点は？
A5：調査位置・深度は、薬液注入対象土層を含めた全体に実施する。

Q6：注入するとどのような効果が得られるのか？
A6：粘着力の付与と透水係数の低減するので、注入範囲からの湧水がなくなり、土の自立性が高まることで崩壊し難い地盤が形成される。

Q7：少し離れた地点で実施した土質調査結果を用い計画してもいいか？
A7：不適であり、薬液注入実施位置での調査を実施すべきである。

Q8：注入材料はなぜセメントでなく薬液なのか？
A8：砂地盤への注入は土粒子の間隙を埋める浸透注入をとることから、できる限り粒子のない溶液型薬液を用いるのが基本である。また地盤中の限定した範囲に注入した材料がとどまるためには任意に固化時間（ゲルタイム）が設定できる薬液を用いる必要がある。粘性土では粒子を含む懸濁型の注入材料を用いた割裂注入となるが、この場合も広い範囲の拡散を防ぐためにはゲルタイムが必要である。さらにセメントは注入した量のほんの一部が固化するだけなので、改良に必要な量を確保するためには薬液よりも多い量を注入することになり、必ずしも薬液に比べて経済的であるかどうか疑問である。

Q9 : なぜストレーナという名称なのか？
A9 : 基本的には、注入材が地中に圧入されるのはパイプに横方向に開けられたストレーナと呼ぶ個所からであり、そのため二重管の注入工法ではストレーナの名を冠している。ストレーナによる横向きの流線は下向きの流線より、地盤への均等な浸透が良いという意見もある。短いゲルタイムと長いゲルタイムを使い分けるためには、注入材の出口（ストレーナ）が複数ヶ所必要である。

5.2　設計に関するもの

Q1 : 最小改良範囲に比べて計算結果が小さい場合、どうすればいいか？
A1 : 最小改良範囲を用いる。改良範囲の選定には、計算値と最小改良範囲のどちらかのうちから大きい方を用いる。長い経験から、効果的な注入が行われるためには、一定の量（範囲の注入率）が必要であり、そのために最小改良範囲が設定された。

Q2 : 現地の実績値と設計図書の値が異なる場合、どちらを採用すべきか？
A2 : 試験施工などによる現地実績値を採用する。協会発行の設計資料における基準値は、全国一般での平均値である。しかし、土質などの条件は地方ごとに異なった個性を持つ。その地区での同一条件の実績の適用が可能な場合、原位置での試験施工結果がある場合などは、それら実績値が上位基準値である。建設省（現国土交通省）の『暫定指針』および施工管理方式でも、原位置での試験工事により、本工事の仕様を決めるように記述されているので、是非とも原位置での試験の結果から本工事の仕様を決めていただきたい。

Q3 : 最小改良範囲はどのように設定したのか？
A3 : 薬液注入工法は土質や地下水の影響を受けるため、型枠にコンクリートを打設するかのような均一な改良はできず、その効果を理論的に評価することは困難である。このため、効果的な注入が行われるための一定の量を確保するために決定されたものである。

Q4 : 曲げ引張り強度はいくつにすればいいか？
A4 : 注入改良土には圧縮側の強度は期待できるが、引張り側には非常に小さく、強度は期待できない。このため、曲げ引張り強度の設定はしない。

Q5 : 材料の耐久性は何年程度期待できるか？
A5 : 協会で実施している「原位置長期耐久性確認試験」の結果では、一般的に使用されている注入材料でも5年間程度はその性能を保持している。さらに、10年以上時間が経過した後にたまたま掘削により、薬液注入工法で固めた地盤を掘り出したケースがいくつか報告されているが、いずれも固化していることを定性的であるが確認できている。最終的に非常に長い年月が経てば性能が保持できなくなるともいわれているがその時間は不明。その場合でも固化したものは土と同じものであることから、土に帰ることになり、環境面への影響はない。
詳細は第6章「6.5　長期耐久性について」(P.266～) を参照。

Q6 ： ゲルタイムとはどういう意味か？
A6 ： 主材と硬化材を混合してから流動性を失うまでの時間をいう。一般に薬液注入ではこの時間を固化時間とするが、すべての反応が完了した訳ではないので、薬液の強度はその後も増加していくことが確認されている。

Q7 ： 砂分を含んだ粘性土（砂質シルト）に対しては懸濁、溶液どちらか？
A7 ： N値や密度によって違いがあるが、浸透と割裂が混在しながら充填されるので目的に応じた材料を選定すべきである。ただし、止水目的の場合には砂分の止水効果を重視して溶液型を選定する。

Q8 ： 注入孔の間隔は、どのように設定すればいいか？（1m²当たり1孔でいいか？）
A8 ： 基本的には孔間隔を1mとするが、止水強化または、地盤隆起を防止目的にピッチを縮める場合がある。なお、改良平面積1m²当たり1孔とする決め方は注入孔数の不足が生じるため、行ってはならない。
詳細は第2章「2.2.8　（2）注入孔間隔」(P.19)を参照。

Q9 ： 改良後の変形係数はどう決めればいいか？
A9 ： 一応の目安として、既存の研究成果によると、下記のような考え方もある。

$$E_{50} = 50 \sim 200 \times q_u \fallingdotseq 100 \cdot q_u$$

ここに、
　　E_{50}：一軸圧縮強度での50％強度時のひずみについての割線変形係数
　　q_u：一軸圧縮強度

Q10： 二重管ストレーナ工法（単相式）をなぜ使わないのか？
A10： 短いゲルタイムのみでは、土粒子の間隙への均質な浸透が十分行えないケースが大部分であるためである。小さな径のパイプを通して一定の範囲を改良しなければならない薬液注入には「所定範囲外への拡散防止」と「所定範囲内での均質な改良」の2つの難しい課題を同時に解決しなければならない。二重管ストレーナ工法〈単相式〉の開発により、それまで使われていた単管ロットが宿命的にかかえる「所定範囲外への拡散」の問題を劇的に解決したが、短い固化時間（ゲルタイム）しかできない単管式ではあまりにも固化時間（ゲルタイム）が短いため「所定範囲内での均質な改良」の問題は解決できなかった。そのため、短い固化時間とそれより長い固化時間の両方が使える〈複相式〉が開発され、2つの問題が解決された。平成17年現在の発注状況は、薬液注入工事の90％近くが二重管ストレーナ工法〈複相式〉である。

5.3　積算に関するもの

Q1 ： 土丹層の削孔時間は粘性土と同じか？
A1 ： 硬質シルトとして砂礫の項目を適用する。

Q2 ： 注入速度は、どのくらいか？
A2 ： 二重管ストレーナ工法；16ℓ/分、ダブルパッカ工法；8ℓ/分

Q3 ： ダブルパッカ工法におけるシールグラウトの単位使用量はどのくらいか？
A3 ： $Q = \pi r^2 \ell \beta$
β：ロス　　シルト・細砂：1.3
中砂・粗砂：1.7
砂礫：2.0

Q4 ： 削孔の補正値は、どのような値を取ればいいか？
A4 ： 二重管ストレーナ工法

表5.3-1　深度による削孔時間の補正（β）

深　度	補正係数
30m迄	1.0
30mを超えた分	1.3

表5.3-2　削孔角度による補正（γ）

ゾーン	補正係数
A	1.0
B	1.35
C	1.5

ダブルパッカ工法

表5.3-3　深度による削孔時間の補正（β）

深　度	補正係数
40m迄	1.0
40mを超えた分	1.2～3.0

表5.3-4　削孔角度による補正（γ）

ゾーン	補正係数
A	1.0
B	1.35
C	1.5

Q5 ： 礫層の削孔時間はどう決定するのか？
A5 ： 礫の質や大きさによって削孔時間が大きく異なるので、現場試験で確認して決定する必要がある。

Q6 ： 斜めや水平削孔にて削孔時間における補正係数は示されているが、機械移動据付時間は鉛直施工と同じ時間を使用するのか？
A6 ： 特殊な条件で施工する場合は実状に応じて算定する。

Q7 ： 作業時間が制限される場合や、特殊な作業を行う場合、実作業時間は？
A7 ： 当該工事に於ける実施条件に合わせ設定する。

Q8 ： 作業日数の算定において、少数以下の数字の扱い方は（計算で0.1日など）？
A8 ： 原則は切り上げて算出する。

Q9 ： 薬液注入工法には専門職としての資格があるのか？
A9 ： 現場で薬液注入工事に従事する技術者のための国家資格として、「2級土木施工管理技士（薬液注入）」があり、平成16年現在すでに3,500名以上の技術者がその資格を取得している。薬液注入は見えない土の中を改良する専門性の高い技術なので、より良い品質を確保し工

事の安全性を高めるためにも、薬液注入の工事に際しては、必ず資格を持つ者を従事させるように指導する。

Q10：深礎立坑等の狭い場所での施工はどのくらいの広さがあれば可能か？
A10：ボーリングマシンの大きさが1.0×1.5 mなので、垂直方向なら1.5×2.5 mあれば施工可能である。水平方向の場合なら深礎立坑の直径が3.0 m程度は必要であるが、2.5 mでの施工実績もある。

Q11：水平方向の注入の場合、掘削底盤からどのくらいの高さまで施工可能か？
A11：通常のボーリングマシンでは床面から80 cm程度の高さにスピンドルを設置できるので、80〜100 cmの高さで施工可能である。特殊機械として20〜30 cmの高さで施工できるものもある。

Q12：溶液型と懸濁型の複合注入は可能か？どのような工法か？
A12：ダブルパッカ工法での施工は可能である。二重管ストレーナ工法の場合、同一孔での溶液・懸濁の切り替えは、薬材同士の誤反応がホースや二重管内で発生し、経路が詰まり施工できない。溶液型と懸濁型の2種の注入を行う際は注入管を別々に配置する必要がある。

5.4 施工に関するもの

Q1 ：プラント設備はどのくらいのスペースが必要か？
A1 ：標準的な機械配置は図5.4-1のようになり、2〜4セットでは50〜100 m²程度必要である。敷地の具合で横長や縦長など自由に変化できる。

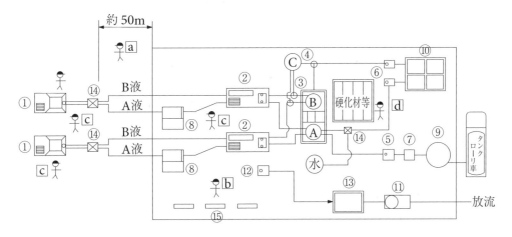

図5.4-1　プラント配置図（二重管ストレーナ工法（単相式）2セットの例）

Q2 : プラント設置位置の条件は？

A2 ：主な条件は次の通りである。

①環境条件

すべての機械設備は騒音振動の少ないものを使用しているが、プラントの稼働に伴う騒音や振動の影響ができるだけ小さくなるような場所を選定する。特に、夏期の夜間工事では、十分な配慮が必要である。また田畑や樹木のそばなどもできるだけ避けたい。

②施工条件

施工管理の上からは、注入施工位置にできるだけ近接していることが望ましい。注入材料の搬入（材料車の横付け・積み下し作業）が容易な場所が望ましい。可能であれば、プラント用地内に材料車が入れるようなヤードを確保することが望ましい。

Q3 : 注入位置の広さはどのくらいか？

A3 ：最小で1.5×2 m程度の広さで施工した実績がある。通常は1日数孔/台の施工を考えると1.5×4 m程度が最低広さと考えてほしい。

Q4 : 終日作業スペース、プラントスペースが確保できないときはどうするのか？

A4 ：その場合は車上プラントを考える。すべてを終日置けないときは下記のような車上プラントがある。またプラントは置けるが、施工位置にボーリングマシンを終日置けないときはQ3のスペースを考える。車上プラント車庫用地の確保をお願いしたい。

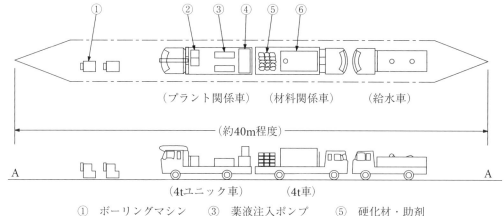

注1）施工位置に配電設備がない場合には、発電器が必要となる。
注2）施工位置に配水設備がある場合には、給水車が不要となる。

図5.4-2　車上プラント配置図（例）

Q5 : プラントと注入位置との距離はどのくらいまで離せるのか？

A5 ：通常は最大100 m程度と考えてほしい。今までそれ以上離した例もあるが、あまり離れると材料のロスなどが大きくなる。中継プラントなどにより、かなり離れた位置で施工した例も報告されている。

Q6 : 注入範囲の上端は地表面からどのくらいまでを考えたらいいか？
A6 : 通常は1.5 m程度が限界であり、望ましいのは2.0 m以上である。ただし、工夫次第で1.0 mまでの実績はある。

Q7 : どのくらいの高さがあれば施工できるか？
A7 : 現在までの実績で最も低い高さは1.5 m。もちろんこの高さでの施工は厳しいので3.0 m程度あれば十分施工できる。ただし、空頭の長さによって使用するロッド長さが異なるので、詳細は第4章「4.3.4 削孔および注入作業の管理」(P.171)を参照。

Q8 : 深礎立坑等の狭い場所での施工はどのくらいの広さがあれば可能か？
A8 : ボーリングマシンの大きさが 1.0×1.5 m なので、垂直方向なら 1.5×2.5 m あれば施工可能である。水平方向の場合なら深礎立坑の直径が 3.0 m 程度は必要であるが、2.5 m での施工実績もある。

Q9 : 斜施工や水平施工が可能か？
A9 : ボーリングマシンのスピンドルは360°回転できるので斜方向や水平方向の施工が可能であり、上向きの注入実績もある。

Q10 : 水平方向の注入の場合掘削底盤からどのくらいの高さまで施工可能か？
A10 : 通常のボーリングマシンでは床面から 80 cm 程度の高さにスピンドルを設置できるので、80～100 cm の高さで施工可能である。特殊機械として 20～30 cm の高さで施工できるものもある。

Q11 : 川の中等公共水域での施工に際しての留意点は？
A11 : 注入材料が河川等の水を汚染する心配もあるので、通常流水を介して注入管を設置する場合にはガイドパイプ等を設置し、水の中に注入材が漏出しないような処置を行う。
注入範囲の上端の土被りが浅いようなケースでは、河床にコンクリートを打つなどして、水中へリークしない処理が必要である。また、使用する注入材料は中性・酸性等の材料の方が水の汚染の度合が少ないといわれている。

Q12 : 埋設管の近傍での施工の留意点は？
A12 : 埋設管をボーリングで損傷するケースもあるので、次のような処理が必要である。
　　①埋設管の種類、大きさ、構造等を十分調査する。
　　②試掘等により位置と状況を確認する。
　　③埋設管の位置をマーキングして、だれでも分かるようにする。
　　④削孔位置や方向を明示して、正しい位置で削孔できるようにする。
　　⑤場合によっては試掘時にガイド管（塩ビパイプまたは鋼管）などを建込む。
　　⑥埋設管が埋まっている深度ではロータリー式のボーリングをさけ、カッティング等による削孔方法の採用も検討する。また、注入材が埋設管に入らないよう監視しながら注入を行うことも検討する必要がある。

Q13：構造物近傍での施工の留意点は？

A13：構造物に圧力の影響が及び、変状等を起す心配があるので、次の点に留意する。
　　①構造物の現状を十分把握する。特に地下室のクラックの状況を確認する。
　　②注入圧力をできるだけ低圧で行う。そのため注入速度を小さくするなどの工夫が必要である。
　　③注入順序を構造物近くから離れた方向とし、注入圧力を逃がすような注入順序で行う。
　　④ゲルタイムが短い二重管ストレーナ〈単相式〉では対応が難しいので、〈複相式〉を採用する。
　　⑤機械台数を集中させない。
　　⑥構造物によっては、変位計、沈下計などを設置して変状を常に確認するか、測量を行いながら施工することで圧力の影響を常に監視する。また、地下室などへ注入材が漏出しないか監視しながら注入を行うことも検討する。

Q14：どのくらいの深度まで施工できるか？

A14：ロータリー式削孔では20〜30m程度、それ以上の削孔は可能であるが、削孔精度が問題となり、効果的な注入がむずかしいのが一般例である。（玉石、礫層は別途検討が必要）ロータリーパーカッション式削孔では50〜60mぐらいまでなら通常の作業で対応できる。現在特殊な削孔機械を製作し、120mまでの施工実績がある。

Q15：水平方向はどのくらいの長さまで施工可能か？

A15：Q14の場合と同様に考えてよい。現在では通常の施工で20〜25m程度までである。玉石、礫層については別途検討が必要である。

Q16：電力設備および用水設備はどのくらい必要か？

A16：2セット当り、電力設備で50kw、用水設備で100ℓ/分程度である。

Q17：産業廃棄物の処理は必要か？

A17：量は少ないが必要である。その場合次のように考える。
　　①ボーリング時に地表に排出される切削ズリのみの場合、天日乾燥等を行なって、一般土砂として処理する。
　　②一部、配合プラントの排水や、注入中に薬液が地表にリークした場合は次ページの図のような処理を行い、産業廃棄物として処分する。

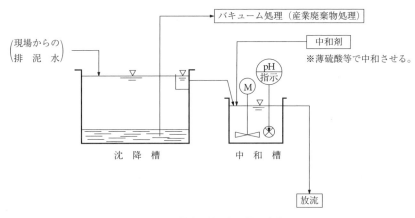

図5.4-3　排水・排泥処理装置（例）

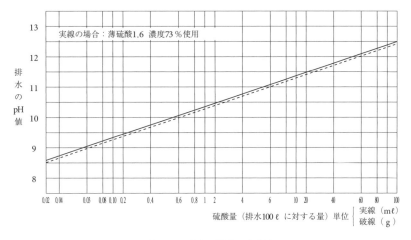

図5.4-4　中和に要する硫酸量

Q18：薬液注入工事に際して遵守する特別な規則は何か？

A18：次の2つがある。
　　①『薬液注入工法による建設工事の施工に関する暫定指針』（昭和49年7月10日建設省）。
　　②『薬液注入工事に係る施工管理について』（平成2年9月18日建設省大臣官房技術調査室）。
　　通達の文章は参考資料を、内容については施工管理の章を参照されたい。

Q19：施工による地盤変状はどの程度か？

A19：対象地盤・施工方法・施工手順・使用材用によって異なる。また、変状を事前に予測することは困難である。二重管ストレーナ〈複相タイプ〉の採用で以前より変状がすくなくなってきているが、変状を極力少なくするために、注入工法や注入速度を通常とは別途に考える必要もある。

Q20：地盤の隆起を少なくする方法はあるか？

A20：施工台数の減少。施工機を分散し集中施工を避ける、注入速度を低くする、ダブルパッカ工法を採用し浸透性に優れた薬材を使用する―などがある。

Q21：溶液型と懸濁型の複合注入は可能か？どのような工法か？
A21：P.213の「5.3　積算に関するもの」のQ12を参照。

Q22：車上プラント施工の機械及びトラックはどのような組み合わせになるのか？
A22：二重管ストレーナの車上プラントにおいて標準的なものは、1プラント2セットの組み合わせで常時3台である。ダブルパッカ工法では一般に車上プラントは用いられていない。

Q23：埋設管との離隔はいくらとればいいか？
A23：埋設管の管理者との話し合いによって決める。薬液注入施工による埋設管の損傷は、ほとんどが削孔管によるものである。試掘等により埋設物の位置を確認し、ガイド管の設置による養生が行われていれば、直近施工であっても安全に行うことができる。しかし、離隔の決定は埋設管の持ち主である各事業者との話し合いによって決めるものであり、施工者の勝手な判断にて行ってはならない。

Q24：注入範囲が民地に入るような場合の対応は。また薬液注入により固化したものが、将来支障が生ずることはないのか？
A24：下水道の枝線工事等では民地に注入範囲が入り込む施工事例は沢山ある。この場合は所有者の了解が必要だが、強度が低いこと、材料が安全性の高いものを使っていることをよく説明して了解してもらっている。薬液注入で固まったものは、あまり硬くならないので、将来土留め壁を作ったり、杭を打つ時でも何ら支障になることはない。

Q25：前処理注入は必要か？
A25：現場条件によっては非常に重要で必要性の高い作業である。たとえばオーガやウォータージェットを併用して設置した鋼矢板の周囲は相当量乱されている。そのような場所にいきなり本注入を施工しても、注入材が乱された部分へ逸走してしまい、改良したい個所にはほとんど注入されない。そのため乱された部分には前処理注入をしておくことが重要となる。

Q26：注入速度と改良効果には関係があるのか？
A26：砂や砂礫の浸透注入においては関係がる。注入材を土粒子間の間隙への浸透においては、注入速度が低い方が浸透しやすくなる。注入速度を速くしていくと脈状割裂に注入されやすくなる。

Q27：注入圧力のコントロールは可能か？
A27：自由自在にはコントロールできない。注入圧力とは薬液が地盤の間隙に浸透する際の抵抗値であり、地盤の性状に大きく影響される。注入速度やゲルタイムの調整により多少のコントロールは可能であるが、自由自在に上げ下げするようなことはできない。

Q28：上向き施工、斜め施工、水平施工など、どのような角度まで施工可能か？
A28：360度、どの方向にも施工可能だ。ただし、真上への施工は削孔時のスライムが直接作業員に降りかかって危険であり、これを避けるような特別の対策が必要になる。

Q29：施工基面が地下水位以下の場合の施工は可能か？
A29：地下水位以下の施工では、湧水対策として別途特別な工夫が必要である。

Q30：排水工法に近接する場合の注意点は何か？
A30：ディープウェルや井戸が近接する場合には、薬液がこれらに流入する可能性がある。薬液注入施工中はこれらの使用の中止を原則とする。

5.5　解説に関するもの

Q1：薬液は無機系と有機系のどちらが安全か？
A1：どちらも安全。
　　　水ガラス系の薬液（主材がけい酸ナトリウムである薬液）は、無機系、有機系のどちらも非常に安全性の高い材料である。
　　　詳細は第6章「6.4　薬液の安全性と環境負荷」（P.249〜）を参照。

Q2：『暫定指針』の水質監視検査項目について、最新のものはどうなっているのか？
A2：平成16年11月13日時点にての水質基準に関する省令は平成16年4月1日施行である。この中で、pH値は5.8以上8.6以下、過マンガン酸カリウム消費量は10 mg/ℓ以下である。なお、有機物の指標に過マンガン酸カリウム消費量が使用されるのは平成17年3月31日までで、その後は全有機炭素量（TOC）5 mg/ℓ以下に変更される。
　　　排水基準を定める省令については、平成16年5月31日環境省令第16号にて各許容限度は、水素イオン濃度は海域以外の公共用水域に排出されるものが5.8以上8.6以下（海域は5.0以上9.0以下）、生物化学的酸素要求量または化学的酸素要求量の許容限度は160 mg/ℓである。

Q3：『暫定指針』以降、薬液による人の健康への被害の事例があるか？
A3：ない。
　　　注入材料に用いる水ガラスは原材料が土（硅砂）であり、その成分はすべて土と同じで、非常に安全な材料である。昭和49年に『暫定指針』がだされてから今日まで、薬液による健康への被害は生じていない。

Q4：薬液注入工法は六価クロムの溶出試験が必要か
A4：基本的には必要ない。六価クロムの溶出試験はあくまでも、土とセメント系材料が混合して固化する工法に適用されるものであり、薬液注入工法は懸濁型材料を使用しても土と混合しないので、六価クロムの溶出試験は必要ない。このことは通達がでたときに国土交通省と確認済みである。

Q5：薬液注入で改良した土の処分は？
A5：一般残土で処分する。このことは、すでに昭和49年の『薬液注入工法による建設工事の施工に関する暫定指針』がだされた時に、当時の建設省大臣官房技術調査室の見解として、「一般残土として処分する」ことに関してのご了解をいただいている。

Q5 ：反応材の一種の硫酸は消防署への届け出が必要か？
A5 ：消防法の記述から必要である。消防法第9条の二文中に「火災予防又は消火活動に重大な支障を生ずる恐れのある物質で政令で定めるものを貯蔵し、又は取り扱うものは、あらかじめ、その旨を所轄消防長又は消防署長に届け出なければならない。」とある。政令とは危険物の規制に関する政令を指し、その第一条の十の六の別表第二（十六）に「硫酸200キログラム」とある。対象となる硫酸の濃度は、危険物の規制に関する規則第二条の表（六十五）から60％を超えるものである。

Q6 ：薬液注入工事を行うに当たり届け出が必要か？
A6 ：自治体によっては必要である。使用材料に対する法律（硫酸や危険物第4類第3石油類）とは別に、薬液注入工事の施工に対して届け出を必要とする自治体がある。

Q7 ：強度の確認においてのサンプリング法はどうすればいいか？
A7 ：一般に薬液注入改良土の強度が小さいので、通常のダブルコアチューブによる採取では強度試験に適した試料の採取はむずかしい。トリプルサンプラーによるか、ブロックサンプリングにて改良地盤から直接試料を採取することが望ましい。

Q8 ：地下水位上での施工の場合には観測井戸は不要か？
A8 ：観測井戸の設置は必要。採水深度（＝注入施工深度）に地下水がない場合には、"不採水"として記録する。

Q9 ：協会認定型流量計とは何か？
A9 ：平成2年度より社団法人日本グラウト協会統一機種とした流量圧力管理測定装置。それまでの様々な機種による異なる仕様を統一するとともに、注入量や注入年月日をチャート紙上に印字記録することで、簡便かつ正確な注入管理を可能としたもの。
詳細は、「4.3.3 （3）流量圧力測定装置」（P.169）ならびに「4.3.5 （2）注入量の管理」（P.176～）を参照。

6章
解説

6.1 薬液注入工法の位置づけ

6.1.1 地盤改良工法の分類

(1) 分類

地盤改良工法の1つの分類を下記のように示す。

薬液注入工法は次表の固結の分類に入る。

表6.1-1　地盤改良工法の分類

対策工法の手法と原理		主な工法	改良目的	適用地盤
Ⅰ 構造物の形式の変更		押さえ盛土、補強土、荷重低減、各種基礎工法	すべり破壊防止、沈下低減など	主として粘性土、工法により砂質土および有機質土に適用可
Ⅱ 軟弱地盤の特性の改善	圧密排水	バーチカルドレーン、地下水位低下、生石灰パイル、載荷盛土、電気浸透、砕石パイル	沈下抑制、地盤強度増加、液状化防止	主として粘性土、一部有機質土に適用可
	締固め	サンドコンパクション、動圧密、電気衝撃、爆破	沈下抑制、液状化防止	砂質土
	固結	薬液注入、ジェットグラウト、深層混合処理、浅層混合処理、凍結工法	地盤強化、遮水、液状化防止、ほか多目的に利用	全質土
Ⅲ 補強工法		覆土、ルートパイル、ソイルネイリング、パイルネット	すべり破壊防止、液状化防止	主として粘性土、および有機質土

(2) 全体の評価

地盤改良の種類は非常に数多く、適用地盤も多岐にわたっており、どの工法も1つですべての条件に適応できるものではない。したがって、その都度適当なものを選択する必要がある。しかし、その中でも固結工法は適用範囲が広く、対象とする地質も全域に及んでいる。

その他のものは、比較的軟弱な地盤に適用されるもので、使用目的も限定されている。特に都市型の土木・建築工事の補助工法としては固結系の工法以外はあまり用いられていない。

6.1.2 固結系地盤改良工法の分類

(1) 工法の分類

①薬液注入工法

②機械式攪拌工法（深層混合処理工法、浅層混合処理工法）

③ジェットグラウト工法

④凍結工法

⑤焼結工法

このうち、⑤の焼結工法はわが国ではほとんど実績はない。

(2) 各工法の原理比較

各工法の原理は表6.1-2の通りである。

表6.1-2　固結工法の原理

種類	薬液注入工法	機械式攪拌工法	ジェットグラウト工法	凍結工法
施工法	任意に固化時間を調整できる材料を地盤中に注入し、土粒子の間隙を埋める水を追い出して固化する。	オーガの先端に取りつけた攪拌翼で地盤をゆるめながら、同時にセメントなどを注入して混合固化させる。	超高圧の液体を噴射し、その力で地盤をゆるめながら、セメントなどを注入して固化させる。	地中に設置した凍結管の中で冷媒を循環させて、土粒子間の間隙水を固化する。
適用地盤	軟弱地盤から岩盤まで全土質に適用可。	N＜15の砂 N＜5の粘性土	一般にN≦100程度まで、それ以上でも適用可だが、仕上がり径が極端に小さくなる。	全地盤適用可、ただしよく締まった砂や粘性土では凍上、融解沈下の問題あり。
使用材料	数秒から数時間まで、任意に固化時間を調整できる水ガラス系固化材。	セメントおよび添加物、生石灰など。	セメントおよび添加物。	なし。ただし凍結させるための材料が必要。
施工性 施工方向	360°自由	垂直	ほぼ垂直	自由
施工性 作業スペース	小	大	中～大	中～大
施工性 施工高さ	最小2.0mあれば可	最小8～10m	最小4～5m	最小3～4m

(3) 各工法の種類

ⅰ　薬液注入工法

これについては改めて後述する。

ⅱ　機械式攪拌工法

この工法は施工深さによって、呼び名が異なる。
　①浅層混合処理工法：地表より3～4m程度まで
　②深層混合処理工法：①より深い深度
また深層混合処理工法については、材料の注入の仕方で次の2種類に分けられる。
　①CDM工法：セメントをスラリーで注入する。
　②DJM工法　：セメントを粉体で注入する。

ⅲ　ジェットグラウト工法

超高圧流体（ジェット噴流）の力で地盤を切削してできた空隙に填充材を注入し、固結する方法。施工の仕方によって次の3種類に分類される。
　①CCP工法等：超高圧硬化材液噴射　　　　　　　（一相流）
　②JSG工法等　：超高圧硬化材液＋空気噴射　　　（二相流）
　③CJG工法等　：超高圧水＋空気噴射と硬化材液填充（三相流）

(4) 他の地盤改良と比較した固結工法の特長
次のような特長がある。

表6.1-3　固結工法の特徴

比較項目	固結工法	ほかの地盤改良
改良強度	一軸圧縮強度で最大1 MN/m² におよぶ高強度が得られる。	圧縮強度で測れず、一定の圧密または締固め成果で評価する程度。
施工規模	小規模、施工機の最小は1.0×0.6 mである。	大型機械で広範囲な敷地での施工しかできない。
改良深度	限定した任意の深度で可能。	上からすべての深度を対象としている。
施工可能深度	現在100 mまでの実績がある。	せいぜい30 m程度。
適用地盤	軟弱地盤から岩盤までの全土質。	軟弱地盤のみ。
使用目的	都市地下工事の補助工法〈地盤強化、遮水、既設構造物の変位防止〉既設構造物の補強、支持力増加、液状化防止、止水ほか多用途。	すべり破壊防止、沈下抑制、液状化防止。

(5) 固結系地盤改良工法の適用性比較
比較を表6.1-4の工法比較表に示す。

表6.1-4　固結系地盤改良工法比較表

項目＼工法	薬液注入工法	深層混合処理工法	ジェットグラウト工法	凍結工法
長所	・機械設備が小型である ・360°方向が自由、施工実績が多い ・必要な個所のみの改良が可能 ・工法や材料の種類が多く適するものを選べる ・産業廃棄物処理がほとんどない ・掘削に支障のない固さで固結	・確実に攪拌できる ・ある程度、強度調節が可能 ・施工効率が良い	・小さいパイプで大きい径の改良が可能 ・必要な個所のみの改良が可能 ・高強度が得られる	・高強度の改良体ができる ・確実性が高い ・目的終了後土の中に何も残らない
短所	・他工法より地盤条件に左右されやすい ・強度が他工法より低い	・機械が大型なので小規模工事では不可 ・障害物があれば施工不可 ・固い地盤では無理	・スライムの産業廃棄物処理が必要 ・地盤の強度の差で仕上がり径などに差ができる ・機械や装置が中型なので特に狭い場所では無理	・コストが高い ・水が流れていると固まらない ・凍上、融解沈下がある
適用地盤	・全地盤に適するが、特に砂質系地盤に向く	・N≦15の砂質土 ・N≦5の粘性土が最適、固い地盤では不可	・N値換算100以下の砂質土 ・N<5以下の粘土に特に適する ・固い地盤では不経済	・全地盤に適用可、ただし粘性土での凍上、沈下、礫層での流水対応が必要
施工可能条件	・狭い空間でもOK ・構造物の中、狭い道路でも十分対応できる	・高さ8m以上 ・障害物がないこと ・一部でも固い地盤は不可	・薬注より多少広い規模である ・スライム処理のスペースが必要	・薬注より多少広いスペースで可能 ・最後まで温度管理が必要
規模による適用	小→大　全域	中→大	やや中→大	やや中→大
施工の方向性	360°自在	ほとんど垂直	ほとんど垂直	360°自在

i　土質と適用性
砂質系地盤における各工法の適用性を比較すると、図6.1-1のようになる。

図に示すように、薬液注入工法はどのような硬さの地盤にも適用できるが、機械式攪拌工法は適応性が最も低い。

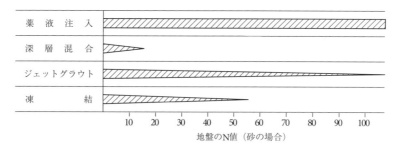

図6.1-1 適用地盤から見た比較（砂質地盤）

ⅱ 施工可能な範囲
a） 施工面積
どのくらいの施工面積があれば施工可能かについて各工法のイメージ比較すると、次のようになる。

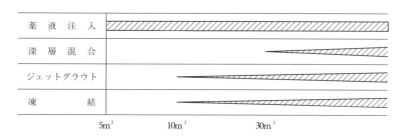

図6.1-2 施工可能面積の比較（施工性）

この図は、各工法がどのくらい小型で機動性がある機械を使用しているかによって決まるものであり、薬液注入が最も小型の機械設備を使用していることがわかる。

b） 施工高さ（空頭高さ）
施工可能高さとは図6.1-3に示すように空中にある障害物の下で施工可能な高さを示したものである。各工法の比較は図6.1-4に示す通り。

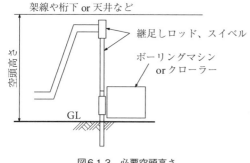

図6.1-3 必要空頭高さ

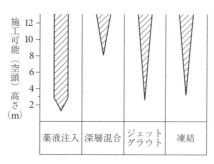

図6.1-4 施工可能高さによる比較

薬液注入工法の実績としては人が立つことができいない1.5 mの高さでの施工例もあり、注入管の長さ0.5 mを用いて施工することで十分低空頭での対応も可能である。

6.1.3 薬液注入工法
(1) 薬液注入工法の定義
薬液注入工法の定義は次の通りである。

> 薬液注入工法とは凝固する性質を有する化学薬品（いわゆる薬液）を地盤中の所定の個所に注入管を通じて注入し、地盤の止水性または強度を増大させることを目的とする工法である。(『薬液注入工法の設計・施工指針』平成元年6月、薬液注入工法調査委員会)

以上の定義に少し解説を加える。

i 凝固する材料を使用する
凝固する材料を使用する理由は、軟弱で変形しやすい地盤や水の流れのある条件での施工においても、広範囲に拡散することなく限定された範囲で薬液を固化させ、かつ均質な改良を図るためである。地盤に注入する材料には表6.1-5のようなものがある。

表6.1-5 地盤注入材の分類

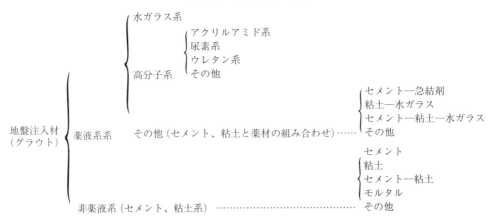

このうち高分子系は『薬液注入工法による建設工事の施工に関する暫定指針』(昭和49年7月10日、建設省通達)によっていまは使用が禁止されているので、現在、薬液系地盤注入材として使用されるのは水ガラス系に限定されている。

また、山岳トンネルの先受け工法にウレタン系注入材が用いられているが、これは『山岳トンネル工法におけるウレタン注入の安全管理に関するガイドライン』(平成6年7月1日、建設省大臣官房技術調査室、技術調査官他)に示す緊急事態の応急措置で一部認められているものである。計画におり込むことや恒常的に用いるのは通達に違反する。

非薬液系（セメント、粘土系）は水和反応などによる固化機構であることから、任意の時間で固化させることはできない。そのため、限定された範囲に注入した材料をとどめることはむずかしい。また、水の流れのある地盤では注入材が流出するなどのため注入効果を発揮することは困難である。

その点、薬液は数秒から時間の単位まで任意に固化時間を変更できるため、非薬液系注入材の持つ欠点を補うことができる。

ii 地盤中の所定の個所へ注入する
あくまでも土粒子の間隙に浸透させるための注入を指しており、空洞填充やコンクリートのクラックや目地を詰める注入などと区別している。

iii 地盤の止水性や強度を増加させる

注入された薬液が土粒子の間隙を埋めることで遮水効果が発揮され、地盤と一体化することで、強度が増加する。たとえば土質の不連続部分などから堀削面への湧水を薬液を用いて止める例などは、土粒子の間隙を埋めるものでないので、ここでは薬液注入工法の定義に含めない。

iv 溶液型材料を使用し、浸透を期待する

微粒子セメントや超微粒子セメントなど粒子の非常に小さいセメントを用いて砂質土層への浸透注入を図る研究も続けられてきたが、その効果は必ずしも十分ではなく、溶液型薬液のような浸透効果としての市民権は得られていない。協会の公式な認識としては砂質土層へ粒子の小さいセメントを注入しても、均質な改良効果は期待できないとしている。

(2) 薬液注入工法の特長

薬液注入工法は、他の固結系地盤と比較して、表6.1-6のような特長がある。

表6.1-6 薬液注入工法の特長（1）

特　　　長	解　　　説
①程よい固さに固まるので堀削の支障にならない。	固化のメカニズムが土粒子の間隙への浸透であることから、考え方の基本として掘削時の応力開放によるゆるみが伝達しない程度に固まり、かつ固結体背面の土圧、水圧に一時的に破壊されなければ良いとしている。 そのために強度的には設計上 $1〜2\text{kgf/cm}^2$ ($≒0.1〜0.2\text{MN/m}^2$) 程度の一軸圧縮強度であり、堀削の支障にならない。
②機械設備が小型なので、狭い場所でも施工可能である。	施工個所では最小 ($0.6×1.0×1.0\text{m}$) のボーリングマシンが設置できれば施工可能である。小トンネル切羽地下室、立坑などの狭い場所での実績も多い。 図6.1-5　ボーリング機 移動式プラントでの実績も多い。 図6.1-6　プラント運搬車
③小さなパイプのみでよい（地中設置管）	$\phi 4\text{cm}$ 程度のパイプのみでよいことから、経済的であり、錯綜する埋設管の間を縫って施工できる。

表6.1-6 薬液注入工法の特長 (2)

特　　長	解　　説
④360°どの方向にも自由に施工できる。	深層混合処理工法やジェットグラウト工法がほとんど垂直かそれに近い角度でしか施工できないのに比べて、上向きでも水平でも自由な角度で施工ができる。 図6.1-7　自由な注入角度
⑤産業廃棄物が非常に少なく、環境にやさしい。	薬液のほとんどは地盤中に注入され、廃棄物とはならない。一部、排水などに含まれる薬液は沈殿処理するが、その量は微量であり、工事によっては産業廃棄物が出ない例もある。また使用する薬液は基本的には土と同じ材料であり、永い年月の後には自然に帰る安全性の高いものを使用している。
⑥工法・材料の種類が多いので、地盤条件などでの使い分けが容易である。	工法は商品名で数10種、材料(薬液)は数100種あるので必要に応じて使い分けることができる。
⑦振動・騒音が少ない。	特に法律レベルでチェックする必要もない低レベルであり、夜間工事や家の軒先での施工など厳しい条件を十分クリアしている。
⑧施工実績が数10万件に及んでおり、日本中のほとんどの地質で実績がある。	現在年間8,000件の施工実績があり、全国のインフラ整備に採用されていることから、現在までほとんどの地質での実施例がある。これによって今後の工事の参考例として使える。

(3) 適用性

薬液注入工法は多くの目的に用いられているが、主なものを上げると次のようになる。

一般適用例

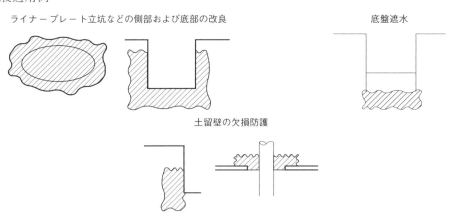

図6.1-5　薬液注入工法の利用分野の代表例 (1)

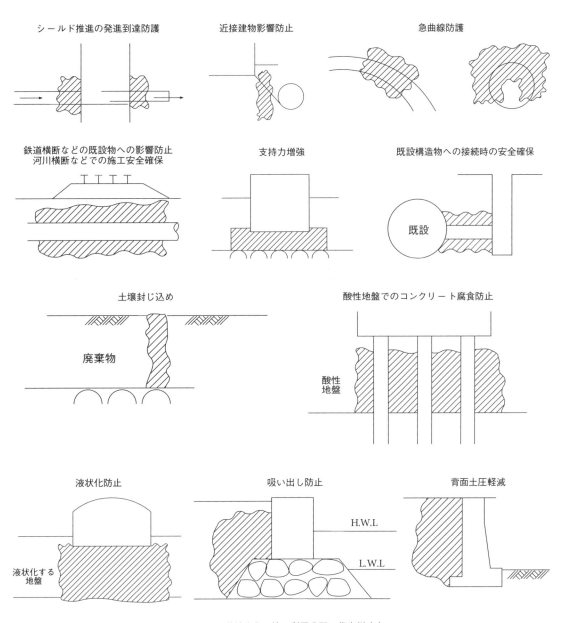

図6.1-5 薬液注入工法の利用分野の代表例（2）

6.2 薬液注入工法のメカニズム

6.2.1 基本概念

薬液注入工法とは、主として砂質系地盤において、土粒子の間隙を埋める水を追い出し、替りに固化する注入材料（薬液）が浸透することで地盤の透水性を低下させ、地盤に粘着力を付与して一体化したサンドゲルを形成させるものである。その結果として、地盤が崩壊しなくなり同時に湧水が防止でき、地下工事などにおける工事の安全を確保することができる。

①砂質系地盤では、圧縮強度は粘性土より大きいが、土粒子をつなぐ接着材がないことから、掘削時には容易に崩壊したり、湧水によって掘削面へ流入し、陥没などの事故が発生する。薬液を注入すれば、土粒子の間隙に注入材料が浸透固化し、それが接着材となる（粘着力が生じる）ことで、崩壊が起り難くなり、透水性も低下するので、掘削面への湧水もなくなる。

機械式攪拌工法やジェットグラウト工法が、力まかせに地盤の組織を破壊（正しくは割裂：fracturing という）するのとは根本的にメカニズムが異なる。

表6.2-1　薬液注入による強度増加のメカニズム

土質	注入前	注入後
砂質土	$\sigma\tan\phi$	C'が付加
粘性土	C	C'（増加）

C：粘着力　　σ：せん断面に働く応力　　ϕ：内部摩擦角

②薬液注入の強度増加は粘着力の付加によるもので、内部摩擦角がほとんど変化しないといわれている。せん断抵抗力の式を比較すると表6.2-1のようになる。

すなわち、C'だけ粘着力が増加することになる。得られる強度は、他の固結工法に比べて低い値となるが、薬液注入による強度は剛な他の工法に比べてしなやかな強度、柔らかな強度であり、それだけ粘り気のある強度といえる。

図6.2-1　セメント固化物の応力とひずみの関係

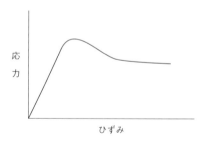

図6.2-2　薬液注入の応力とひずみの関係

③薬液注入のねらいは、どのくらい強度が得られたかではない。掘削時などに原地盤の組織をどう保持し、その結果、ゆるみを伝達させず、崩壊や湧水を発生させないことである。そのためには剛の強度よりしなやかな柔の強度がふさわしいと考える。薬液注入の効果は、原地盤の状態をいかに保持し、粘着力を付加することでプラスアルファの強度の増加と透水性の低下を図ることにある。

6.2.2 土質と注入形態の関係
(1) 土質と注入形態
土質およびその堅さと注入形態を大まかにまとめると図6.2-3のようになる。

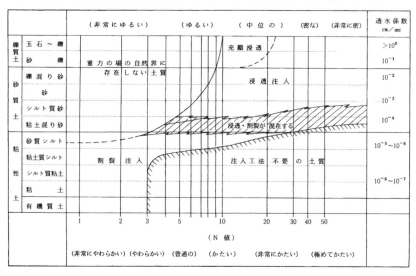

図6.2-3　土質およびその固さと注入形態の関係

この図で明らかなように、

　砂質土地盤 → 浸透注入（土粒子の間隙を埋める注入）

　粘性土地盤 → 割裂注入（脈状に走って圧密する注入）

となることがわかる。さらに、土質と注入形態の関係をまとめると表6.2-2のようになる。

表6.2-2　土質と注入形態の区分

土　質	注　入　形　態
礫・玉石層	大間隙を充填注入→浸透注入
砂質土・砂礫層	浸透注入
粘性土を含む砂質土層	割裂浸透注入
粘性土層	割裂注入

(2) 注入形態をどう区分するのか

薬液注入工法で浸透注入と割裂注入がどのような地盤で起るのかを模擬的に区分したものが図6.2-4である。

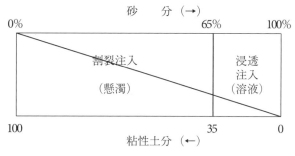

図6.2-4　粒度組成と注入形態

すなわち、砂質分が65%以上（粘性分が35%以下）であれば浸透注入となり、砂質分がそれより少ないと割裂注入となる。ただし、これらは一応の目安であり、地盤の締り具合や粒径の大小によって多少異なることがあるのは当然である。したがって、実施工においては砂質分が65〜70%（粘性分が35〜40%）の部分では割裂注入となったり浸透注入となったりすることがある。

(3) 注入形態
i 浸透注入

土粒子の間隙を埋める水を追い出し、そこに薬液が浸透固化して、土粒子と一体化したサンドゲルを形成する注入形態で、薬液注入工法が最も効果を発揮する注入形態である。溶液型の材料を使用する（図6.2-5）。

この場合、土粒子の配列に変化がないことが前提である。この形態は、土の締り具合には関係ないが、N値の低い締り具合のゆるい地盤ではゲルタイムの短い「瞬結」の材料を使用し、締り具合が良くなるにしたがって、ゲルタイムの長い「緩結」の材料を多く用いる。

ゲルタイムが秒単位の薬液が浸透するメカニズムは図6.2-6にあるような割裂浸透が行われるからと推定される。

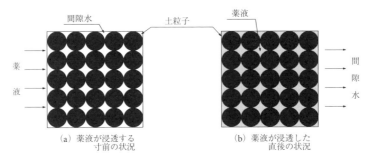

図6.2-5 浸透注入のメカニズム

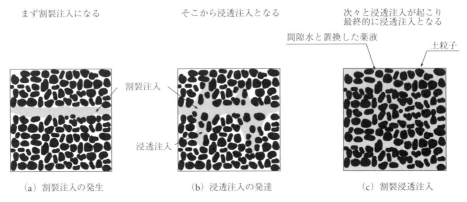

図6.2-6 割裂浸透注入のメカニズム

まず、パイプの先端モニタから地中に圧入された薬液は地盤中に脈状に走り、ゲルタイムの直前になって上、下の土粒子の間隙に浸透する形態となる。この繰返しによって一定範囲の均質な改良が可能になると考えている。

地盤が締っていくにしたがって、割裂注入は起り難くなり、注入形態は浸透注入へと移行する。

続いて、モニタ近くから順次遠い方へと浸透していくことになる。そのためゲルタイムは浸透に必要な中位の緩結を使用することになる。

粘性分が25〜30%含む砂質系地盤では、比較的締り具合もゆるく、浸透し難い状態のため割裂浸透注入が行われ、場合によっては一部に割裂したまま注入材が脈状に固化したものが残っていることもある。

ii　割裂注入

注入材が脈状や枝状に走って固化する形態が粘性土地盤で起る。注入材が脈状に走ることでその脈の上下の土を圧縮し、一時的に上昇した間隙水圧が低下したとき、地盤がある程度締った状態となり、強度が増加する。

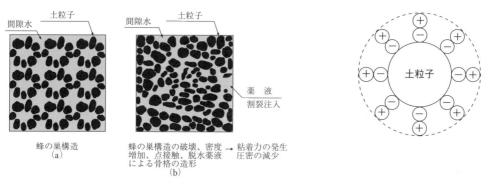

図6.2-7　割裂注入のメカニズム　　　　　　　　　　　　図6.2-8　土粒子と吸着水

粘性土は砂質土に比べて間隙が多いが、その間隙を埋める水は土粒子と電気的に結びついた吸着水であることから、通常では短時間に容易に移動しない。そのため注入された薬液は、土粒子の間隙に浸透できずに割裂の形態となる。その結果として、脈状に固化した薬液と圧縮された土の複合的効果で強度が増加するが、増加の度合いは砂質土層に比較して顕著でない。

iii　大間隙填充注入とその後の浸透注入（礫・玉石層への注入）

礫や玉石層などでは、大きな間隙が存在し、場合によってはその間隙は肉眼で確認できるほどである。この部分をまず粗詰めし、その後、礫や玉石の間隙を埋める砂に浸透注入を行う2段階の注入が必要となる。この場合は粗詰めは安価で強度のある懸濁型を使用し、浸透注入には溶液型を使用する。

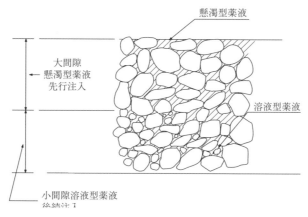

図6.2-9　大間隙の注入

砂礫や玉石層の間隙は砂を含むため小間隙になっている所と、砂を含まないため大間隙になっている所がある。

礫層では、まず大きな間隙を安価で強度の大きな薬液で充填注入し、間隙を小さくしたところへ溶液型薬液を浸透注入させることが鉄則である。その手順によって全間隙が薬液で埋められ、品質の良い注入が可能になる。

最初から溶液のみで浸透注入を目指すのでは不経済で、同時に大きな間隙を強度の弱い薬液で埋めることになり、強度増加が見られないという品質面の問題が生じる。

(4) 特殊なケース

これまで述べてきた一般的な土質で説明されていない、特殊なケースについて記述する。

a) 腐植土

繊維質がまだ十分残っているような腐植土に薬液注入した場合には、次のようなことがいえる。

①注入形態として、浸透注入にも割裂注入にもならない。多分空洞を埋める状態の充填注入になると思われるので、地盤強度がどのくらい増加するか予測できない。そのため常識的な量では薬液注入による地盤強化は期待できない。しかし、繊維分がからみ合っている完全腐植土の場合はただちに崩壊を起こすことはないが、間隙が大きいだけ湧水の危険性も大きくなる。薬液注入による改良は十分可能である。

②間隙が非常に多いので、地下水位下であれば水は通りやすく、掘削時などに多量の湧水がある。これを薬液注入により防止する効果は大で、薬液注入による遮水性は著しく増大する。

③間隙率が大きいので、通常の地盤より注入率は多く取る必要がある。ただし、適正な注入率はケースバイケースなので、その都度原位置試験により確認することが必要である。

b) 超軟弱粘性土

自然含水比が液性限界（LL）を上回るような超軟弱粘性土では、薬液注入を施工しても十分に効果的な改良を行うことはできない。このような超軟弱粘性土は、他の地盤改良工法を採用すべきである（たとえばその他の固結工法）。

c) 埋戻砂

埋戻した後、時間経過が少なく十分締固まっていない砂地盤では、次の点を留意する必要がある。

①埋戻し砂を対象として注入する場合には、コンクリートなどのカバーロックをしっかり行ったのち、注入速度を落とすなどの特別な工夫をしないと、十分効果的な注入ができない。

②オーガやウォータージェットなど鋼矢板で地盤をゆるめてから鋼矢板を挿入した個所での注入では、この個所の処理を先行するプレグラウトを行う必要がある。

一般の砂質土に比べて、埋戻し砂で十分薬液注入の効果が発揮できない理由は、埋戻し砂のせん断抵抗力が弱くムラが生じ、割裂面から浸透注入が

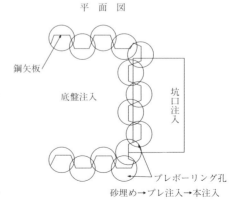

図6.2-10 埋め戻し地盤の注入

発達しないで、注入材が割裂しただけ地盤隆起をもたらし、結果として土粒子の間隙に浸透注入されないためである。

このような場合、マスとして考えると密度が高まった分、地耐力は増加しているものの、湧水を防止するまでに至らないことが多い。

d) **互層地盤**

砂層中に薄い粘性土層を挟む場合、右図に示すように、砂層に対して、遮水などを目的として薬液注入を実施しようとすると、所々に薄く粘性土を挟むケースがよくある。粘性土の取り扱いは、先に述べたような割裂注入（懸濁型薬液）ではなく、砂質土と同じ浸透性注入（溶液型薬液）の考え方を採用すべきである。

理由は次の通りである。

①目的が砂質土の改良であり、層境を含めてこの層の改良を最優先にすべきである。

②層の境界面は最も水が通りやすいので、この部分の処理を十分行う必要があり、より均質な改良が必要である。

③層の厚みを完全に把握できないので、安全サイドに考えて砂層としての改良厚みを十分に確保する。

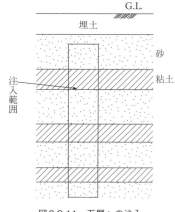

図6.2-11　互層への注入

e) **粘性土に薄い砂層を挟む場合**

次の2ケースで考える必要がある。

①粘性土層の強度が低いとき

粘性土層に懸濁型材料を注入し、その後、砂層に溶液型材料を注入する。粘性土層を最初に改良しておかないと、砂層の改良を目指して注入した溶液型が粘性土に入ってしまい、砂層の改良ができない。

②粘性土層の強度が十分あるとき

砂質土層に溶液型を注入し、粘性土層に対しては特に何も注入せずに目的を達するケースが多い。この場合の粘性土の堅さの目安はN値が5以上である。

6.2.3　なぜ強度が増加するのか

(1) 砂質土（浸透注入の場合）

> 薬液注入した地盤は、粘着力が付加されることで強度が増加する。

一般にせん断強さは下式より求める。

$$\tau_f = \sigma \tan\phi + C \quad \cdots\cdots (6.2\text{-}1)$$

ここに、

τ_f：せん断強さ

σ：せん断断面に働く応力

ϕ：土の内部摩擦角

C：土の粘着力

このうち砂層では、粘着力がないか、あっても非常に小さい。この砂層に薬液を注入した場合、土粒子のかみ合わせが変化せず、その間隙を埋める水が薬液に替わり固化することが過去の数々の実験などで証明されているから、薬液注入の結果は、

　　ϕ → 変化しない
　　C → 増加する

ことになる。

すなわち、薬液注入の強度増加は粘着力の増加した分である。式6.2-1に薬液注入によって増加した粘着力Cの値を代入することで、砂質土における地盤の強度が計算できる。

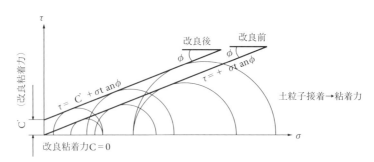

図6.2-12　砂質土に薬液注入を実施した注入前後のせん断強さ

砂質土に薬液注入を行なった場合の強度増加のメカニズムは、注入材が土の組織を破壊することなく、土（砂質土）が本来持つ内部摩擦角に加えて粘着力が増加した分強度が増加することになる。

すなわち、薬液注入工法で発揮される強度は、他の固結地盤改良工法のように圧縮強さは大きくはないが、軟らかい改良体としてしなやかな強度を発現することになる。（粘弾性的もしくはぜい性が大きいといえる）

実工事では、この強度増加のメカニズムに加えて、透水係数の低下による掘削面への湧水防止が図れる。

(2) 粘性土層

> 割裂状に固結した薬液が骨格として発揮する強度と、割裂によって周囲の粘性土が強制圧密されて増加する強度の相互作用により改良土全体の強度が増加する。

粘性土は、砂質土と反対に土そのものに粘着力はある。内部摩擦角はないか、あっても非常に小さい。薬液注入の結果、粘着力はΔCだけ増加することになる。

割裂注入の結果、土粒子の配列状態が密になることから、一部内部摩擦角が増加する例もあるが、その数値は小さく、安全側に考えて無視すべきである。

薬液注入の粘性土における強度の増加の割合は砂質土に比べて小さいため、硬い粘性土に対しての効果はあまり期待できない。硬い粘性土に薬液注入が有効なのは、挟み層として存在する砂質土層の処理などであり、このケースは比較的多い。

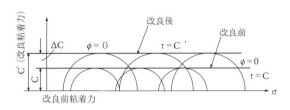

図6.2-13 粘性土に薬液注入を実施した後のせん断強さ

6.2.4 薬液注入で改良された地盤の評価

> 適正な設計にもとづく慎重な施工が行なわれれば、薬液注入で改良された地盤の改良効果は工学的に評価できる。

薬液注入で改良された地盤の評価を砂質土への浸透注入のケースで述べる。

(1) 効果を評価するための前提条件

薬液注入で改良された地盤の改良効果を工学的に評価をする前提条件は、適正な設計と慎重な施工である。

適正な設計とは、今までの歴史的な経過から求められた設計上の諸仕様が、地盤などの条件に正しくマッチして行なわれていることである。たとえば薬液注入の宿命である不均質な浸透距離による非円形状の改良体の形成を考慮した複列注入の実施や、地盤の間隙を十分埋めることができる注入率の確保などがそれに当たる。

また慎重な施工とは、注入効果をあげるための注入速度や注入順序、ゲルタイムの設定などをさしている。

ここでは、使用する薬液の種類、工法の種類および注入率から評価を考えた。

(2) 薬液の種類と浸透性

薬液注入の使用する注入材（薬液）は大きく分けて次の2種がある。
　①粒子を含まない溶液型
　②粒子（セメントなど）を含む懸濁型

このうち砂層への浸透注入は粒子を含まない溶液型を用いるとしている。

材料の違いによる浸透性の差については、建設省土木研究所（現独立行政法人土木研究所）が行なった大型ピットでの薬液注入実験の結果がある。この実験は、均質な砂層を人工的に作り、そこに4種類の薬液を注入し、掘削を行なって浸透状況を確認したものである。

使用した注入材料は次ぎの4種類。
　①普通ポルトランドセメント（PC）——懸濁型
　②超微粒子セメント（MC）　　——懸濁型
　③水ガラス無機系硬化材（無機系）——溶液型
　④水ガラス有機系硬化材（有機系）——溶液型

掘削による浸透状況の確認結果は図6.2-14に示した。この結果で、普通ポルトランドセメント（PC）はほとんど砂層へ浸透していない。また、超微粒子セメント（MC）は一般のセメントに比べると浸透してはいるが、予定した設計上の範囲までは到達していない。これを見る限り、懸濁型（セメント主体）の材料では砂層への浸透注入はできないと評価する。

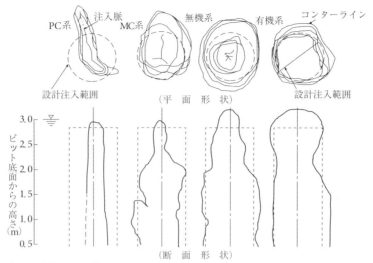

（細砂層：透水係数10⁻²cm/秒、地下水位以下の注入、注入モニター：バイモード工法）
建設土木研究所施工研究室『大型ピット薬液注入実験報告書土木研究資料』1936号昭和58年3月等より

図6.2-14 　均一砂層における各種薬液の固結状況に関する実験例

一方、水ガラスの溶液型薬液では、設計で予定した範囲の外側まで薬液が浸透しており、溶液型薬液の浸透性が証明されている。特に有機系が無機系に比べてより広く浸透しているのが確認されている。

この結果を見てもわかるように、薬液注入本来の目的である砂地盤への浸透注入は溶液型薬液の使用が必要である。

(3) 注入工法の種類と効果

現在、ほとんどの工事で使用されている二重管ストレーナ工法〈複相式〉と二重管ストレーナ工法〈単相式〉およびダブルパッカ工法の3種類の効果の差を図6.2-15に示した。この図は、数多くの工事現場で比較確認した結果をまとめたものである。これによれば、最も改良効果が優れているのはダブルパッカ工法である。この工法の改良効果は1E-6のオーダーーにまで達しており、他の工法に比べて非常に高い改良効果が得られている。

一方、二重管ストレーナ工法〈単相式〉では1E-2にまで達していないケースもあり、注入効果が十分に発揮されていない状態もあることがわかる。二重管ストレーナ工法〈単相式〉はゲルタイムが短いものしか使えないために、均質な浸透性に問題があるといわれている。この結果はそれを証明しており、3つの工法の中では最も改良効果が劣る工法であり、そのため現在ではあまり使われていない。

最も使用頻度が高い二重管ストレーナ工法〈複相式〉は、ダブルパッカ工法よりは改良効果は

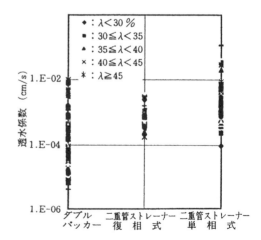

図6.2-15　注入工法と改良効果、透水係数との関係

落ちるが1E-4のオーダーに効果が収斂しており、比較的安定した改良効果を得ることができる。このことから、薬液注入による改良が十分行なえるためには緩結ゲルタイムの薬液の注入が不可欠であり、また、その前提として必要範囲外への薬液の拡散を防止する措置も必要となる。その手段として二重管ストレーナ工法では瞬結ゲルタイムの薬液の注入、ダブルパッカでは注入管設置時にシールグラウトなどの措置を行なっている。緩結ゲルタイムの薬液を送ることができない二重管ストレーナ工法〈単相式〉は非常に軟弱な地盤を除いて砂層に対する浸透注入には向いていない。

(4) 注入率による注入効果

注入率により注入効果に大きな差ができることも明確になっている。

協会がまとめた注入率と改良効果の関係を図6.2-16に示す。この図は、注入現場で実施した効果確認結果を統計的にまとめたものである。これによれば、注入率と改良効果（透水係数）には明らかな傾向があることが判明している。

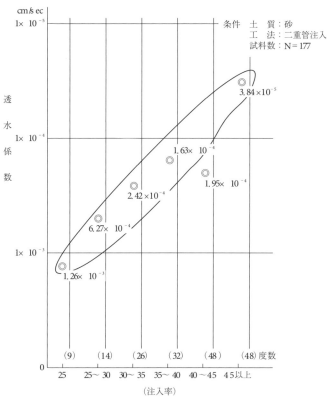

図6.2-16 注入率と改良効果、透水係数との関係

注入率が25%に満たないものでは、透水係数は1E-3程度にしか改良できていない。この程度の透水係数ではかなりの注入ムラが生じ、掘削時には湧水やそれに伴う土砂の崩壊が起こることが経験的に知られており、十分改良効果が発揮できたとはいえない。

注入率が35%を超えると改良透水係数は1～2E-4となり、掘削などの後工程に問題が生じない十分な改良効果が発揮されたと考えることができるまで改良されている。

さらに図6.2-17は注入率と改良効果（N値）との関係を示したものである。この図の斜め45度に引いた線以下は改良されていないことを、線以下の数値は改良されていることを示している。

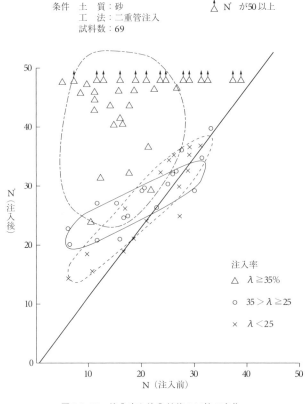

図6.2-17　注入率と注入前後のN値の変化

注入率が25%以下（×印）はN値が低いところではやや斜めの線を上回っているが、中位以上のN値ではほとんど改良効果がないという結果になっている。

注入率が25%以上35%以下でも25%以下よりマシではあるが同様な結果であり、十分改良効果が発揮できているといえない結果になっている。

注入率が35%を超えると注入効果は顕著であり、N値が50を超えるデータが数多く得られ、この結果から見て十分なる改良がなされていると考えることができる。

以上の結果から注入率は35%が分岐点であり、それ以下の注入率では期待通りの改良効果を得ることができないことが判明し、注入率が大きいほど改良効果も高いものになる。

現在の工事の一部では技術的な裏づけもなく注入率が35%を下回る設計による発注がなされているが、このような工事では、改良効果が発揮できずに掘削時には湧水や土砂の崩壊などによるトラブルが発生することも十分考えられるので、注意を要することを強調したい。

(5) 充填率と注入効果

注入量Qを求めるのに次の式を使用する考え方がある。

$$Q = n\,(間隙率) \times \alpha\,(充填率)$$

この考え方は大きく次の2点で間違っている。

①砂地盤の間隙率を測定することはほとんど不可能である。地盤工学会によれば砂地盤における乱さない試料の採取方法はブロックサンプリング法によるとされているが、薬液注入の対象地盤の大部分を占める地下水位下の地盤でブロックサンプリングが可能なのか。このような現実的に不可能な方法をもとにした考え方は正しくはないと考える。

②地盤の種類や硬さによって填充率を考えるのも正しいといえない。表6.2-3は現場採取土と一軸圧縮強度の関係を求めた表である。

この表によれば、填充率100%が効果の分岐点になることがわかる。填充率が100%を超えるものは高い強度を示しているが、100%を下回っているものは低い強度にとどまっている。この結果を見ると、効果的な薬液注入を行なうためには間隙率の100%以上を填充する必要があり、注入量を求めるのにn（間隙率）×α（填充率）を用いるのは間違いであることがはっきりしている。

図6.2-18でも同様な効果を得ている。この図では、填充率と強度との間に明確な関係を見ることができる。

表6.2-3 現場採取資料の一軸強度と填充率の関係（2〜4個の平均値）

	充填率α (%)	一軸強度qu (kN/m²)
細 砂	122.2	1353.7
	131.1	1167.4
粗 砂	110.2	476.8
	79.5	93.5
	74.7	79.5
	82.2	95.4
	75.5	132.4
	74.1	423.8
	76.2	166.8
	115.7	735.8

モールド作成供試体の一軸強度quは、
細砂=5.0（kgf/cm²）、粗砂=4.0（kgf/cm²）

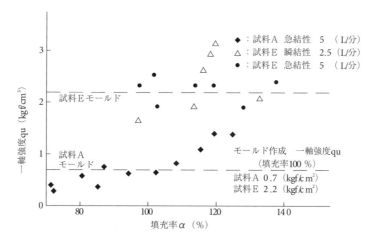

図6.2-18 薬液の一軸圧縮強度と填充率の関係

以上、地盤と注入材料の関係、注入工法、注入量（注入率）など長年の実績から収斂した基本的な考え方をベースにした設計やそれにもとづく施工管理が行なわれれば、薬液注入による改良地盤の評価を工学的に行なうことが可能である。

6.3 薬液注入工法が持つ技術的課題とその克服

6.3.1 技術的課題

> 薬液注入工法が持つ技術的課題は改良範囲を人為的にコントロールできないので、一般に改良された範囲や改良強度が不均一になる。

薬液注入工法は小さなパイプから一定の範囲を改良するために、注入パイプから地盤中に圧入された薬液の浸透の仕方を人為的にコントロールすることはできない。そのために計画では均質に浸透することを前提に注入範囲を決めているが、実際に改良された範囲は不均質になるのが普通である。それが薬液注入工法が持つ技術的課題の根源であり、材料や工法を始めとする各種の考え方はその課題を克服するための努力の帰結である。

施工上ならびに設計上の課題克服の努力によって、今日、薬液注入は十分設計で期待する成果が発揮できるようになった。

6.3.2 施工上の課題克服

薬液注入工法による地盤の改良が不均質になる問題を施工の点から検討すると次の2つの問題に集約される。

①所定範囲外への散逸
②所定範囲内への均質な浸透

この2つの問題は互いに連動しているが、とりわけ所定範囲外への薬液の散逸が多くなることはそれだけ所定範囲内にとどまる薬液の量が少なくなることを意味している。その結果として所定範囲内での均質な浸透ができなくなり改良にムラが生じ注入効果が悪くなる。

この問題を薬液注入の施工上では諸々の技術開発である程度は解決することができるようになった。その主な点には下記のようなものがある。

①二重管ストレーナ工法〈複相式〉とダブルパッカ工法の実用化
②使用するゲルタイムの幅を広げた薬液の開発

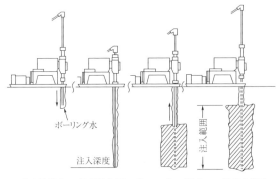

図6.3-1 薬液注入工法の基本

薬液注入工法の基本的な施工法である削孔に使用したボーリングロッドをそのまま注入管として使用する方法は図6.3-1のように行なわれる。注入に際しては、まず最初に注入管を所定深

度まで設置する必要がある。その際、削孔した土と使用した水を注入管の外側から地表に排除することになる。結果、最初に注入した薬液は地盤の間隙に浸透するより薬液が走りやすい注入管の外側にできたすき間を通って地上に漏出することになる。

わが国で薬液注入が本格的に使われだした頃の工法は、単管ロッド工法である。この工法は注入管が単管になっているために、主材と硬化材を図6.3-2のうち1.5ショットシステムを使用し、注入管の頭部で混合し注入管内は1液で送っていた。そのためゲルタイムは数分に設定することが標準であり、注入した薬液は注入管の周りにできたすき間から地表に漏出し、この現象を止めることが大変であり、同時に地表以外の上部の隙間に薬液が走ってしまう量が多くなる。所定範囲外への散逸のために所定範囲内にとどまる薬液の量が少なくなっていた。このことにより薬液注入の効果にムラが生じて、改良品質への評価は低かった。

この問題を解決するために、二重管ストレーナ工法〈単相式〉が開発された。この工法の開発により、注入材は図6.3-2に示す2ショットシステムを用いて注入管先端部で合流できるようになり、数秒という非常に短い瞬結ゲルタイムの薬液を注入するようになった。注入管を出た薬液はただちに固まることで、注入管の回りを伝わって薬液が地表に漏出しなくなった。二重管ストレーナ工法〈単相式〉は単管ロッド工法に比べて、注入材の所定範囲外への拡散が劇的に少ない。その結果、所定範囲内にとどまる薬液の量がそれだけ多くなり、薬液注入の効果が劇的に向上した。

瞬結ゲルタイムの薬液が砂地盤の間隙に浸透するためには、まず注入した薬液が地盤を割って脈状に走り、その脈から土粒子の間隙に浸透する割裂浸透注入となる。比較的N値が小さい地盤では薬液が走る脈ができやすく、割裂浸透注入が起こりやすいので改良効果は大きいが、N値が中位から大きい地盤では割裂が起こり難いために瞬結ゲルタイムの薬液のみでは注入効果にムラが生じていた。

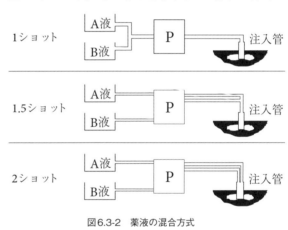

図6.3-2　薬液の混合方式

瞬結ゲルタイムの薬液を注入する二重管ストレーナ工法〈単相式〉の施工で所定外への薬液の散逸を防ぎ、所定範囲内での浸透がむずかしい状態になると注入した薬液は行き場を失い、弱いところに厚い脈を作ることから地盤の隆起や構造物の変状を招くなどの悪影響がでることもあった。

この問題を解決するために、二重管ストレーナ工法〈複相式〉が開発された。この工法は、図6.3-3のようにそれぞれのステップごとに最初に瞬結ゲルタイムに薬液を注入して薬液が所定の範囲外

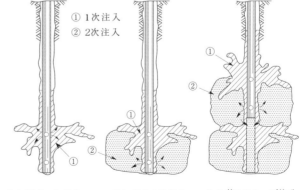

(a) 瞬結1次注入　(b) 緩結1次注入　(c) 第2ステップ注入
　　（第1ステップ）　　（第1ステップ）

図6.3-3　二重管ストレーナ工法のイメージ（地盤工学会『薬液注入工法の調査設計から施工まで』より）

へ散逸するのを防止し、続いて数分から10数分のゲルタイムに設定された薬液を送り地盤の間隙に浸透させる。この工法の開発により、薬液の所定範囲外への散逸と所定範囲内への均質な改良の2つの基本的問題が解決し、薬液注入の効果は工学的な評価が可能になるまで向上した。

ダブルパッカ工法は、削孔パイプをそのまま注入して使用するときに問題となっていた2つの課題を注入管の設置時と注入管の構造で解決したもので、二重管ストレーナ工法〈複相式〉より高い注入効果が得られる工法である。この工法は、注入外管設置時に注入管の外側にできるすき間を埋めることで薬液の散逸を防止し瞬結ゲルタイムの薬液注入が不必要となる。

また、地中に設置した注入外管は、約33.5 cmごとに特殊な注入装置を備えており、きめ細かい注入ができるようになっている。

この工法は、手間がかかる分、二重管ストレーナ工法〈複相式〉に比較して注入工費が高く、工期もかかるが、注入効果がどの工法より良く、注入圧力が既設構造物などにおよぶ可能性も少ない。二重管ストレーナ工法〈複相式〉およびダブルパッカ工法の実用化とともに、使用する薬液もゲルタイムが数秒から時間の単位まで広く設定することが可能になり、目的や施工条件、地盤によって使い分けられ、より確実に地盤の間隙への浸透注入が可能となった。

これらの二重管ストレーナ工法〈複相式〉ならびにダブルパッカ工法の実用化に際しては、使用する注入材料（薬液）のゲルタイムを瞬結から数時間の単位まで、必要に応じて設定できることが求められており、現在では1～2秒と瞬間的にゲル化するものから10時間以上の非常に長い時間で固まるものまで、ゲル化する時間の幅は40,000倍もの広い範囲で必要に応じて得ることができるようになっている。

6.3.3 設計上の課題克服

薬液注入の宿命である改良範囲を人為的にコントロールできないことを前提に、より均質に改良できる諸元を決め、後工程に問題が生じないようにするための設計上での課題克服の試みもなされてきた。

薬液注入の基本的な考え方は、『薬液注入工法の設計・施工指針』（薬液注入工法調査委員会委員長森麟早稲田大学教授平成元年）に由来する。この指針は文字どおり薬液注入工法の憲法に当たるもので、以降、薬液注入工法のすべての考え方はこの指針に立脚している。指針は、建設省（現国土交通省）より10名、他に東京都下水道局、帝都高速交通営団（現東京メトロ）、鉄道総合技術研究所、日本下水道協会から各1名と当時の薬液注入の権威者が参加した委員会が、約3年間の検討を経てまとめたものである。

この指針による薬液注入の宿命を解決する設計上の課題克服の手段は以下のようなものがある。
　①最小改良範囲の考え方
　②注入率の取り方
　③注入材料（薬液）および注入工法の使い分け
などがあり、その他施工管理や施工についての提言もある。

この中でも効果的な薬液注入が行なわれるための大きな提言は最小改良範囲と注入率である。

(1) 最小改良範囲の考え方

図6.3-4に示すように、破線で示す円形に薬液注入がきちんと浸透してくれれば、単列の配置でも連続した遮水壁が形成できる。しかし薬液注入は人為的に改良範囲を規制できないので、

実際には実線のようにいびつな形の改良体を形成してしまう。このようになると斜線の部分は未改良部分として残り、そこから地下水が流れ出し砂地盤の崩壊に繋がることになる。

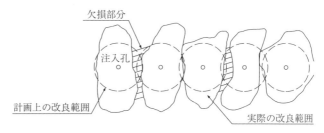

図6.3-4　単列配置の固結状況〈欠損部分が生じる〉

この不連続な部分をなくすために、図6.3-5に示すように複列の注入範囲を確保して、必ず隣り合う改良体どうしを連続させる必要があるという考え方を明確に提示している。この考え方が最小改良範囲という言い方になり、効果的な薬液注入を行なうためには複列の注入ができるための最小の注入幅を 1.5 m とし、状況に応じて順次幅を決めてゆく必要性を明示してある。

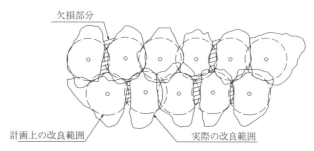

図6.3-5　複列配置の固結状況〈欠損部分が生じない〉

この最小改良範囲の考え方にもとづき、それぞれのケースで注入範囲は計算で求めた範囲と最小改良範囲を比較して大きい範囲を注入範囲として設定することになる。

この最小改良範囲の考え方によって当時まだ数多く設計されていた単列の配置は順次姿を消して行き、不十分な改良で起こる湧水や土砂の崩壊などのトラブルが非常に少なくなった。

現在、協会における最小改良範囲のとり方は、設計・施工指針の思想を生かしながら、それぞれの状況でどの程度の最小改良範囲を確保する必要があるかについて、設計資料などで提案している。

(2) 注入率

設計・施工指針では、注入率について以下のように記述している。

　①注入率は、対象地盤の性質、薬液の性質のみならず、注入目的や効果の信頼度を考慮して決定すべきである。

　②砂質土における注入率は、間隙率の100%を填充するのが基準である。信頼度が高い注入では120%を確保する。

　③注入量を決定するための重要な要素である注入率は、いろいろな角度で検討する必要があるとした上で、図6.3-6のように当時（昭和50年代後半）の実績のグラフと、それを集計した注入率と効果の関係のグラフ（P.239～240参照）などを掲載している。

これを受けて協会としての注入率の考え方は、表6.3-1のようにしている。この考え方は、注入率は地盤の硬さに関係なく一定の値を確保する必要があるということを基本としている。上記に示した注入率と注入効果の関係でも明らかなように、地盤の硬さ（N値）によって注入率、とりわけ填充率（α）を変える工学的な根拠がない。そのことは図6.3-7のグラフを見ても明確である。したがって協会では、砂層の間隙率（n）を容易に測定できない現実を踏まえて、注入率（λ）は地盤の硬さに関係なく一定の値をとるよう提案している。その一定の値は、各種の

注入率と注入効果の関係から35%以上（ダブルパッカでは40%以上）としている。

平成13年に協会員が受注している薬液注入工事がどの程度の注入率で発注されているかについて調査した結果を、表6.3-2に示した。これによれば、二重管ストレーナ工法では、調査件数約1,700件の単純平均で注入率37%。この表のように協会の考え方に同調する発注者が多くなってきたことから、非常に規模が小さい工事が急増しているにもかかわらず、注入が不十分であるがゆえに起こるトラブルが減少している。

この調査結果で、地盤の硬さ（N値）によって注入率が異なるのは表6.3-3に示すように下水道の基準がN値によって異なっている影響を受けているためである。

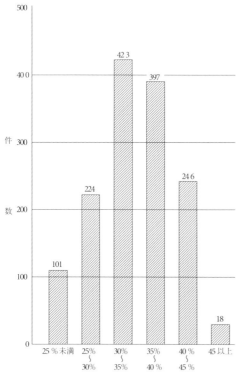

注）二重管注入工法における昭和60年頃の協会員各社よりのデータ約1,400件をまとめたものである。

図6.3-6　協会調査による注入率実績のグラフ

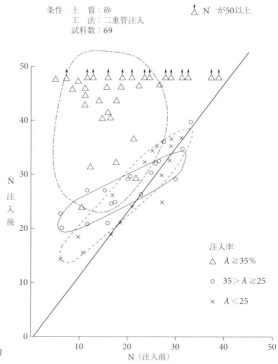

図6.3-7　砂層における注入率と注入効果との関係

表6.3-1　日本グラウト協会設計資料の注入率表

注入方式	注入率 砂質土	粘性土
二重管ストレーナ	35%以上	30%以上
ダブルパッカ	40%以上	30%以上（ただし、砂質土との互層のときに使用）

表6.3-2　注入率の実績

土質	N 値		実態調査平均注入率(%)	調査件数(件)
粘性土	ゆるい 中位 締った	0～4 5～8 8～15	36.8 34.4 31.3	289 150 102
砂質土	ゆるい 中位 締った	0～10 10～30 30以上	39.5 37.1 33.5	289 636 250

調査件数計1,716件（平成12～13年）

表6.3-3 下水道工事積算基準〈平成17年度〉に示す二重管ストレーナ〈単相式〉の注入率

土質		N値	間隙率ρ (%)	溶液型		懸濁型	
				注入充填率α (%)	注入率 (%)	注入充填率α (%)	注入率 (%)
粘性土	ゆるい	0～4	70	55	38.5	50	35.0
	中位	5～8	60	50	30.0	45	27.0
	締った	8～15	50	30	15.0	25	12.5
砂質土	ゆるい	0～10	50	80	40.0	70	35.0
	中位	10～30	40	80	32.0	70	28.0
	締った	30以上	30	70	21.0	60	18.0
砂礫土	ゆるい	10～30	50	80	40.0	70	35.0
	中位	30～50	35	80	28.0	70	24.5
	締った	50以上	25	80	20.0	70	17.5

備考) 1. N値は参考値であり、注入率の決定に当っては原則として間隙率から求める。
2. 上記の間隙率(ρ)は標準値であるので、土質検査の結果別途定めるものとする。なお、その場合は填充率は比例配分とする。
3. 腐植土、埋土については別途考慮する。

注) 1. 二重管ストレーナ〈複相式〉の基準はない。
2. 地盤と注入材料の区分(溶液型、懸濁型)を無視している。
3. ここに示す数値の工学的根拠は不明である。

(3) 注入材料と注入工法の使い分け

設計・施工指針では注入材料と地盤ならびに注入形態の関係を明確に示した。図6.3-8がその区分を示したものである。現在ではほとんど常識となっている砂質土層と粘性土層の区分や土の違いによる注入形態の違い、さらにはその結果として使用する薬液の種類をきちんとした表にまとめてオーソライズしたことによって、溶液型薬液と懸濁型薬液の使い分けが明確になった。このことは設計・施工指針以前からいわれていたことではあるが、明確に指針のような形でまとめたのはこれが初めてである。

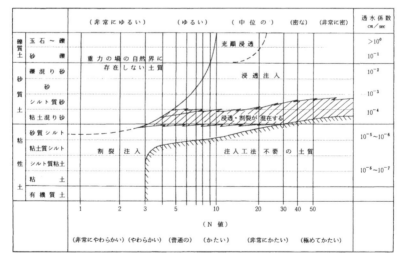

図6.3-8 土質と注入形態の関係図

いま常識になっているこの地盤と材料の使い分けも、この指針がでた当時はまだ間違って使われていたケースもあったが、これ以降この考え方が浸透した。現在では図6.3-9に示すように砂分と粘性土分の比率によって注入形態を決め、その結果として注入材料が決定できるようになった。

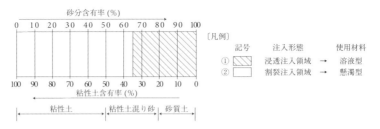

図6.3-9　粒度と注入形態と使用材料との関係

注入工法については、『設計・施工指針』で明確に単管ロッド工法を否定したことが重要なことである。また、現在使われている工法の紹介だけでなく、その使い分けもきちんと紹介している。この結果、図6.3-10に示すように、『設計・施工指針』がでた当時は二重管ストレーナ工法〈単相式〉のシェアが多かったが、いまではほとんどの工事で二重管ストレーナ工法〈複相式〉が使われるようになっている。

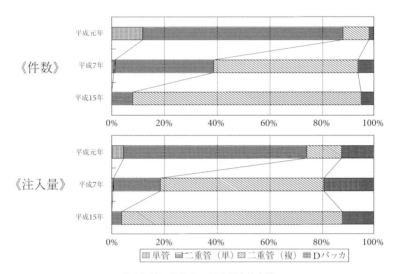

図6.3-10　工法シェアの歴史的変遷

薬液注入を採用する最も多い目的である砂層における湧水や土砂の崩壊を防ぐ工事では、溶液型薬液を使用して瞬結ゲルタイムと緩結ゲルタイムを使い分ける二重管ストレーナ工法〈複相式〉を使用することで、目的とする注入効果が発揮できるようになっている。

6.3.4　その他

薬液注入を行なう現場技術者には、国家資格である2級土木施工管理技士（薬液注入）の資格を持つことが必要である。この資格は薬液注入の現場経験をもち、一定の知識を有するものに与えられる。見えない土の中に小さなパイプを通して一定の範囲の地盤を改良する薬液注入には経験と知識を持つ専門技術者のその場での判断が重要な役割を持っている。この資格を持つ技術者は平成17年末現在約3,200名を数える。

この資格者を現場に常駐することを義務づけている発注者も年々増加している。このことも薬液注入の品質向上に大きく寄与している。

6.4 薬液の安全性と環境負荷

> 薬液注入に使用する注入材料（薬液）は、主材水ガラスをはじめ安全性の高いものを使用していることから、環境に与える影響も軽微である。

6.4.1 現在使用できる薬液

現在、薬液注入工事に使用できる注入材料（薬液）は『暫定指針』によって、水ガラス系薬液（主材が珪酸ナトリウムである薬液をいう）で劇物ならびにフッ素化合物を含まないものに限る。（第2章薬液注入工法の選定 2-3 使用できる薬液）したがって緊急止むを得ない工事を除いて、通常は水ガラス系薬液のみが使用可能である。

水ガラスを使用しないセメントまたはセメント系固化材は薬液とはいわず、薬液注入工法の諸仕様は適用されない。また、薬液注入工法の考え方をそのまま踏襲することには問題があるので、一般的にいわれている薬液注入工法の考え方をそのまま採用できない。

水ガラス系薬液は主材が水ガラスとそれを固める硬化材からなっており、通常は図6.4-1に示すように主材水ガラスと水を混合したものをA液、硬化材を水で溶いたものをB液として別々に作成して、A、B両液が混合したところから化学反応が始まり、やがて流動性を失う。この流動性が失われた時点をゲル化したといい、混合してから流動性を失うまでの時間をゲルタイムといっている。

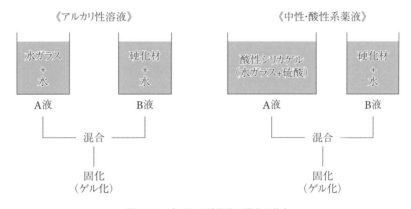

図6.4-1 水ガラス系薬液の混合の基本

水ガラスおよび硬化材の詳細な説明は「6.7 材料」（P.263から）で行なう。ここでは水ガラスを含めた注入材料（薬液）の安全性について「素材」「調合時」「混合時」「固結時」および「長期」の各段階での安全性について説明する。

6.4.2 各素材の安全性
(1) 水ガラス

水ガラスは使用する材料のうち最も量の多いものである。水ガラスは図6.4-2にあるように様々な分野に広く利用されている無機系の化学物質である。水道水の浄化や石鹸や洗剤の添加物、食品の乾燥剤などごく普通に人の口に入ったり、直接肌に触れたりするようなところに使われているほど安全性が高いものである。化学物質の安全性を示す共通の指標にLD_{50}が

ある。水ガラスの LD_{50} は 1,100 mg/kg である。ちなみに劇物の LD_{50} は 300 以下である。
また表 6.4-1 に示す通り、水ガラスの安全性の指標数値は豆腐を固める「にがり」や、目を洗う時に用いる「ホウ酸」と同じレベルで、安全性が高いことが証明される。

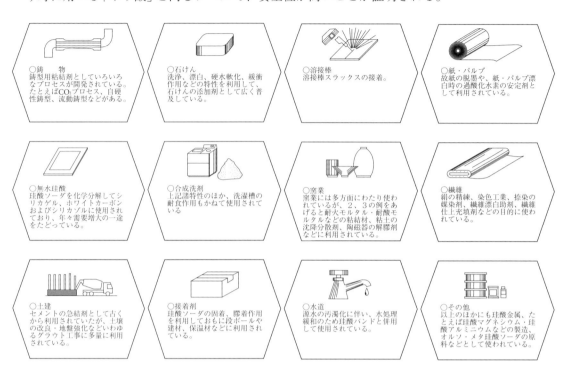

図6.4-2　水ガラスの用途

表6.4-1　使用材料と毒性と一般に使用しているものとの比較

LD_{50} (mg/kg)	1以下	1〜50	50〜500	500〜5,000	5,000〜15,000	15,000以上
毒性の程度	超毒性	強毒性	中程度毒性	軽度毒性	実際無毒	
水ガラス系材料	—	—	硫酸（素材保管時）	水ガラス硬化材（保管時）	材料の混合時	硬化材（使用時）固化したもの
一般の物質	ボツリヌス菌テトロドキシン	ニコチン青酸カリ	アンモニアカフェイン	にがりホウ酸	食塩アルコール石鹸	醤油砂糖

注1) LD_{50} とは、化学物質の毒性を示す動物実験での指標
注2) 上記毒性は、経口投与によるもの
注3) 劇物指定　50mg以下：毒物、300mg以下：劇物

(2) 硬化材

硬化材は水ガラスを固めるために使用するもので、その使用量は水ガラスよりもはるかに少ない量である。
現在使われてる硬化材には重炭酸ナトリウムや重炭酸カリウムなどであり、そのほとんどが食品添加物など身近に使われているものと同じである。
硬化材の LD_{50} は 2,500 〜 10,000 mg/kg で、主材である水ガラスよりもより毒性は少なく安全性は高い。

硬化材のうち、中性・酸性系薬液では硫酸（60〜70%溶液）を使用している。この段階の硫酸は劇物であり、取り扱いに際しては「特定化学物質等作業主任者」の資格を持つ者があたっている。

ただし、注入材としてこの硫酸を直接使用するのではなく、まず水ガラスと硫酸（酸性中和剤）を反応させてpHが1〜2の酸性シリカゾルを作るシリカゾル法により主材側のA液を作っている。この段階では硫酸の濃度は3〜6%となり劇物ではなくなっている。酸性シリカゾルのLD_{50}は2,500 mg/kg程度で、この状態では他の硬化材と同じレベルとなり水ガラスよりも安全性の高いものになる。

硬化材については、工事に際して使用する製品に重金属が含まれていないことを証明するメーカの証明書が材料納入時などに提出される。

(3) 調合時の安全性

調合は図6.4-1のように行なうので、各素材とも水で薄められる形となり、それだけ素材に比べてより安全である。A液ならびにB液に調合された物は長い時間放置することはない。通常はその日に使いきることになるので長期の安全性が問題になることはない。

水ガラスのLD_{50}は1,100 mg/kgの倍以上になり、調合した硬化材のLD_{50}は10,000 mg/kg以上となる。この数値は食塩やアルコール石鹸並になっていることでも安全であることが理解できる。

6.4.3 混合後の安全性

(1) 混合時

A、B両液を混合して初めて薬液といえるものになる。この時から化学反応が始まり、早い硬化時間（ゲルタイム）で数秒、遅いものでも数時間の後に固化する。

通常の混合の仕方は、ゲルタイムが数秒から10数分の単位までは2つのポンプで別々に注入する個所まで送りそこで混合される。混合後は一定の圧力のもとで地盤中に圧入されるので、その間に2液は十分混合され、未反応のまま地盤中に存在することはない。したがって十分混合され確実に固化するので、地盤中では固化したものが存在することになる。

ゲルタイムが数10分から時間の単位の薬液はミキサですべての材料と水を調合し、十分混合して1液タイプで1つのポンプにより注入個所まで圧送するので、ゲルタイムが長いからといって混合または固化しないということはない。

(2) 硬化後

水ガラス系の薬液は、pHが中性かそれに近くで固化する特色がある。すなわち固まったものはほとんど中性である。図6.4-3のように水ガラスは中性領域において最も硬化時間が短いことになる。水ガラスを固めるということはpHを中性またはそれに近い領域にするということである。そのため固化物は素材や規定の配合に調合しA、B両液を混合した時点に比べてより安全性が高くなり、安定したものとして地盤中に存在することになる。

たとえば、アルカリ系無機硬化材は下の式のように反応する。

$$Na_2O \cdot nSiO_2 + 2NaHCO_3 \rightarrow 2Na_2CO_3 + nSiO_2 + H_2O$$

この結果固化したものは、炭酸ナトリウム（Na_2CO_3）とケイ砂（SiO_2）と水（H_2O）になる。こ

のうち固化するものはケイ砂であり、炭酸ナトリウムや水を包み込んだ形で地中に存在する。ケイ砂はもともと砂そのものであり、水は不変に地球上に存在する。

炭酸ナトリウムは一般に人が「旨み（うまみ）」として感じるアミノ酸、醤油の合成剤、粉石けん、紙やパルプの軟化材など身近に使われているものである。

中性・酸性系は炭酸ナトリウムに替わり、硫酸ナトリウムとなるが、これは合成洗剤やパルプの軟化材に使われているばかりでなく医薬品として塩類下剤や点滴剤にも用いられている。

水ガラス系の薬液は、固化した後は安定しており、その中味も普遍的に土の中に存在するものがほとんどで、一般に害を及ぼすようなものは存在しない。

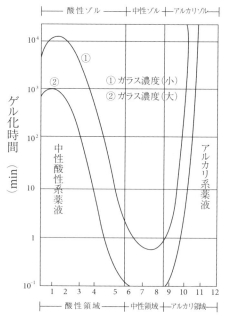

図6.4-3　pHとゲル化時間（ゲルタイム）の関係

(3) 長期的な影響

地盤中で固化した薬液は、長期間安定したものと長い間には劣化してしまうものがある。長期安定性があるものは特に問題とする要素はないが、長期に安定性を欠くものについては地下水などへの影響を懸念する向きもある。しかし結論的には長期の安定性が損なわれても固結時の安全性は確保される。長期に安定性が欠けるということは強度の面で当初の強度より落ちてゆくことであり、薬液は当初固まったところにそのまま存在している。このもののほとんどは土と同じものであり、そうでない炭酸ナトリウムなども分解することなくそのまま固まった位置にあれば特に地下水などに影響を及ぼすものではない。

したがって薬液が長期にわたって周辺環境に影響を与えることはない。

6.4.4　環境への影響

薬液注入が環境に与えると考えられる影響を「地下水の汚染」「公共用水域などの汚染」「土壌汚染」「動物や植物への影響」「騒音震動」などの点について述べる。

(1) 地下水の汚染

薬液注入工事を行なうに際しては『暫定指針』により地下水の水質監視が義務づけられている。これによれば、注入に先立ち注入個所から10m以内に複数の観測井戸を設けて、注入前、注入中ならびに注入完了後半年間では地下水を採取してその水質を測定することになっている。この暫定指針が昭和49年に出て以来、30年間に行なってきた工事件数は推定20万件を超えている。それらのすべての工事で地下水の監視を行なってきたが、観測井戸の水質が排水基準を超えた数値になったとの報告は受けていない。この結果から薬液注入による地下水への影響は軽微であり、環境問題が発生するような汚染はないといえる。

図6.4-4は、注入範囲（5×5×5 m）の端から3.5 m離れた位置に設けた観測井戸の水質を測定し

た結果である。測定結果によれば、アルカリ系無機硬化材の注入範囲に近い観測孔で、注入直後に一時地下水のpHが上昇したが、すぐに低下した。その他のアルカリ系有機硬化材や、中性・酸性系では地下水の水質にほとんど影響を与えていない。これから見ても薬液注入による地下水への影響を懸念する必要はないといえる。特にかなりの件数を占める小さな推進工事での薬液注入工事の程度では、地下水の汚染はほとんど考えられない。

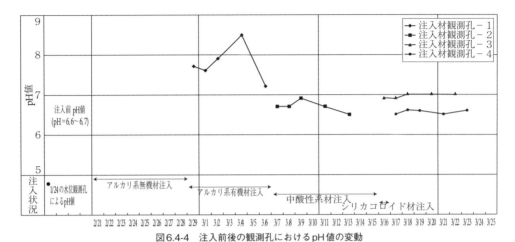

図6.4-4 注入前後の観測孔におけるpH値の変動

(2) 公共用水域などの汚染

公共用水域の近くで薬液注入を行なう時には暫定指針により事前に、その位置、深さ、形状、構造、利用目的および利用状況を調査する必要がある。公共用水域や田圃や池などの近くで薬液注入工事を行なう例は多い。このようなケースでは水質に影響を与えないような措置をとって施工を行なっている。

公共用水域などの近くでは、薬液が直接流れ込まないような措置をとり水質汚染を防止するように心がけるのは当然であるが、河川横断工事では、図6.4-5に示すように水を介して薬液注入を行なうケースもかなりある。このような状態でも薬液が水質を悪化し、動植物に影響を与えたケースは報告されていない。公共用水域などに水ガラスなどの薬液の素材が大量に流れ込まない限り、汚染の心配はない。

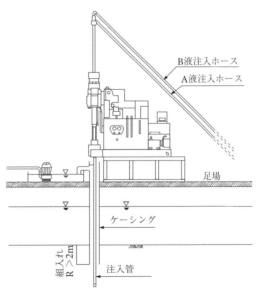

図6.4-5 水を介して行なう注入(例)
(ケーシングによる排水の回収)

(3) 土壌の汚染

薬液注入に使用する薬液のすべてに重金属や有害物質は含まれていないので、土壌の汚染はまったくない。

薬液注入で固化した土を掘削して残土処分する場合には、「一般残土」として処分することができる。

暫定指針直後に当時の建設省と社団法人日本薬液注入協会の幹部が協議した結果、薬液注入で固化した土は一般の土と同じ成分で、一般残土処分が可能であるとの結論に達した。それを受けて現在まで、薬液注入で固まった土はすべて一般残土として処分している。

(4) 動植物への影響

i 植物への影響

薬液の植物へ影響には次の2つがある。

①pHの影響：アルカリ性の水ガラスが直接樹木などに飛散し、その影響で樹木などを枯死させる。
②植物の根の周辺に薬液が浸透して、毛根から水や栄養分を吸収できなくなり、枯死する。
（図6.4-6）

樹木などの近くで施工するときはこれらの問題には以下のように対応する。

①プラントから排水などが流れ出さない措置を取る。
②ホースやスイベルを包み薬液の飛散を防止する。
③樹木の根元に注入しないように樹木の移設などの措置を取る。

このような対応で多くの問題は解決している。混合後の薬液が多少田圃などに流れ込んでもそのことで稲に大きく影響することはない。

図6.4-6　薬液の浸透による樹木の枯死例

ii 動物への影響

動物への影響については、ヒメダカ、ラット、アサリで実験している。代表的な例としてアサリへの影響を表6.4-2に示した。この実験結果を見る限り薬液が動植物に及ぼす影響は軽微であり、特に中毒や死亡に至るような影響は見られない。

表6.4-2　アサリの急性毒性試験結果

試験ケース	シリカ (ppm)	貝殻開口率 (%)				生残率 (%)
		1日後	2日後	3日後	4日後	
試験水3倍希釈	28.9	60	90	90	100	100
試験水10倍希釈	9.0	90	90	100	100	100
試験水30倍希釈	3.3	90	90	100	100	100
試験水100倍希釈	1.4	90	90	100	100	100
現場周囲海水	0.5	90	100	100	100	100
葉山地先海水	2.0	90	100	100	100	100

(5) 騒音振動

薬液注入工事に用いる機械は、大部分は小型の電動式モータを動力とする機械なので、騒音規制法や振動規制法の規制値を越えるものはなく、住宅のすぐ脇での施工や夜間の施工などにおいても特に問題は発生していない。

ただし、ダブルパッカ工法の注入外管の設置時にはパーカッションドリルを使用しており、騒音防止法の規制値を越える恐れがある。高い金属音で近隣住民から苦情が寄せられることもあるので注意を要する。

6.5 長期耐久性について

水ガラス系薬液は種類によっては長期の耐久性が期待できる。
協会が実施した原位置長期耐久性確認試験結果ではどの薬液も5年間は注入直後と同じかそれ以上の状態を保っている。

6.5.1 水ガラス系薬液に長期耐久性はあるのか

薬液注入工事のほとんどは土木建築工事の仮設の目的で使用されているので、長い間長期の耐久性が問題になることはなかった。しかし近年、薬液注入工法を液状化防止や耐震補強、あるいは構造物の支持に用いるケースがでてきたことから薬液の耐久性に関する問い合わせが急増している。

そこで協会として、水ガラス系薬液の耐久性についての基本的な考え方を以下のようにまとめた。
協会では長期の耐久性を確認するために、2000年より大規模な原位置長期耐久性確認試験を実施し、一般に使われている薬液3種類の5年間の耐久性を確認した。その結果を基本として、薬液注入工法で固めた地盤を別の工事で掘削確認できた例や長年にわたり実験室レベルで行なわれてきた各種の実験結果などを参考にして耐久性に対する考え方をまとめた。

水ガラス系薬液の耐久性については表6.5-1のように考える。

表6.5-1 水ガラス系薬液の耐久性の評価

薬液の種類	5年の耐久性
アルカリ系無機硬化材	初期値を下回らない
アルカリ系有機硬化材	年々強度が増していた
中性・酸性系	初期値を下回らない

現在、この実験で使用した一般的に使用されている薬液以外に、長期耐久性を確保することを目指して開発されたシリカコロイド系薬液もある。

6.5.2 種類によって耐久性に差があるのか

水ガラスは硬化材と反応して、通常は数秒から数10分の間にゲル化する。しかし、このゲル化した段階ではすべての反応が完了したわけではなく、単に流動化しなくなったに過ぎないことが何人かの研究者による室内試験などで確認されている。これらの研究によれば、一度ゲル化した薬液は時間をかけて再結晶していき、それが完了した時点が本当の反応が終了した時である。ただし、水ガラス系薬液の本当の反応メカニズムはまだ解明されていない未知の部分があり、確実にその反応過程や反応完了の時間を特定することはむずかしい。

従来の定説では、一般に使用して来た水ガラス系薬液はゲル化後ほんの短い時間に強度が確定し、その後、強度が増加することはないとされていた。しかし、協会が行なった長期耐久性確認試験の結果では、どの薬液も数年間は時間とともに強度が増加する傾向にある。このことは先に述べた時間とともに反応が進んでゆく考え方に良く適合する。現状では、これらのことをきちんと数式化できないが、長期耐久性確認試験の中ではゲル化した範囲内の水質試験結果などからそのことの一部を確認している。表6.5-2および図6.5-1は、その注入範囲内の水質試験の結果をまとめたものである。この結果を見れば、アルカリ系有機硬化材と中性・酸性系では改良体内部のpHが比較的中性に近い領域にあるのに対して、アルカリ系無機硬化材の範囲内でのpHは

かなりアルカリサイドになっている。アルカリ分の溶脱が水ガラス系の薬液の耐久性に大きな影響を与えているとの説もあるが、原位置長期耐久性確認試験の結果を見る限りでは、そのことを明確に証明できなかった。ただし、10年以上の耐久性を考えた時に、このpHの影響がどうなっているのかについては非常に興味があるところである。

以上のことから見て、一般に使われて来た薬液の耐久性は表6.5-1のように、少なくとも5年間の耐久性は証明された。ただし、改良範囲の規模により耐久性に差が生ずるかどうかは不明である。また、さらに長い時間での耐久性についても不明ではあるが、少なくとも5年間の耐久性は確認できた。しかもその間、時間とともに強度が増加する傾向は、従来いわれてきた時間よりかなり長い時間にわたって見られ、水ガラス系の薬液は時間をかけてゆっくり反応が進むことが確認できた。これは、水ガラス系の薬液は時間を置けばきちんと反応することを意味する。反応すれば耐久性があるとも判断できる。このことから、一般に従来から使用してきた薬液でもある程度の耐久性は確保できていると考えるが、長期の耐久性の証明は10年後の結果によるものと考えている。

また、ここでいう長期耐久性とは少なくとも10年の単位であり、注入後1～2年程度であれば薬液についても耐久性は問題にならない。

耐久性を考慮した薬液の分類は表6.5-3のようになる。

表6.5-2 注入範囲内の水のpH

地点	注入範囲内のpH		
	3年	4年	5年
無機	10.8	11.0	10.7
有機	8.4	8.7	8.9
中酸	7.5	8.3	8.3

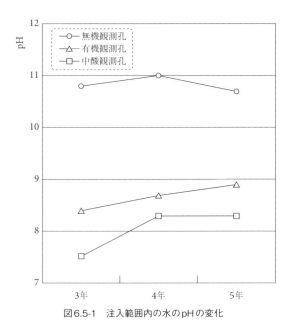

図6.5-1 注入範囲内の水のpHの変化

表6.5-3 耐久性薬液を含む水ガラス系薬液の分類

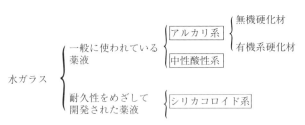

6.5.3 原位置長期耐久性確認試験結果

地盤中に圧入され、サンドゲルとして固化した薬液の耐久性については、注入完了後10年以上経た後、たまたま掘削視認されたいくつもの事例で定性的な耐久性が確認されている。

しかし、早稲田大学の赤木博士の実験では、実験室での小さな試料ではすぐに壊れてしまい耐久性はないとの結果が出ている。現場と実験室の差は固化体の大きさに加えて、サンドゲル形成時に薬液を圧入して、ある程度余剰水を排除できるかどうかの違いであると考える。実験室では直径5cmで高さ10cmと非常に小さい試料で耐久試験を行う。その場合、試料が小さいため実

際の現場で固まったサンドゲルに比べて水に触れる面が体積で比べると非常に大きくなり、それだけ耐久性を損なう要因も大きくなる。そのために耐久性がないとの結果が出てしまう。実際の現場では定性的に耐久性が確認されていることから、実験室との差を確認するために、大規模な原位置長期耐久性確認試験を行ない、注入直後から5年後まで1年ごとに計6回の効果確認を実施して、時系列で固化体の変化を確認した。原位置長期耐久性確認試験の結果から見た耐久性については以下の通りである。なお、この試験はさらに長期間実施できるようにしてあるので、10年以上に耐久性も確認したい。

(1) 試験結果
試験結果の主な点は以下の通りである。
① アルカリ系無機硬化材、アルカリ系有機硬化材、中性・酸性系の3種類のいずれも5年間その機能を有していた。
② ただし、アルカリ系無機硬化材はさらにそのまま耐久性が確保できるかどうか疑問であり、その他の薬液は長期耐久性が期待できるものと判断できる。
③ 強度は時間とともに変化し、従来いわれていたように固化後強度が増加しないという常識と異なる結果であった。
④ アルカリ系有機硬化材の強度の増加は著しく、泥岩程度の強度を得ている。
⑤ 透水係数は年々大きくなる傾向にあるが、5年後も難透水層の範囲にある。

(2) 試験概要
- 注入材料：アルカリ系無機硬化材、アルカリ系有機硬化材、中性・酸性系の3種類
- 注入工法：ダブルパッカ工法
- 注入規模：1ヶ所あたり5×5×5 mの125 m³の範囲
- 注入量：　注入率43%　　53.8 m³/個所
- 効果確認工
  　　　強度：標準貫入試験　　孔内水平載荷試験
  　　　透水：現場透水試験
- 試験回数：直後、1年、2年、3年、4年、5年目の計6回

(3) 試験結果の表示
試験結果はそれぞれ表6.6-3に示す図の通りである。

表6.6-3　効果確認工のグラフの図番号

試験の種類	経年変化	最古を1とした比較
標準貫入	図6.5-2	図6.5-3
孔内水平載荷	図6.5-4	図6.5-5
現場透水	図6.5-6	図6.5-7

(4) 長期耐久性の評価

i アルカリ性無機硬化材

この種類の薬液についても、5年間の耐久性は確認できた。強度は初期と変化なく5年間平衡状態にある。

N値を見れば、注入直後より1年目、2年目と増加しており、2年目では直後の5倍の値を示している個所も確認されている。しかし全体的に見て数値の変化量は小さい。また静的な力を加える孔内水平載荷試験でも同じ傾向にある。このことは、薬液注入によって改良された地盤は原地盤に比べて大きく変化せず、原地盤の特性を保持する傾向にあると従来からいわれてきたことと一致している。この結果を見る限りアルカリ性無機硬化材も従来の説に反して短時間で耐久性が失われないことだけは確認できた。

ii アルカリ系有機硬化材

この種類の薬液は非常に大きな強度が発現しており、5年間の耐久性も十分得られている。

N値では、注入直後の値が他の薬液よりかなり大きな値であるにもかかわらず、年々増加していき3年目には換算N値が200を超え直後の3倍にもなるるような大きな値を得た。その後4年目、5年目は3年目より小さな値になっているが、それでも直後の約3倍程度。これは3年目の値が異常に大き過ぎるため、2年目からは換算N値が150程度で安定していると考えるべきである。

孔内水平載荷試験の結果では変形係数は3年目まで増加傾向にあり、その後は横ばいになっていることから、6年目以降も直ちに強度が低下するとは考えられず、長期に安定した状態が継続すると考えることができる。

この結果を見る限りにおいては、アルカリ系有機硬化材は使用している有機系の硬化材の働きにより、長期間にわたって強度が増加する傾向にある。安定した反応傾向から、現在の状況が継続すると思われるので長期耐久性があると判断できる。

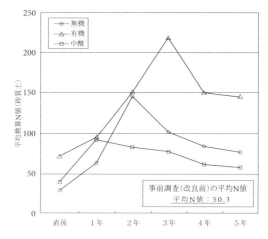

図6.5-2　換算N値の年次変化（砂質土）

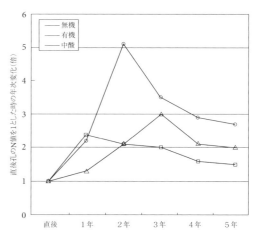

図6.5-3　直後孔のN値を1としたときの年次変化（砂質土）

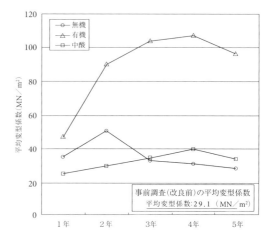

図6.5-4　孔内水平載荷試験のうち変形係数の年次変化

iii 中性・酸性系

この薬液は、当初から強度の絶対値が他の薬液より小さく、時間による変化量も少ない。したがって固化したものはアルカリ系薬液に比べて安定した状態にあり、変化することもないといわれてきた。

しかし、この試験を見る限り年々透水係数が大きくなるなど、アルカリ系薬液とまったく同じ傾向を示している。このことから、中性・酸性系においても、水ガラスと硫酸を反応させて作る酸性シリカゾルを直接地盤に注入する場合は安定したゲルを形成し、時間とともに変化することはないといえるかも知れない。しかし、そのシリカゾルを主材として、アルカリ反応材（水ガラスなど）を硬化材に使用する場合にはアルカリ系に分類される薬液に酸性側とアルカリ性側の違いがあっても同様にゲル化した段階では完全に反応するのではなく、時間とともに反応が進むものと推定できる。

中性・酸性系薬液はかなりの数の実験データがあり、実験室レベルでは強度の増加は少ないが長期に安定した状態にあることが確認されている。しかし今回の耐久性確認実験の結果では特にアルカリ系薬液との違いを確認できなかった。

vi 透水係数が増加する理由

この試験における透水係数の経年変化は図6.5-6に、直後の値を1とした時の変化の状態を図6.5-7に示してある。

この結果では、透水係数は時間とともに大きくなる傾向にある。5年目においてはどの種類の薬液でも透水係数はE-4のオーダーになっている。直後の値に比べて数値が最大30倍になって薬液注入工法は劣化しているように見える。透水係数が大きくなるのはどの種類の薬液も、ゲル化後徐々に未反応部分が反応していき、それに伴って部分的な結合は強まるが、固化体全体を見れば結合の強まりとともに、ある大きさのつながりの間に非常に小さいがすき間ができる。そのために透水係数が少し大きくなったものであり、薬液の劣化によるもので

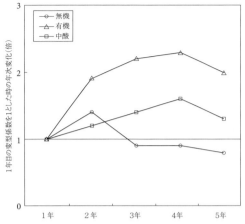

図6.5-5 孔内水平載荷試験のうち1年目の係数を1としたときの年次変化

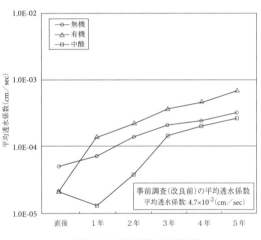

図6.5-6 透水係数の年次変化

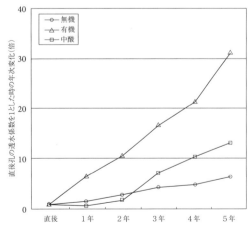

図6.5-7 直後孔の透水係数を1としたときの年次変化

はない。透水係数が年々大きくなることは反応が進むことであり、強度が増加することと合致しており、むしろ耐久性を証明するものである。

したがって、改良体の透水係数が5年以上経った試験の最終段階でも依然として難透水層といえる範囲内に収まっていることは改良体が安定している状態にあると判断でき、ゲルの安定的耐久性が損なわれたとはいえない。

iv 今後の予定

現場はいつでも効果確認ができる状態になっていることから、今後は10年たった時点での状況を確認することが可能であり、長期耐久性を確認する意味で、効果を確認したい。

6.6 強度について

6.6.1 薬液注入による改良強度について

薬液注入による改良強度については、砂層に浸透してサンドゲルを形成した場合には内部摩擦角は変化せず、粘着力が増加する。このことから、図6.6-1に示すように工法や地盤の固さによって設計上取ることができる粘着力の値が決められている。従来から使用している薬液についてはこの値によって必要範囲を計算している。

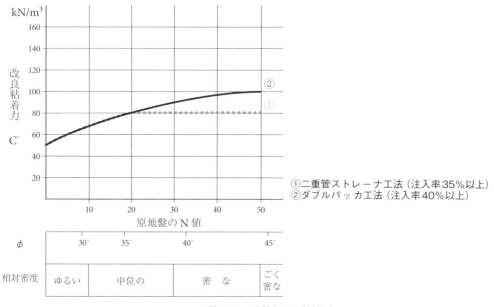

図6.6-1 砂質土での設計強度

実際に現場において採取した試料の強度を確認した結果でも一軸圧縮強度で $0.1 \sim 0.5\,\text{MN/m}^2$ 程度の値であることが多い。

薬液注入で改良された地盤の強度は他の固結系地盤改良工法に比べて小さいが、図6.6-2および3に示すように歪の値が非常に大きく、弾力性に優れており、この程度の改良強度でも通常の工事では十分に目的を果たすことができている。

しかし、最近耐震補強や構造物を直接支持する目的などに薬液注入を用いることが多くなるにしたがって、さらに大きい強度の薬液が何種類か開発されている。これらの薬液に関しては、

従来の設計強度とは別の考え方をする必要があり、当面、従来より大きい強度が得られる薬液を高強度薬液と称することにした。

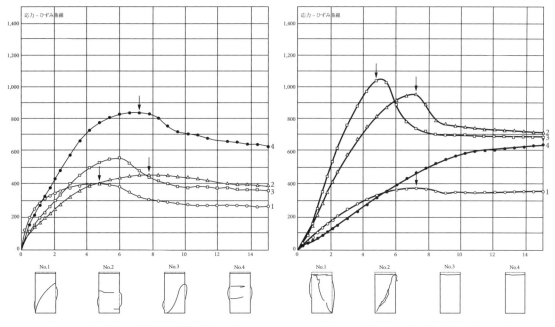

図6.6-2　改良土の三軸圧縮試験結果（その1）　　　図6.6-3　改良土の三軸圧縮試験結果（その2）

6.6.2　高強度薬液
(1) 高強度薬液の定義
高強度薬液とは従来の薬液より大きい設計強度が得られる薬液をいう。ただし、協会は平成19年初の段階では、強度確認のための基本条件を規定したうえでの、検証が終わっていないので、個々の薬液が高強度であるかどうかについては確認していない。

高強度の薬液とは、当面、サンドゲルもしくはホモゲルが実験室レベルにおいて一軸圧縮強度$1 \sim 2 \, MN/m^2$以上の値が得られる薬液のことをいう。実験室レベルでこの程度の強度を得ることができれば、実施工現場ではこの強度の数倍の強度が得られるものと考える。

ただし、それぞれの薬液が提示している強度については、試験条件などに差があることから、採用に当たっては現場注入試験による、改良強度の確認が必要である。

(2) 高強度薬液の種類
現在、高強度薬液といわれるのは下記のようなものがある。
　①シリカコロイド系のうち超微粒子複合シリカ（懸濁型）
　②アルカリ系有機硬化材の一部（溶液型）
これらはすでにそれぞれ何種類かの商品名で広く利用されている。

(3) シリカコロイド系のうち超微粒子複合シリカ（懸濁型）
超微粒子カルシュウムシリケート（スラグなど）と活性シリカコロイドが反応して、複合カルシュウムシリケートを形成することで、安定した強度や耐久性に優れた固結体を形成する。

この材料は超微粒子カルシュウムシリケート（スラグなど）とシリカコロイド系が粒子であることから、厳密な意味では懸濁型材料に分類される。ただし、図6.6-4に示すように超微粒子セメントよりさらに小さい粒径なので、ある程度砂層の間隙にも浸透可能とされている。

この材料の耐久性は、理論的、実験的に確認済みといわれている。

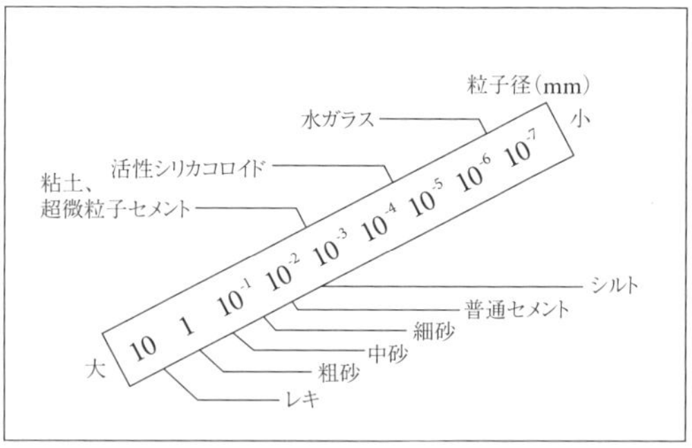

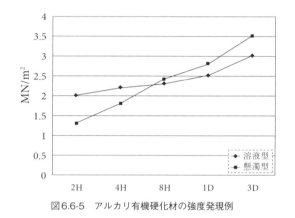

図6.6-4　超微粒子シリカの粒径（恒久グラウト協会資料より）

(4) アルカリ系有機硬化材の一部（溶液型）

一般に使われているアルカリ系有機硬化材は、有機硬化材を無機硬化材の助剤として用いることで材料コストを下げているのが現状である。水ガラスを有機硬化材のみで反応させると、高強度が得られるばかりでなく、その強度の発現が非常に早くなる特色がある。図6.6-5は水ガラスと有機硬化材で固化したものの強度発現の時間経過を示したものである。これによれば、固化した後2時間でホモゲルの一軸圧縮強度はすでに $1\ MN/m^2$ を超え、3日後には $2.5〜3.5\ MN/m^2$ 以上の強度を示している。この薬液は、たとえばトンネルの先受けのための地盤改良など早期に強度を必要とする工事などに用いられている。

この材料の耐久性は、「6.5　長期耐久性について」の章で述べているように現場試験で確認されている。

図6.6-5　アルカリ有機硬化材の強度発現例

6.6.3　高強度薬液を採用する際の注意事項

高強度薬液を採用する際には次のような注意が必要である。

①高強度であるということと均質な改良が行なわれるということとはまったく次元の異なる問題である。高強度薬液を採用したからといって、改良範囲を狭く取ることはできない。改良範囲の取り方は従来の薬液の場合と同じように考える必要がある。

②ホモゲルの強度が即サンドゲルの強度を示すものではない。特に懸濁型の材料を使用する際は必ず原位置で注入対象地盤への浸透性と改良効果の確認を行なう必要がある。

③高強度薬液を採用しても注入率などの改良効果に影響を及ぼす各項目の節約にはならない。効果的な注入を行なうための必要な注入量などの確保が不可欠である。

④高強度と遮水性はリンクしていない。遮水性を確保するための検討は高強度と別の次元で行なうことが必要である。

⑤長期耐久性を求める工事においては、注入に先立つ試験施工、施工中の施工管理、終了後の効果確認までの流れをきちんと確立して、十分な効果が発揮できるような措置が必要である。
⑥高強度薬液で改良した地盤の圧縮強度は非常に大きいが、曲げ強度および引張り強度を設計に採用すべきではない。

6.6.4 薬液以外の高強度材料

注入材料の中には薬液以外のものもある。ある程度の粒径の砂地盤にも浸透する材料としては、次の2種類がある。
①セメント系材料のうちでは超微粒子径のセメントの比表面積が 12,000 cm^2/g と普通ポルトランドセメントよりはるかに小さい粒子からなっているものは、ある条件下では砂地盤の間隙にも浸透可能であるという実験結果を得ている。ただし、浸透注入にこの材料を使用する場合には十分な原位置テストを行ってから採否を決める必要がある。また、使用に際しては六価クロムの溶出試験を必要とする点も注意を要する。
②非常に粒径が小さいスラグおよび石灰石膏系材料は界面活性剤を混入して流動性を確保し砂層の間隙に浸透させようとする材料である。この材料についてもある条件下では砂層の間隙に浸透できたとの実験報告もある。この材料の使用に当たっては六価クロムの溶出試験は必要ない。

6.7 注入材料

6.7.1 注入材料として必要な条件と分類

(1) 必要な条件

現在、使用できる注入材料は水ガラス系（主材珪酸ナトリウム）である。この主材に硬化材などを加えることによって固化させる。その必要条件は次の通りである。
①暫定指針に定められたものに準拠している。
②固結時間（ゲルタイム）が任意に設定できる。
③取扱いが容易で安全な材料にある。
④コストが安く、全国どこでも容易に入手できるもの。
⑤溶液型であれば水にできるだけ近い低粘性である。
⑥固結寸前まで低粘性でしかも固結後急激に粘性が増加するもの。

珪酸ナトリウム（珪酸ソーダ）は種々の化学薬品と反応して固化するが、上記の条件を満たす硬化材は絞られ、現在では10数種類のものに集約されている。

(2) 分類

注入材料を細かく分類すれば表6.7-1の表のようになる。

表6.7-1 現在使用されている注入材料の分類

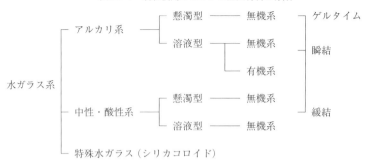

(3) 項目の比較

i アルカリ系と中性酸性系

主材珪酸ナトリウム（$Na_2O \cdot nSiO_2$）は pH が 11 ～ 12 のアルカリである。これに硬化材を加えることにより固化するが、その際のゲルタイムと pH の関係は図 6.7-1 のようになる。

この図でわかるように pH11 ～ 12 の珪酸ナトリウムのゲル化時間が早くなるほど pH は低下していき、pH8.6 付近で瞬結になる。

薬液注入工法開始以来このようなメカニズムで固化してきたが、pH8.6 より大きい側で固結する材料を「アルカリ系」と称している。

このpH8.6 からさらに pH が低く酸性側にいくにしたがってゲル化時間は長くなっていく。この pH8.6 以下で固化させるものを「中性・酸性系」と称している。現在では一度 pH2 程度のシリカゾルを作り、改めて pH8.6 に近づけて固化させる方法を採用している。

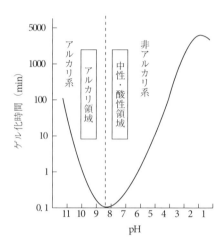

図6.7-1 ゲル化とpHの関係

ii 懸濁型と溶液型

「懸濁型」は粒子を含む材料を使用しているものをいい、セメントを硬化材として使用しているものが基本である。

一方「溶液型」は粒子を含まない材料を使用しているものをいい、現在砂地盤を対象としている薬液注入工事の大部分に用いられている。

iii 無機系と有機系

無機系化学薬品のみを硬化材に使用しているものを「無機系」と称し、多くの注入材料はこの無機系に属している。

有機系化学薬品を硬化材の補助として使用しているものを「有機系」と称する。この有機系は無機系と比較して反応率が良くそれだけ安定性や強度特性に優れているといわれる反面、水質監視項目の中に過マンガン酸カリウム消費量試験が含まれている。

現時点での使用料の状況はほとんど「無機系」であり、「有機系」は少ない。

iv　ゲルタイム

ゲルタイムは、

　　瞬結 ── 秒の単位（1分未満）

　　緩結 ── 10分～数時間

でそれぞれの地盤状況や目的に応じてその都度最適なものが選定される。

6.7.2　水ガラスについて

(1) 水ガラスとは

水ガラスとは、珪酸ナトリウムまたは珪酸ソーダと呼ばれており、単一の化合物でなく、SiO_2（無水珪酸）と Na_2O（酸化ソーダ）がいろいろな比率で混合している液体である。

分子式は $Na_2O \cdot nSiO_2$ で表され、この n はモル比と呼ばれ、Na_2O と $nSiO_2$ の混合比率を表している。

水ガラスは JIS（日本工業規格）K 1408では表6.7-2、3のようになっている。

ただし、現在使われている注入材料は必ずしもこの JIS にしたがった水ガラスを使用しているわけではない。多くの注入材料は3号を使用しているが、3号よりモル比の高いものも数多く使用されている。

表6.7-2　JIS K 1408に示す珪酸ナトリウムの種類

項目＼種類	1号	2号	3号	メタ珪酸ナトリウム 1種	メタ珪酸ナトリウム 2種
外　観	水あめ状の無色ないしわずかに着色した液体			白色粉末または粒状	白色結晶
比重（15℃ Be）	─	54以上	40以上	─	─
二酸化けい素（SiO_2）%	35～38	34～36	28～30	27.5～29	19～22
酸化ナトリウム（Na_2O）%	17～19	14～15	9～10	28.5～30	20～22
鉄（Fe）%	0.03以下	0.03以下	0.02以下	─	─
水不溶分 %	0.2以下	0.2以下	0.2以下	─	─

表6.7-3　珪酸ソーダの種類

種　類		化学名	分子式	モル比
結晶性珪酸ソーダ	オルト珪酸ソーダ	TetraSodium(mono)Silicate	$2Na_2O \cdot SiO_2 \cdot xH_2O$	0.5
	メタ珪酸ソーダ	DiSodium(mono)Silicate	$Na_2O \cdot SiO_2 \cdot xH_2O$	1
珪酸ソーダ溶液	珪酸ソーダ1号	DiSodiumDiSilicate	$Na_2O \cdot 2SiO_2 \cdot aq$	2
	珪酸ソーダ2号	TetraSodiumPentaSilicate	$2Na_2O \cdot 5SiO_2 \cdot aq$	2.5
	珪酸ソーダ3号[2]	DiSodiumTriSilicate	$Na_2O \cdot 3SiO_2 \cdot aq$	3
	特殊珪酸ソーダ	─	$Na_2O \cdot nSiO_2 \cdot aq$	1.7～4

注）分子式のうしろにある aq はラテン語の略で溶液を示す。

(2) 水ガラスの製造と用途

i　水ガラスの製造

水ガラスは現在多くは乾式法で製造されており、その工程は図6.7-2に示す通りである。

水ガラスの溶融工程は下記のように炭酸ソーダと硅砂を反応させてカレットという氷砂糖のような形をした半製品カレットを作る。

$$Na_2CO_3 + nSiO_2 \rightarrow Na_2O \cdot nSiO_2 + CO_2 \uparrow \quad \cdots\cdots(5.6\text{-}1)$$
　　　（炭酸ソーダ）（硅砂）　　（珪酸ソーダ）　（炭酸ガス）

さらに溶解工程はそれを液状にし、所定のモル比に調整して出荷するものであり、多くのメーカーはこの工程のみである。

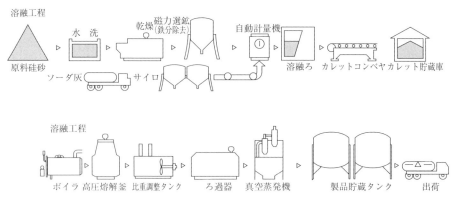

図6.7-2　乾式法による製造工程システム

ii　水ガラスの用途

水ガラスは図 6.7-3 に示すように広い分野で利用されている。この中でも、特に水道水の処理や石けん・合成洗剤など、生活に身近で、手に触れたり、口に入れたりするものにも利用されている。紙パルプや繊維などでも使用されている安全性の高い材料である。

図6.7-3　水ガラスの用途

(3) 水ガラスの特性
i　水ガラスの性質

水ガラスは pH=11～12 のアルカリ性を示している。通常現場に搬入される原液は高濃度であ

るが、図6.7-4に示すように水に希釈されると急激に粘性が低下する。一般に薬液注入に使用される溶液型の場合には、混合時に初期粘性が2〜4cpと非常に小さな値となる。このように水ガラスは濃度によって著しく粘性に差ができるのが特徴である。

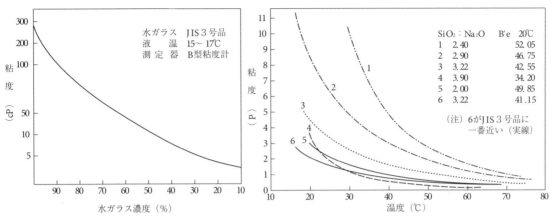

図6.7-4 水ガラスの希釈による粘度変化　　図6.7-5 温度による粘度変化

また、図6.7-5に示す通り、温度により粘性が著しく変化するのも大きな特色である。水ガラス水溶液は式 (6.7-2) に示すように分散しているものと考えられている。

$$Na_2O \cdot nSiO_2 + H_2O = 2NaHSiO_3 + (n-2)SiO_2aq \quad \cdots\cdots (6.7\text{-}2)$$
　（水ガラス）（水）　（重珪酸ソーダ）

$$NaHSiO_3 + H_2O \rightleftarrows NaOH + H_2SiO_3 \quad \cdots\cdots (6.7\text{-}3)$$
　　　　　　　　　　（苛性ソーダ）（珪酸）

このように水ガラス溶液を水で希釈すると、式 (6.7-3) に示すように加水分解を起こし、この反応はモル比が低いほど、あるいは濃度が薄いほど、式 (6.7-3) の右辺 (→) に移行するため、単位 Na_2O に対してアルカリ性は大となる。このため、現場で5%に希釈した水ガラス液を長時間放置すると、加水分解（アルカリ遊離）を起こし、その結果、硬化材が不足しゲルタイムが延びることになる。

ii モル比MRと比重B´e

モル比MRは式 (6.7-4) に示すように、重量比と同じであることから、成分の概略の含有率を求めることができる。

$$M.R. = 重量比 \left(\frac{SiO_2}{Na_2O}\right) \times 1.032 \; (SiO_2とNa_2Oの分子量の比) \quad \cdots\cdots (6.7\text{-}4)$$

水ガラス溶液の密度は化学工業界ではボーメ（B´e）で表すのが一般的であり、一方薬液注入の面から考えれば、ボーメより比重の方が普遍的なので、両者の関係を示すと式 (6.7-5) のようになる。

$$比重 (S.G.) = \frac{144.3}{(144.3 - B´e)} \quad \cdots\cdots (6.7\text{-}5)$$

現場でタンクローリーなどで工場より直送された水ガラスが高温のとき、比重計で比重をチェックしても、常温（20℃）における値がわからない。この場合は式 (6.7-6) を用いて、式 (6.7-4) などから比重を求めると材料管理上非常に役立つものである。

$$B´e20℃ \fallingdotseq B´et℃ + 0.04(t-20)℃ \quad \cdots\cdots (6.7\text{-}6)$$

6.7.3 硬化材の種類と特性
(1) 懸濁注入材
i セメント系

セメントなどの粒子を含有しているために懸濁型注入材と呼ばれている。主としてセメントを用いているが、その他にスラグや石灰なども用いられている。最も古くから用いられているものにLW（Labiles Wasserglas）がある。本来のLWはセメントの上澄み液を使用する方法で西ドイツのイェーデ（Jähde）が提案したが、わが国ではセメント懸濁液を用いる方法が一般的である。

LWは水ガラスとセメントの2成分からなっており、通常の水ガラス濃度（A液として40〜50％液）におけるA、B液等量混合では、ゲルタイムおよび強度はセメント量により決まるものであり、両方の量を任意に変えても求めることはできない。

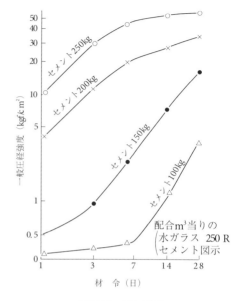

図6.7-6 LWの強度

図6.7-6にLWのホモゲル強度を示すが、その時のゲルタイムはセメント量250 kg/m³で1分、200 kg/m³で1分20秒、150 kg/m³で1分50秒、100 kg/m³で2分50秒。水ガラス濃度を変えてもそれほど変わらない。

ii セメント—スラグ系

水ガラスとゆるやかな潜在水硬性反応を起こすスラグをセメントと合わせて使用すると、比較的長いゲルタイムを保持しながら高強度を得ることができる。

iii スラグ—石灰系

ゲルタイムは石灰、強度はスラグが受け持つため、スラグおよび石灰を任意に組合せることにより瞬結から中結までのゲルタイムを得ることができる。

また、水ガラスの濃度および組成やスラグ、石灰を特定範囲に調整することにより、ゲルタイムを30分以上にすることができる方法も実用化されている。

iv 微粒子系

最近ブレーン値（比表面積）が6,000〜15,000 cm²/gの微粒子系の注入材も開発されており、砂質土層に対しても浸透可能であるといわれている。しかし、粒子を含む懸濁型注入材は溶液型に比べて浸透性は著しく落ち、実用的かどうか問題である。

表6.7-4に微粒子注入材の性状と化学成分、図6.7-7に普通セメントと比較した粒度分布を示す。この微粒子注入材は現在セメント—スラグ系とスラグ—石灰系の2種がある。

表6.7-4 微粒子注入材の性状と化学成分（普通セメントとの比較）の一例

記号 No.	比重	比表面積 (cm²/g)	科学成分（％）				組成の種類	備考
			SiO₂	Al₂O₃	CaO	MgO		
1	3.16	3,200	21.3	4.8	62.3	1.2	セメント系	（普通セメント）
2	3.0±0.1	約8,000	29.0	13.2	49.2	5.6	セメント—スラグ系	
3	2.77	9,100	29.3	11.3	46.6	5.7	スラグ—石炭系	

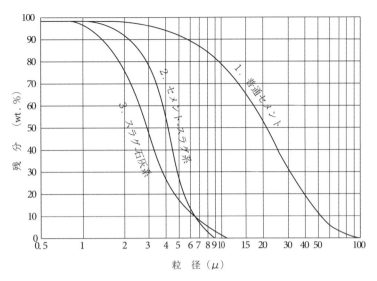

図6.7-7 微粒子注入材の粒度分布図の一例

(2) 溶液型アルカリ系無機反応材
ⅰ 酸性反応材
溶液型のうちアルカリ系注入材の主流をなすもの。現在使用されているものに、重炭酸塩、重硫酸塩、リン酸などがある。なかでも重炭酸塩が主流である。

a) 重炭酸塩系
重炭酸塩には、重炭酸ソーダ（$NaHCO_3$、炭酸水素ナトリウム、重曹ともいう）と重炭酸カリウム（$KHCO_3$）があり、前者が主流である。

第1段階で水ガラス溶液が重合してコロイド粒子を形成し、第2段階ではこれらの粒子が互いに等合、集合して連続的な構造を作り、水を通して広がりゲル化に至る。すなわち第1段階の重合コロイド粒子（ゾル）の発達がゲル化直前まで続き、次に第2段階の集合と重合が起りゲル化する。重曹を用いた場合のゲル化を反応式で示すと次のようになる。

$$Na_2O \cdot nSiO_2 + \underline{2NaHCO_3} \rightarrow 2Na_2CO_3 + nSiO_2 + H_2O \quad \cdots\cdots(6.7\text{-}7)$$
$$\text{重曹}$$

しかし、水ガラスの濃度、ゲルタイムの関係からpH10〜11前後でゲル化するため、上記の反応は完全には行われず、安定性や強度などの性質はアルカリ系有機反応材などに比べて若干劣る。また施工性や希釈によるゲル化能力低下などから、使用できるゲルタイムは2〜5分程度である。

しかし、近年活性水ガラスを使用した場合は安定性、強度特性なども改善され、ゲルタイムも60分程度まで使用可能となったものもある。また、特殊装置により、水と反応させた炭酸ガス（$H_2CO_3 + H_2O$）を作り、これを用いる方法も実用化されている。

b) 重硫酸塩系
この注入材は重硫酸ソーダ（$NaHSO_4$）が使用され、水ガラスとは次のように反応する。

$$Na_2O \cdot nSiO_2 + 2NaHSO_4 \rightarrow 2Na_2SO_4 + nSiO_2 + H_2O \quad \cdots\cdots(6.7\text{-}8)$$

この重硫酸ソーダは酸が強いため、ゲルタイムの調整が非常にむずかしく、瞬結工法のみに使用される。

c） リン酸系

この注入材は水ガラスと次のように反応し、酸性反応材の中では比較的高強度が得られる。

$$3Na_2O \cdot nSiO_2 + \underline{2H_3PO_4} \rightarrow 3Na_3PO_4 + 3H_2O + nSiO_2 \quad \cdots\cdots (5.6\text{-}9)$$
　　　　　　　　　リン酸

リン酸は酸として硫酸より弱いが重曹よりも強いため、実用的にはゲルタイムの調整が重曹よりむずかしい。

ii　アルカリ反応材

アルミン酸ソーダ 1 種しか実用化されていない。わが国では丸安、今岡両博士によって提案された MI 工法（che–MI–ject）として実用化された。

水ガラスの濃度が一定の場合、アルミン酸ソーダが濃いほどゲルタイムは長いが、薄くなるにつれて短くなり、50% 濃度程度になると瞬結ゲルとなる。さらに濃度を 14～15% 程度に希釈すると再びゲルタイムが長くなる。また地盤内に注入され、地下水に希釈されると、配合濃度が希釈されることになり、ゲルタイムが早くなるため、止水効果に顕著な特性を示す。しかし現場でのゲルタイムの調整がむずかしいことや材料の安全性から、最近ではほとんど使用されていない。

iii　金属塩反応材

塩化カルシュウム（$CaCl_2$）—ヨーステン（Joosten）、硫酸アルミニュウム［$Al_2(SO_4)_3$］—フランソワ（Francois）に代表される薬液注入工法の元祖である。

しかし、反応が瞬時に起るため、現在ではほとんど使用されていない。

(3) 溶液型アルカリ系有機反応材

現在使用されているものには、エチレンカーボネイト［$(CH_2)CO$］、グリオキザール［$(CHO)_2$］、エチレングリコールジアセテート［$C_2H_4(OCOCH_3)_2$］などがある。無機反応材と異なり水ガラスとの間で加水分解反応を起す。たとえばエチレンカーボネイトは水ガラスのアルカリ性のもとで式（6.7-10）のように加水分解を起す。

$$\begin{array}{l}CH_2-O\\|\\CH_2-O\end{array}\!\!C\!\!=\!\!O + H_2O \xrightarrow{\text{アルカリ性}} \begin{array}{l}CH_2OH\\CH_2OH\end{array} + H_2CO_3 \quad \cdots\cdots (6.7\text{-}10)$$

次に、生成された炭酸が水ガラスと反応して珪酸ゲルを生成する。

$$Na_2O \cdot nSiO_2 + H_2CO_3 = Na_2CO_3 + nSiO_2 + H_2O \quad \cdots\cdots (6.7\text{-}11)$$

この加水分解反応は無機系のゲル化反応に比べて、長い時間を必要とするので、ゲル化時間の調整が容易であり、特に長いゲルタイムが得られる。またゲル化した反応体（ゲル化物）中で、数日間に渡り徐々に進行していくため、反応率を高めることができ、安定性ならびに固結強度は無機系より優れている。

(4) 溶液型中性・酸性系反応材

水ガラスを酸性材により直接中性・酸性領域でゲル化させる「直接法」と、水ガラスに過剰酸を加えて pH1～2 前後のシリカゲル溶液を作り、それを主材としてアルカリ材などを加えて中性・酸性領域でゲル化させる「間接法」（シリカゾル系）がある。現在はほとんど「間接法」が用いられている。直接法ではゲルタイムの調整などがむずかしいためである。酸性シリカゾルは式（6.7-12）に示すように水ガラスと硫酸を反応させ、そのまま放置すれば 10 時間以上でゲル化する活性水ガラスを作る。

$$Na_2O \cdot nSiO_2 + (n-1)H_2SO_4 = nSi(OH)_2SO_4 + Na_2SO_4 + H_2O \quad \cdots\cdots(6.7\text{-}12)$$

この酸性シリカゾル溶液をゲル化させるには、次の2つの方法がある。
　①水ガラスを加えてゲル化させる
　②中和緩衝剤を用いてゲル化させる
水ガラスを加えてゲル化させる方法は式（6.7-13）のような反応を示す。

$$Si(OH)_2SO_4 + Na_2O \cdot nSiO_2 \rightarrow nSiO_2 + Na_2SO_4 + H_2O \quad \cdots\cdots(6.7\text{-}13)$$

加える水ガラスの量によって、酸性領域でゲル化させるものと、中性領域でゲル化させるものがある。中性領域でゲル化させると瞬結するが、酸性領域でゲル化させると1〜3時間程度の緩結ゲルタイムとなる。

もう1つの中和緩衝剤を用いると式（6.7-14）のように反応してゲル化する。

$$Si(OH)_2SO_4 + M_1CO_3 \rightarrow nSiO_2 \cdot MSO_4 + H_2CO_3 \quad \cdots\cdots(6.7\text{-}14)$$

この中和緩衝剤は水に投入してもアルカリ性を示さないが、酸性液中では徐々に中和反応を起こす性質がある。この性質を利用して酸性シリカゾルに作用させると、緩慢なゲル化反応を起すため、ゲルタイムの調整が容易で、2〜10分程度の中位の緩結ゲルタイムで使用される。また、この反応は、ゲル後においても反応が促進され、pHがかぎりなく中性に近づく特異な性質を持っている。中性・酸性系の注入材料は、アルカリ系に比べて水ガラス中のアルカリ分（Na_2O）を完全に取り除いていることから、反応率が良く、希釈性や固結性に優れており、耐久性についても10数年経て変化していない結果も報告されている。

(5) 特殊水ガラス（シリカコロイド系）

長期の耐久性を一層確実にするために開発された注入材である。
この注入材に用いる水ガラスの一例を表6.7-5に示す。

表6.7-5　シリカコロイド系水ガラス

項目	シリカコロイド	3号珪酸ソーダ
SO_2	30〜31%	28〜30%
Na_2O	0.7%	9〜10%
モル比	44	3
pH	9〜10	11〜12

この表で明らかなように普通の水ガラスに比べてNa_2Oの量を極端に少なくしたものである。その結果としてモル比も大きくpHも中性に近くなっており、ゲルした固結体からのアルカリ物（Na_2O）の溶脱はほとんどなくなっている。これによって長期の耐久性については理論的にも証明できることから、液状化防止など長期に効果が期待される目的に使われ始めている。

6.7.4　注入材料の選定

注入材料の選定は表6.7-6を目安とする。
また、地盤条件などから見た注入材料の選定は表6.7-7の通りである。
この表から明らかなように地盤が砂質土であるのか粘性土であるのかによって注入形態も使用する材料も異なっている。そこで、薬液注入にとっての砂質土であるのか粘性土であるのかの区分が必要であり、原則として図6.7-8のように区分する。

表6.7-6 注入材料選定の目安

区　分	選定の目安
溶液型 懸濁型	溶液型……砂質土、礫質土への浸透注入 懸濁型……粘性土、砂礫土の大きな空隙
アルカリ系 中性・酸性系	特になし、どちらでも可 ・中性・酸性系が優位といわれるケースは公共用水域に近接している、かなり長期間耐久を期待するときといわれる。
無機系 有機系	特になし、どちらでも可 ・有機系では水質検査項目に過マンガン酸カリウム測定がある ・有機系は反能率が良く、無機系より安定性があり、多少高い強度が得られるといわれている。

表6.7-7 地盤条件と注入材料

地盤条件	材　料	注入形態
砂質土、礫質土	溶液型	浸透注入
粘性土、大空隙	懸濁型	割裂または充填注入

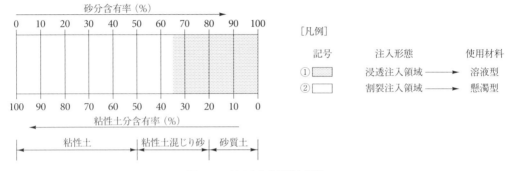

図6.7-8 粒度と注入形態と材料

もちろん、地盤の締り具合などによって、この境界は多少異なるが、砂質土分の中に粘性土分が25%以上含有する地盤については現場注入試験などによって、効果などを確認しておくことがより望まれる。

6.8 注入工法

6.8.1 注入工法の分類

薬液注入に使用する工法は大きく下記の2つの流れになっている。

　①削孔パイプをそのまま注入管として使用する方式
　②注入管設置と注入作業を分離して行なう方式

平成15年の実績を調査した結果を図6.8-1に示しているが、これによると、実際に使われている工法の大部分は二重管ストレーナ工法〈複相式〉であり、これは図6.8-1に示すうちでは①の方式に含まれるものである。

また、図の②の方式はダブルパッカ工法であり、全体の約10%程度（注入量比）を占めている。

これらの工法を使用することで、「6.3　薬液注入が持つ技術的な課題とその克服」で述べたように薬液注入の信頼性は非常に高いものになった。ここでは工法の歴史を踏まえて、現在の工法の状況を解説していきたい。

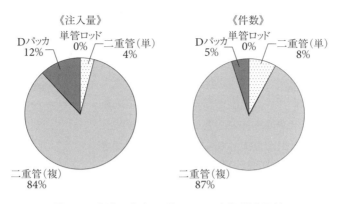

図6.8-1　平成15年度の工法シェアの実績（協会調査）

6.8.2　削孔パイプをそのまま注入管として使用する方式
(1) 単管ロッド工法

単管ロッド工法は、ボーリングロッドをそのまま注入管として用いる工法の基本で、わが国で薬液注入工法が本格的の使われだしてから、長い間の主流であった。

この工法は、図6.8-2に示すようにボーリングロッド先端部から、水を出しながら所定深度まで削孔しそのあとロッドより所定量の薬液を注入しながら順次ロッドを引き上げて、必要個所の改良を行なうというもの。

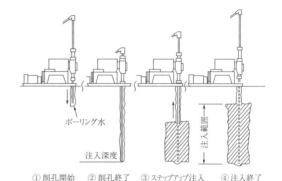

図6.8-2　単艦ロッド注入施工順序図

注入に用いる材料（薬液）は任意に固化時間を調整できるのが特長だが、固化時間（ゲルタイム）が数10分から時間の単位でない限り、A液（主材水ガラス側）とB液（硬化材側）を必要なゲルタイムが得られる配合で別々に調合、それと必要な個所まで別系統で圧送し、混合してから固化が始まることになる。

実際の作業における薬液の混合方法は、図6.8-3に示すように3通りの方法がある。どの位置でA、B両液を混合するのかについては主としてゲルタイムで決められている。

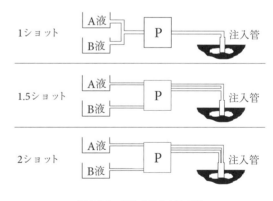

図6.8-3　薬液の混合方法3種

単管ロッド工法では、調合されたA、B両液は別々のポンプで注入管頭部まで圧送される。その位置でA液とB液が混合される1.5ショット方式と呼ばれる方法で注入作業が行なわれ、注入管の中はA+Bの混合液が通って注入管先端部より地盤中に圧入される方式になっている。したがって注入管の頭部で混合された時から硬化が始まるので、秒単位の短いゲルタイムの薬液を送ることができない。そのため、注入された薬液は、まず図6.8-4に示すように地盤に

浸透するより先に、削孔時に乱されたロッドの周りを伝わって、地表など必要範囲外に流出することになる。
単管ロッド工法の場合、この流出現象が見られたら、注入作業を一時中断して、流出した薬液の固化を待ち再び注入作業を開始。注入材の地表への流出がなくなったのを確認してから、本格的な注入作業を行い必要範囲の地盤を改良する。しかし地表への流出が止まっていることは確認できても、注入範囲の上部の比較的緩い地盤などに薬液が走っているかどうかについては正確に確認でず、注入した薬液のかなりの量が、必要範囲外に拡散してしまった事例も少なくない。

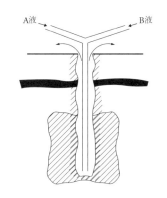

図6.8-4　単管ロッド注入のイメージ図

したがって単管ロッド工法は、注入効果の面で必ずしもきちんとした評価が得られず、注入の効果を確認することが不可欠であった。そのため各種多様な効果確認方法が開発されてきた経緯がある。このことから単管ロッド工法は平成の時代に入って二重管ストレーナ工法が実用化するとともに急速にその使用実績は減少し、現在では薬液注入工法に採用される例はなくなっている。工法のシェアの推移を図6.8-5に示した。

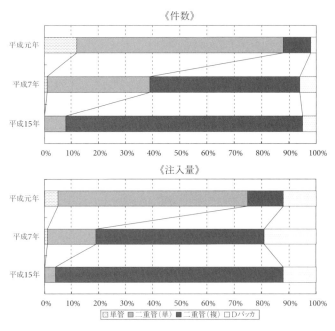

図6.8-5　工法シェアの推移

(2) 二重管ストレーナ工法〈単相式〉

昭和49年代半ば過ぎから、注入された薬液の所定範囲外への拡散を防ぐ工法の開発が盛んに行なわれた。その中で注入管（ボーリングロッド）を二重管にし、注入薬液A、B両液を別々のロッドを通して先端部で混合してすぐに管外に押し出し、地盤中に圧入する、工法が考えだされた。短いゲルタイムの薬液のみを注入する方法を二重管ストレーナ工法〈単相式〉と呼んでいる。この工法の開発によって注入した薬液が所定範囲外に拡散することはかなり防げ

るようになり、単管ロッド工法に比べて注入の信頼性は格段に向上した。

短いゲルタイムで薬液を注入するためには注入管の中を二重のパイプにして、そこにA、B両液を別々に通して注入する2ショット方式の採用が必要であり、短いゲルタイムの注入を行なうためには先端部分に逆流防止の装置を取りつける必要があった。この装置をわずか直径4 cmの小さなパイプに取りつけることに苦労して、当初は、現場でのトラブルが多く、工法としての評価はあまり良いものではなかった。しかし、先端装置（先端モニタ）の改良が進むとともに、二重管ストレーナ工法〈単相式〉による注入改良効果は単管ロッド工法と比較して、劇的に改善され、工法の評価も非常に高まった。

二重管ストレーナ工法〈単相式〉の施工の基本は単管ロッド工法と同じで、図6.8-6のように行なうが、その際に図6.8-7に示すように削孔に際しては下向きに水を送り、注入に際しては横向きに開けたストレーナから薬液を注入することを基本としている。単管ロッド工法に対して、薬液を注入管の横に設けたストレーナから圧入することから二重管ストレーナ工法〈単相式〉と呼ばれるようになった。

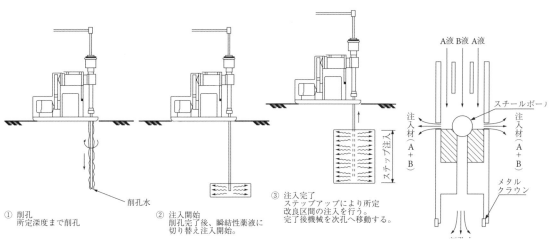

図6.8-6　二重管ストレーナ〈単相式〉施工方法　　図6.8-7　二重管ストレーナ工法〈単相式〉モニタ作動図

この工法の普及とともに薬液の拡散は確かに少なくはなった。しかし一方で必要個所を均質に改良するには秒単位の短いゲルタイムのみの注入では問題があることが分かってきたため、短いゲルタイムとそれより長い数分から数10分のゲルタイムを持つ薬液の併用できる工法の必要性が求められるようになり、さらなる工法の開発が進められた。

(3) 二重管ストレーナ工法〈複相式〉

昭和50年代の中頃になり、瞬結のゲルタイムの薬液と数分から数10分のゲルタイムの薬液を1つの注入管で送ることができる二重管ストレーナ工法〈複相式〉の装置が完成した。

この装置は二重管ストレーナ工法〈単相式〉のモニタ装置をさらに複雑化したもので、初期の施工現場では様々な不具合があったが、改良を重ねて、現在ではほとんど問題が発生したケースは報告されていない。

二重管ストレーナ工法〈複相式〉の施工手順を図6.8-8に示す。まず瞬結ゲルタイムの薬液を圧送することで、人為的に乱された薬液の送りやすい個所などを塞ぐ。このパッカ効果によ

り薬液の拡散を防いだあと、ゲルタイムの長い薬液を注入して、必要個所における土粒子の間隙への均質な浸透を可能にした。

実際の施工では、図6.8-9のようにボーリングロッドの下から水を送りつつ所定深度まで削孔し、削孔が終了したらモニタの上部に設けたストレーナより瞬結ゲルタイムの薬液を注入、その後それより少し下に設けたストレーナより緩結ゲルタイムの薬液を注入するようになっている。

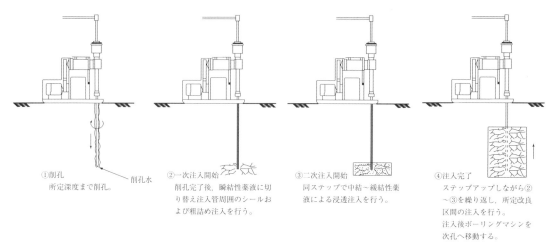

図6.8-8　二重管ストレーナ〈複相式〉施工方法

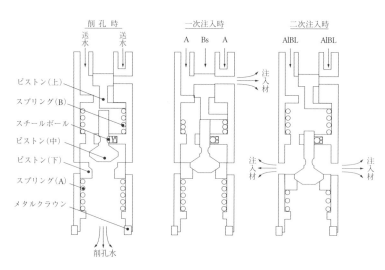

図6.8-9　二重管ストレーナ〈複相式〉先端モニタ

この作業を注入範囲の下側から、20〜50 cmのステップで順次繰り返し、所定範囲の改良を行なう。そのためこの工法は注入管先端のモニタの開発ばかりではなく、瞬結ゲルと緩結ゲルの流れを一瞬のうちに切り替えるバルブなど、様々な部分に工夫が見られる。

二重管ストレーナ工法〈複相式〉は〈単相式〉に比べて、硬化材側（B液側）に瞬結用と緩結用の2台のポンプが必要であるなど、多少設備が複雑にはなるが、削孔ロッドがそのまま注入管として使用できるなど、比較的簡単な施工システムで高い改良効果が得られるため、現在では注入工事の大部分でこの工法が採用されている。

二重管ストレーナ工法〈複相式〉は、建設省土木研究所が「バイモード工法」として開発した技術を、当時の社団法人日本薬液注入協会が実施権として譲り受けて、施工を開始したのが最初である。同時に民間の研究機関などでも同様な技術が開発され、独自の賞品名を冠した工法として、急速に普及した。

二重管ストレーナ工法〈複相式〉の施工に当たっては、瞬結ゲルタイムと緩結ゲルタイムを使い分けることになるが、その使用比率は表 5.8-1 および表 5.8-2 に示すように対象地盤の土質とその土性値で決定される。砂層では地盤の締り具合がゆるい場合には比較的瞬結ゲルタイムの薬液の使用量が多くなり、反対に地盤の締り具合が硬くなるほど、緩結ゲルタイムの薬液の使用量が多くなる。地盤の締り具合が緩い場合には、注入された薬液はストレーナから外側に拡がって浸透していくばかりではなく、地盤中に割って入りその割裂面から浸透する、いわゆる割裂浸透現象が起こるためである。一方、地盤が良く締っている層では、割裂浸透が起こりにくいことから瞬結ゲルタイムの薬液は乱された場所のシールのみに使い、緩結ゲルによる浸透注入に重きをおいた施工となる。

一方、礫層では、透水係数が大きな場所で薬液の拡散を防ぐことを第一に考え、瞬結ゲルタイムの薬液を多く使用し、透水係数が小さくなるほど緩結ゲルタイムの薬液を多く使用し、礫層の間隙を埋める砂への浸透を図り、確実な改良効果を期待する。

このように地盤条件によって、ゲルタイムの違う薬液を使い分けることで、二重管ストレーナ工法〈複相式〉は単管ロッド工法や二重管ストレーナ工法〈単相式〉が成し得なかった薬液注入工法の根源的な課題の多くを克服することができたといっていいのではないかと考える。最近の工事では薬液注入工法の大部分に二重管ストレーナ工法〈複相式〉が採用されており、薬液注入の主流になっている。現在、この工法は二重管ストレーナ工法〈複相タイプ〉と呼ばれボーリングロッドをそのまま注入管として用いる工法の標準となっている。

6.8.3　注入管設置と注入作業を分離して行なう方式
(1) 単管ストレーナ工法

この工法は、単管ロッド工法が瞬結ゲルタイムの薬液を注入できずに薬液の所定範囲外への拡散が多くなる宿命的な問題の解決をねらったもの。図 6.8-10 に示すように注入区間全長にわたってストレーナを設けた注入管をあらかじめ設置しておき、注入管を埋めた砂を必要な長さだけ洗い流してはその区間の注入を行う作業を上から順次繰り返すことで、注入効果を発揮させようとする工法である。

協会の記録によれば、この工法は昭和 50 年代には盛んに使われていたが、以下のような問題があり、昭和 60 年代になると急速に使われなくなり、現在ではまったく使用されていない。単管ストレーナ工法の問題は以下の通り。

①あらかじめ注入管を設置する必要があり、その作業が大変で、ボーリングロッド工法と比較してコストが高く、工期もかかる。

②注入管の中に詰めた砂をその都度洗ってから注入作業を行うため、作業効率が悪い。

③注入長さは新しく砂を洗ったところに限定してあるはずだが、注入範囲の上にもストレーナが切ってあることから注入した薬液はどうしても上のほうにより多くはいる傾向にあり、注入ムラが生ずる。

④注入完了後注入管の回収がむずかしく、推進工事などの後工事の支障になることもあった。

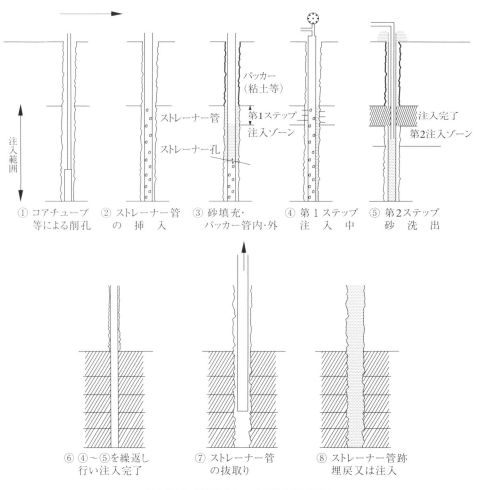

図6.8-10 単管ストレーナ工法の施工順序

以上の理由によりこの工法は現在使われていないが、注入効果をより高める方法の1つに、上部から下部に向かって順次注入を繰り返すステップダウン式（下降式）があるといわれている。現在それを可能にしたいくつかの工法が開発され実用化しているが、これらの工法は単管ストレーナ工法の思想を受け継いでいるものもある。

(2) ダブルパッカ工法

現在、ダブルパッカ工法が注入管設置と注入作業を分離する注入方式の代表である。

この工法は、フランスのソレタンシュ社が開発した工法で、わが国では昭和40年代に導入され、実用化した記録がある。

一番の特長は、地盤中に設置した注入外管にある。注入外管には一定間隔で注入する孔があり、その孔の外側はゴムなどで防護されているために注入外管には外から水や泥が流れ込まないようになっている。注入の際しては内側からの圧力でゴムなどが開き、薬液が地盤地中に圧入される仕組みになっている。

図6.8-11の施工手順に示すようにまずケーシングで必要範囲の削孔を行い、その中に弱く固まるシールグラウトを満たした後すぐに注入外管を挿入してケーシングを引き抜く。この一

連の作業が注入管設置作業であり、通常はまずこの作業を注入作業に先立ち、注入範囲全体にわたって必要本数全部に行い、これに必要な装置を撤去する。

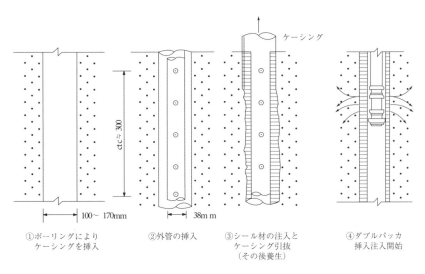

図6.8-11 ダブルパッカ工法の施工順序

注入作業に先立ち、注入外管の外側に固まっているシールグラウト材に注入材が地盤中に浸透する道筋をつけるためのクラッキングという作業を行う。そのあと、地盤の層境や大きな間隙などを埋めるためにCB（セメントベントナイト）を注入する。最後に地盤の間隙に浸透するように溶液型の薬液を注入する。その際、二重管ストレーナ工法と大きく異なるのは数10分から数時間という非常に長いゲルタイムの薬液を注入することと、注入速度が8ℓ/分と非常に遅いことである。

一連の複雑な手順と遅い注入速度を採用することで、ダブルパッカ工法は二重管ストレーナ工法に比べて高い改良効果が得られる反面、工費や効果の面では二重管ストレーナ工法より劣っている。そのためダブルパッカ工法は薬液注入全体とすれば採用される件数は少ないが、規模の大きな工事や効果の面より高いものが求められるケースや、深度が深い工事などで採用されており、薬液注入全体のマーケットに占める数量ベースで10%程度である。

特に地下街や地下駐車場、既設鉄道線路下を通るアンダーパス工事における底盤の遮水のための薬液注入に採用された場合には、この工法の持つ特色が発揮されて、高品質でムラがない改良効果が得られている。

また、最近多く使われだしている液状化対策のための薬液注入では、ダブルパッカ工法が大いにその役割を担っている。この工法に用いている注入外管を基本とした新しい注入装置を工夫することで、一度に大きな範囲の改良を可能にした技術が開発され、コストを抑えた薬液注入による液状化対策が実現した。

6.8.4 その他の工法

既設のマンホールなどに新たな管路を接続するような工事では、道路上からの削孔や注入作業では道路の占有による交通の障害や、地下埋設物の試掘作業さらには道路の舗装など、各種の薬液注入作業に係るわずらわしい作業が必要となる。

このようなケースにおいて、図 6.8-12 に示すように、既設の構造物にある程度の作業余地があれば、その中から注入作業を行なうことができる。この作業が可能であれば、道路を使用する必要がなく、前述の各種の問題が解決され、第3者に影響されることなく作業が進められる利点がある。

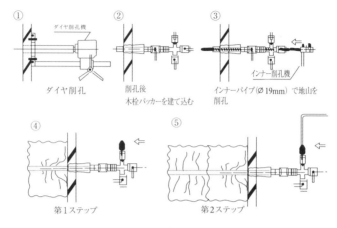

図6.8-12　狭い坑内からの注入方法例

ただしこのような注入を行うためには、特殊な装置を用いる必要がある。また、注入は手前から奥に向かって削孔と注入を繰り返して行くなどの工夫も必要となるために、設計や積算に際しては専門技術者の検討に委ねることをすすめたい。

この注入方法は今後、既設構造物のリニューアル工事などに必要な技術になっていくものと思われる。

6.9　設計に必要な各項目について

6.9.1　設計に必要な各項目

『施工管理等』により契約時に発注者より請負者に下記の項目について条件を明示することが必要であるとしていることから、設計に必要な各項目はそれと同じであると解釈できる。

(1) 工法の区分
二重管ストレーナ工法、ダブルパッカ工法など

(2) 材料の種類
　①溶液型、懸濁型の別
　②溶液型の場合は有機、無機の別
　③瞬結、中結、長結の別

(3) 施工範囲
　①注入対象範囲
　②注入対象範囲の土質分布

(4) 削孔
　①削孔間隔および配置
　②削孔総延長
　③削孔本数

(5) 注入量
　①総注入量
　②土質別注入率

(6) その他
上記で記載できなかった施工管理に必要な項目

上記の各項目について6.9.2で順を追って簡単に解説する。

6.9.2　注入工法
　注入工法は「6.8　注入工法」で解説した通りであり、基本的には二重管ストレーナ工法〈複相式〉を使用する例が最も多い。特別にダブルパッカを使用するケースとしては次のようなものが考えられる。
　　①深度が25 m以上の場合は孔曲がりの影響を排除する
　　②玉石層などボーリングマシンで削孔ができない層
　　③一般より高い注入効果が必要
　　④重要構造物近くで圧力の影響が問題となる
　　⑤大規模な底盤遮水などの難工事
　上記に示すように特殊なケース以外では通常は二重管ストレーナ工法〈複相式〉の採用を考えることで十分目的が達成できる。

6.9.3　注入材料
　注入材料を選定する基本は以下の通りである。
　　・砂質土 ── 溶液型 ── 浸透注入
　　・粘性土 ── 懸濁型 ── 割裂注入
　薬液注入にとっての砂質土と粘性土の区分は図6.9-1の通りである。この表によれば砂分が65%以上なければ薬液は土の間隙に浸透しないことを意味する。この区分により薬液の種類を選定すれば大部分の工事においては特に問題が起こらない。
　注入材の区分にアルカリ系と中性・酸性系があり、アルカリ系の中に無機硬化材と有機硬化材の別がある。これらの区分は溶液型・懸濁型ほど明確な差はないが、強いて区分すれば表6.9-1のようになる。

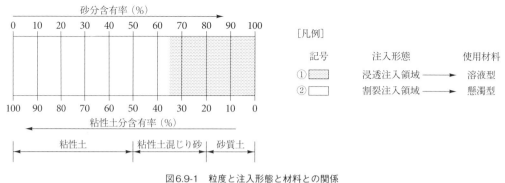

図6.9-1　粒度と注入形態と材料との関係

表6.9-1　材料選定の目安

分類		選定の目安
第Ⅰ分類 液態的分類	溶液型	浸透注入を目的として、砂質系地盤に適用する。 注入方式の多くは、この材料を使用している。 湧水の防止と地盤の粘着力の増加を図るもので、切羽面の自立を目的とした注入などに利用されている。
	懸濁型	粘性土地盤中に割裂注入し、粘着力の増加を図る目的で使用する。その他として空洞や礫層などの大空隙への充填注入に用いる。
第Ⅱ分類 pH的分類	アルカリ系	古くから使用されている薬液であり、現在でも多くの薬液がこの分類に属する。
	中性・酸性系	アルカリ系と改良効果の面で差が認められていないが、中性近くで使用できることから、公共用水域近くで使用するに適するなど環境面で多少の優位性がある。
第Ⅲ分類 ゲル強度分類	無機系反応剤	多くの薬液がこの分類に属する。設計などで用いる改良効果はこの系統の薬液によって得られた値で示されるものである。 暫定指針による水質管理はpHのみでいい。
	有機系反応剤	無機系に比較して、ゲルの安定性が高く高強度が得られることから、重要な目的に使用する場合には無機系より優位に立つ。 暫定指針による水質検査はpHと過マンガン酸カリ消費量テストを行なう必要がある。

　注入材料の選択の中で判断に迷うケースは互層地盤である。互層地盤での薬液の選定は以下が基本となる。

①図6.9-2のように互層のうち粘性土層が2.0 m以下と薄いときには注入範囲を考える際に必要なラップ長さ以下となることから、全層を砂層と考えて注入材料の選定は溶液型とする。

②互層のうち粘性土層が2.0 mよりかなり厚い時は以下のように考える。

a) 粘性土は粘土分からできており、薬液注入が必要と判断される時にはこの層に対しては懸濁型を注入する。この場合、砂層には溶液型を注入することになる。溶液型と懸濁型は同時には注入できないので、注入孔は溶液型と懸濁型をそれぞれに配置する必要がある。

b) 粘性土がシルト分でできている時は、この層からの湧水や地山の崩壊が考えられ、この層に対しても溶液型の使用を検討する。

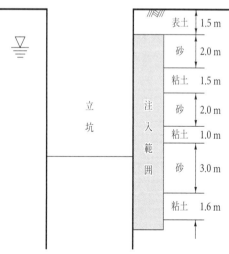

表6.9-2　粘土層が薄い互層への注入

③互層のうち粘性土層がある程度の硬さを持ち薬液注入の必要がないと判断した場合には砂層のみの注入を考える。この場合には粘性土層に対しては砂層注入のラップをとる。
④粘性土層が厚く砂層がほとんどない場合でも粘性土層の中に砂層が介在していることもあり、この介在砂層からの湧水を防止するための薬液注入が必要となる。

6.9.4　注入範囲

薬液注入の範囲を決める際には、計算で求まった範囲と最小改良範囲とを比較して大きいほうの値を取る必要がある。

最小改良範囲とは効果的な薬液注入を行なうために必要な最小範囲のことをいう。地盤中で注入管をでた薬液を人為的にコントロールできないことから、図6.9-3のように改良範囲はきちんとした円にはならない。そのため単列注入では隣り合う改良範囲が繋がらずに一部に未改良部分ができる可能性が非常に大きい。注入範囲の設定に当たっては図6.9-4のように必ず未改良部ができないように複列に注入孔が配置できる範囲を確保することが肝心である。その最小の範囲を1.5 mとして施工深度などに応じてそれぞれ範囲を設定する。

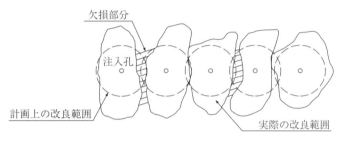

図6.9-3　単列配置の固化状況

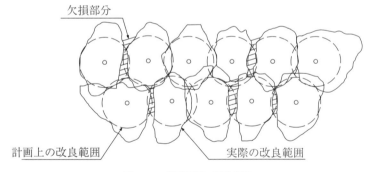

図6.9-4　複列配置の固化状況

計算による注入範囲の求め方は「2.3　設計計算例」にいくつかの計算例を掲載している。それを参考にして設計編のP.13～16に示した最小改良範囲との比較で最終的な注入範囲を決定する必要がある。

また、注入範囲の決定に当たっては、図6.9-5に示すように地下水位や互層などのラップについても配慮する必要がある。これは調査で求めた層厚や地下水位などは必ずしも正確な数値とは限らず、場所や季節による変動があることが通常で、それを配慮して注入範囲を決める必要があるためだ。

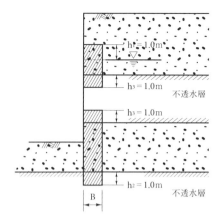

図6.9-5　不透水層および地下水位とのラップ長

6.9.5　注入率

(1) 注入率とは

注入率とは単位注入対象土量あたりの注入量の割合を100分率で表したものである。
この注入率は注入の効果に著しい影響を与えると同時に経済性の上でも重要な要因になることから、その基本的考え方を述べる。

(2) 注入率の基本

注入量は次の式で求める。

$$Q = V \cdot \lambda \cdot J \quad \cdots\cdots(6.9\text{-}1)$$

ただし、

　Q：注入量
　V：注入対象土量
　λ：注入率
　J：重要度

従来注入量は注入対象土量に土粒子の間隙率(n)とそれに対する填充率(α)を乗じて求めるとされており、填充率は100%以下の数値とされてきた。しかし、注入効果は、注入対象地盤の間隙率を上回る注入率を確保しないと注入効果は十分発揮されないことが判明した。

表6.9-2　填充率と強度の関係

	填充率α (%)	一軸強度qu (kgf/cm²)
細砂	122.2	13.8
	131.1	11.9
粗砂	110.2	4.86
	79.5	1.40
	74.7	0.81
	82.2	1.20
	75.5	1.35
	74.1	3.20
	76.2	1.70
	115.7	7.50

モールド作成供試体の一軸強度は、
細砂＝5.0 (kgf/cm²)、粗砂＝4.0 (kgf/cm²)

表6.9-2は早稲田大学森教授の研究結果の一部である。この表に示すように注入率が間隙の100%を超えないと強度は低い数値となっているが、100%を超えると途端に得られる強度は大きな数値となっている。

また、実際に砂地盤の間隙率を測定する方法はむずかしく、薬液注入工法を検討する際に参考にしている土質調査報告書の中に砂の間隙率を測定した結果を記載されているケースはほとんどない。したがって、注入量を求める計算式の中に土粒子の間隙率(n)とその填充率(α)があっても使用することはできず、その点では従来の計算の方法では注入量は求められない。協会としては以上の実状を踏まえて、注入量を求める際は(6.9-1)式によっている。

(3) 注入率と注入効果の関係

注入率と注入効果の関係は非常に顕著であり、その代表例をここで述べる。

図6.9-6は強度から見た注入率と注入効果の関係である。このグラフは横軸が注入前のN値で、縦軸が注入後のN値を表わし、注入率別に注入前後のN値の変化をプロットしたものである。したがって斜のラインを上回らないような状況にあれば、注入の効果が発揮されていないことになる。

(×) 印は注入率が25%を下回る例。この程度の注入率では、N値15以下の非常に軟弱な層では多少の改良効果が認められるものの、それ以上のN値では、効果の得られているもの、得られないものが混在する。

(〇) 印は注入率が$25 \leq N < 35\%$の一群である。このケースでもN値20程度までは改良効果は認められるもの、N値25を上回る地盤では改良効果はほとんど認められない。

(△) 印のように注入率が35%を上回ると注入後の地盤のN値が40～50以上となり、注入効果は顕著にあらわれている。このように注入効果は注入率によって著しく異なり、特に35%以上の注入率を確保することによってより良い注入効果が得られる。この35%を超える注入率は表6.9-2に示す間隙率の100%以上になると顕著な効果が得られる研究と合致するものである。図6.9-7は透水係数から見た注入率と注入効果の関係を示したものである。

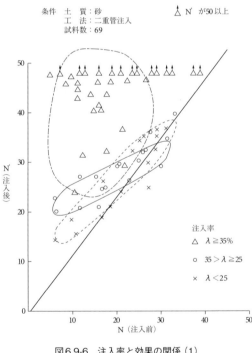

図6.9-6 注入率と効果の関係 (1)

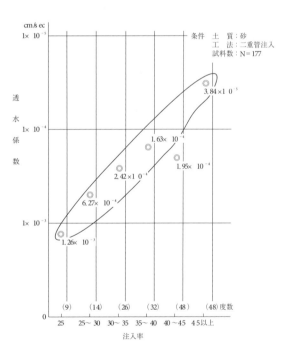

図6.9-7 注入率と効果の関係 (2)

この図で見るかぎり、注入率と改良効果の関係は強度よりもより明確になっている。

一般に地下水位下の掘削工事において、薬液注入工法で安定的な遮水効果を期待するためには、地盤の透水係数は10^{-4} cm/sのオーダーの小さい方の値になる必要があり、その点でも注入率はある数値以上であることが必要で、その値は35%以上となっている。

(4) どのくらいの注入率が採用されているか

少し古いデータになるが、どのくらいの注入率で発注されるかについて、協会員にアンケート調査した結果を図6.9-8にまとめた。

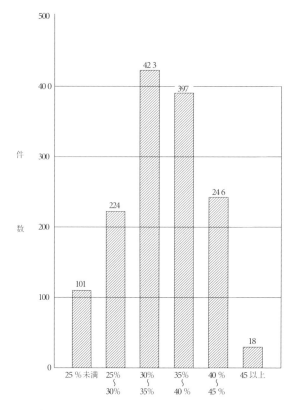

注）二重管注入工法における最近2年間の協会員各社よりのデータ約1,400件をまとめたものである。

図6.9-8 2年間の注入率別の発注データ

この単純平均はちょうど35%以上であり、それぞれが占める割合は図6.9-8のようになる。発注された注入率は35%以上は47%、30%以上を見れば実に77%に及んでいる。これらの数値を見るかぎり協会の考え方が反映された発注になっていると考える。

しかし、23%の工事において30%を下回る注入率となっているが、この程度の注入率では注入効果が発揮されているとも思えず、トラブルなどの発生も多いものと推定できる。

(5) なぜ間隙率以上の注入が可能なのか

先に述べたように注入率（λ）は注入対象土量の間隙率（n）と同じか、それより大きな値が確保されて初めて注入効果が十分発揮される。

この理由について簡単に記す。最も考えられる理由は、注入された薬液が固結に際し注入したと同じ体積に固まるのではなく、凝縮した形で固まるためである。注入した薬液の中に含まれている水のうち、いくらかは、離しょう水として分離し、固結時には、それを除いた残量が固まることになる。

短いゲルタイムで固まる薬液でこの現象を再現することはできないことから、固結した薬液に破壊しない程度の圧力を長時間加えた実験を行った。

その結果は図6.9-9に示す通りで固結した薬液の中に含まれる離しょう水は徐々に排出され、それとともに薬液の体積は小さくなって行く。その結果、圧縮強度も増加している。

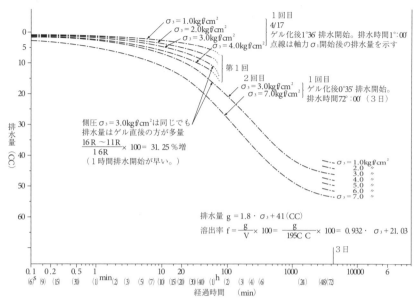

図6.9-9　LWゲル初期化の溶出水量と時間の関係

6.9.6　注入孔間隙と配置

　注入孔間隙は1mを基本として配置する。ほとんどのケースはこの間隙を採用するが、必要に応じてそれぞれの間隙を決定する。

　注入範囲の厚みが1.5mなどの整数では割り切れない数字になることがあるために、注入孔の配置は1m²に1本の割合にならないケースも多くある。注入孔間隙はあくまでも1.0mとすることを原則にして、注入範囲の形からバランスよく配置する必要がある。1m²/本の配置では注入孔数が不足する。配置の例は「2　設計編」のP.19に記載してある。

　注入孔を通常の1mの配置以外を検討できるケースは下記の通りである。

(1) 削孔間隔を狭くすることを検討するケース（0.8mまでの間隔で検討できる）
　①構造物に接近した工事
　②斜め注入や水平注入の場合、特に土かぶりが浅いとき、慎重な検討が必要
　③透水係数の小さい地盤での注入
　④深度が深いケース
　⑤効果の期待度が大きいケース

(2) 削孔間隙を広くすることが可能なケース（1.2mまでの間隔で検討できる）
　①重要度が100%以下の効果の期待度が小さいケース
　②透水係数が非常に大きな地盤での注入
　③懸濁型の薬液を注入するケース

上記の配置を検討するに際しては現場注入試験などで、改良効果などを確認することが必要である。

6.10 各事前調査項目

6.10.1 土質および地下水調査

(1) 調査の必要性

薬液注入工事は、地盤中に注入材料を圧入し、遮水効果や地盤強化を図るために行われる。効果的な注入を行うためには、対象となる地盤の性状や地下水の状況をしっかり把握しておくことが何よりも大切である。また、地下水位やその透水性、さらには流れる方向や、場合によっては水質についても、良く調査しておかなければならない。したがって、用意した「資料」がを鵜呑みにしないことを原則とすべきである。

もし、調査が不十分で、想定した地盤と実際の地盤が異なったり、地下水の確認が不十分なら、次のような様々な問題の発生が懸念される。

① たとえば、粘性土と想定したものが砂質土であったり、また、その反対であったような場合は、使用する注入材料の種類がまったく反対となってしまう。この結果、注入効果が発揮されず、掘削時に地山が安定しないため、湧水や崩壊などから大きな事故につながる恐れもある。

② さらに注入材料が土粒子の間隙に入らないで地盤隆起や地下埋設物の損傷などのトラブルも十分予想できる。

③ 地下水位面の確認や季節的な変化の把握が不十分なら、注入範囲の天端を越えて地下水が流入することもあり、また計算上の水圧などが違っていればせっかく固化した改良体が破壊される現象も発生し、注入効果が発揮されないこともある。とりわけ、底盤からの噴発などが起きれば、大きな事故となることもある。

そのため特に土性値や地下水位などの確認は重要である。

(2) 調査の留意点

効果的な注入を行うため調査に際しては、次の点に留意する必要がある。

① 薬液注入を検討する個所にできるだけ近い位置での実施。まれに別の場所で実施した資料をもとに検討することもあるが、この場合、土層構成や地下水位などが異なると効果が発揮できないこともあるので、薬液注入を検討している個所で行うことが必要である。調査は全層実施を原則とし、その結果は図6.10-1の土質柱状図のように表わす。

② 全土層の構成や粒度の状況の把握。推進を実施する深さのみを詳細に調査している資料もあるが、影響を受ける上部の土層の状況も把握しておかないと十分検討できないケースもあることから、図6.10-1に示すような土質柱状図ならびに図6.10-2に示す粒径加積曲線などで、全体の層の状況が把握できるようにすることが大切となる。

③ 特有の名称を持つ土層はその名称を記すことによってある程度の土性値の推定が可能となり、また、かつて実施した事例などが見つけやすくなるなど、検討に際しての有力な資料となる。

④ 玉石などの比較的大きな礫を含む層では、N値測定での地盤の締まり具合はあまり参考にならず、どちらかといえば透水試験の結果などで、土層の状況が判断できる。ただし、礫径や含有率は削孔能率に大きく影響するので礫径調査が必要となる。

⑤ 地下水位の調査については、あきらかに不透水層が狭在している場合には、各層ごとに水位が異なることが多いので、層別に地下水位の測定を実施する。

図6.10-4に示すように単孔式での地下水位は高かったが、これは上部の砂層の水位を測定していたものであり、再調査により下の砂礫層の水位はそれより低い位置にある。これによって、薬液注入による盤ぶくれ防止が必要であったものが、再調査の結果では不要となった。

⑥山のすそ野など、地形から見てあきらかに地下水の流れが速く、しかも礫層など透水係数の大きな場所では地下水の流向および流速を無視することはできない。（大部分は特に流向、流速を問題にしなくても良い）このようなケースでは地下水の流向、流速を測定し、薬液注入により固化する位置がずれないようにする必要がある。（図6.10-5）

⑦温泉や人為的な影響を受けている土は酸性またはアルカリ性を示すことがあり、この場合は注入した材料が固化しなかったり、ゲルタイムが極端に変化してしまうこともあるので、懸念がある場合には地下水の水質調査が必要である。（大部分のケースでは地下水の影響を受けない）

ボーリング柱状図

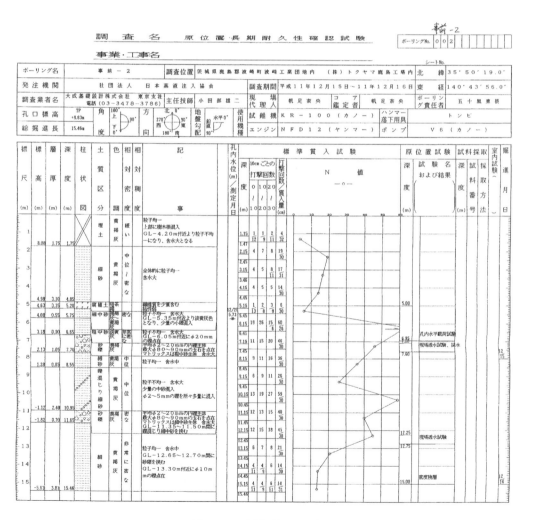

図6.10-1　土質柱状図サンプル

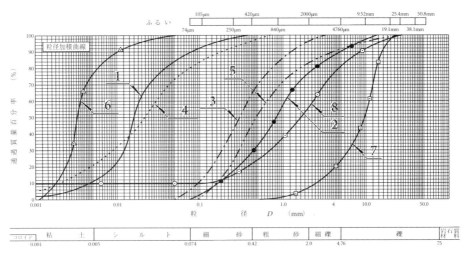

図6.10-2　粒径加積曲線

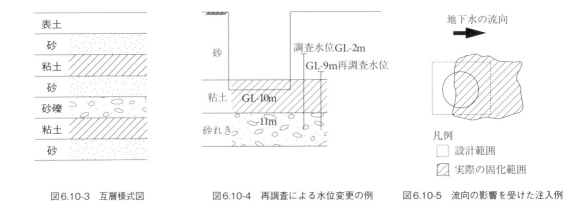

図6.10-3　互層模式図　　図6.10-4　再調査による水位変更の例　　図6.10-5　流向の影響を受けた注入例

6.10.2　埋設物、井戸・環境調査

これらの調査は次のような点に留意する必要がある。

(1) 埋設物などの調査

①削孔の際に埋設物を損傷するのを防止するため、すべての埋設管の種類、大きさ、形状、埋設位置、利用状況などを十分調査し、立合試掘によってその位置を明確にする。

②近接構造物については注入圧力による変状の影響を防ぐために構造などの調査を実施する。特に地下室や地下水槽などへの注入材流入対策の検討のために、構造調査が必要である。

(2) 井戸および公共用水域の調査

この調査は『暫定指針』により義務づけられているので、次のような調査を実施する。

①井戸の位置、深さ、構造、使用目的および使用状況

②河川、湖沼、海域などの公共用水域および飲用のための貯水池並びに養魚施設の位置、深さ、形状、構造、利用目的および利用状況

(3) 環境調査
ⅰ　植生
①田、畑などの近くで薬液注入を行う際には農作物への影響も懸念されるので、農作物の種類や植える時期、収穫時期などを調査する。
②街路樹や生垣近くで行う時は防護対策を実施するかどうかの判断資料とするため、種類などを調査する。

ⅱ　生活環境調査
作業時間などを検討する基礎資料とするため、建築基準法による用途区域の種別や病院学校などを調査する。

ⅲ　交通
道路の占有や作業時間帯の検討のために実態調査が必要である。

(4) 調査の重要性
多くの工事は、都市ならびにその周辺で行なわれることから、すでに多くの構造物や地下埋設物があり、また公共用水域や植物の近くでの施工となるケースも少なくない。したがって、それらの影響を防ぐためにもあらかじめ現状を十分把握しておくことが大切である。

注入工事に先立って対応処置をおこたらなければ、諸々のトラブルを防ぎ、安全で効果的な注入を行なうことができるが、調査が不十分なら、次のようなトラブルの発生が懸念される。
①埋設物の確認が不十分な場合には、注入管を設置する際にボーリングにより埋設管を損傷してしまい、大きな社会的影響をもたらすことになる。
②注入材が埋設管や建物の地下室などへ流れ込み詰めてしまうこともある。
③公共用水域や田畑に流れ込めば、少量ではほとんど問題ないが、多量なら魚や植物へ影響することもあり得る。
④近くで飲用などに使用中の井戸があれば、そこに流れ込んで人体に影響したり、井戸を詰めてしまうことも予想される。

6.11 施工管理

6.11.1 施工管理について
日本の複雑な地盤に対応して効果的な薬液注入を行い、より良い品質の改良体を作るためには現場における施工管理は非常に大切である。
施工管理は大きく分けて次のような項目がある。
①施工数量の管理
②品質の管理
③安全ならびに環境の管理
これらについて順に記述していく。

6.11.2 施工計画打ち合わせ時に請負者から提出する項目とその対応
(1) 施工計画打ち合わせ時に請負者から提出する項目
『施工管理等』によれば、施工計画打ち合わせ時に請負者は下記に示す各項目について内容を

検討し発注者に提出して、条件明示ならびに請負者が提出した項目について協議することが定められている。

施工計画打ち合わせ時に請負者から提出する項目は以下の通りである。

　ｉ　工法関係
　　①注入圧
　　②注入速度
　　③注入順序
　　④ステップ長

　ⅱ　材料関係
　　①材料（購入・流通経路などを含む）
　　②ゲルタイム
　　③配合

また『暫定指針』に定められている事項についても適切に明示することも必要である。

(2) 対応の基本

明示する必要がある項目については表6.11-1のように行う。このうち工法関係の項目については後述する品質管理の項で解説する。

また、条件明示の各項目についての専門業者ならびに請負者としての検討は原則として表6.11-2のように行う。

表6.11-1　明示された条件とその対応の例

項　目	明示してもらう項目	検討項目
①工法区分 および ②注入材料	注入工法（二重ストレーナー、ダブルパッカーなど） 注入材料、溶液型、懸濁型の別、 溶液の場合は有機・無機の別、 瞬結・中結・長結の別	土質条件と適否 同上 同上および注入効果の期待度 同上周辺条件との期待度 施工の可否
③施工範囲	注入対象範囲およびその周辺条件	注入範囲の適否、埋設物、構造への影響、施工位置の決定
④削　孔	削孔問題と配置 削孔総本数 削孔本数	土質条件と適否 施工の可否 周辺条件との適否
⑤注入料	総注入量、土質別注入率	注入率は適否はおよび注入範囲との関連による注入量との適否
⑥土質条件	注入対象範囲および上下の土層条件	土質柱状図、N値、各層の粒度分布。 地下水位（各帯水槽ごと）、 埋土などの特種条件の有無 （注入検討の最低条件）
⑦その他	その他の薬液注入の計画および施工に影響を及ぼすと考えられる各項目	構造物の変位許容量、 井戸公共用水域の状況、 その他影響防止のための諸項目

表6.11-2 施工計画に打合わせる項目とその対応の仕方

	打合わせる項目	その他の対応の仕方
①工法関係	注入圧	計画時には、注入圧の絶対値については明示できないので、目標値としての値を示し、試験工事の結果から最終的に決める。また、数値は必ずしも一定の値に限定できないので、約 X MPa～Y MPa とするが、上限を A MPa とするなどの記述にする。
	注入速度	注入速度(吐出量)は、標準速度または基準速度 B ℓ/min とし、但し書きで実施工においてはある幅で変更されることがあり得ることを明示する。
	注入順序	注入順序は、原則として施工する順序(内→外)(西→東)などを明示し、ブロック分けがあればその旨を記述する。 大規模工事においては詳細なものは、その都度必要に応じて提出する。
	ステップ長	工法によるステップ長を明示する。
②材料関係	材料	使用材料名、その内容、購入メーカおよび流通経路などを明示する。 材料の品質証明書を添付する。
	ゲルタイム	ゲルタイムは、瞬結・中結・長結の別が望ましい。 数値の明示を求められたときは、ある幅の数値を記述すること。特にゲルタイムは水温、水質、施工条件その他より変化することを注釈で示す。
	配合	水ガラスは数値を固定して記述する。 硬化材などについてはある幅を持たせて記述し、ゲルタイムの変更、水温、水質などにより変化させることを注釈で示す。
	暫定指針の項目	適宜必要項目を運び出し、その内容を記述する。

6.11.3 数量の管理

(1) 数量管理の基本

『施工管理等』を受けて数量の管理は表 6.11-3 のように行う。通達の全文は「7章 資料編」のP.360 に掲載してある。この通達の具体的な対応方法にいては施工管理の通達が出された際に、建設省(現国土交通省)と社団法人日本薬液注入協会(現社団法人日本グラウト協会)が詳細な内容を決め日本土木工業会と合わせた3者合同で全国各地において講習会を実施して広く周知した。具体的な内容については協会発行の『薬液注入工事における施工管理方式について』(平成2年10月)を参照されたい。また現場で必要な書類に関しては、「第4章 施工編」のP.181～182を参照されたい。

表6.11-3 数量の管理の基本

区 分	種 類	納 入 時	使 用 時
材 料	水ガラス	監督員立会による伝票と数量の確認	納入量、使用量、廃棄量残数量の確認記録
	硬化材	同 上	同 上
注入量	注入材料(薬液)	同 上	協会認定流量計による注入量の確認 500kℓ 以上の工事なら水ガラス使用量の確認

施工管理に関する通達のポイントは以下の通りである。
　①数量ならびに品質を材料納入時や注入時には決められた形式の証明が必要であり、特に材料の納入時にはそれぞれの材料ごとにメーカーまたは商社の証明書が必要となる。
　②数量の確認は監督員が立ち会って行ないそれを写真などで確認する。
　③注入量の確認は流量計のチャート紙で行なうが、その取り扱いについては施工管理に通達で細かく決められている。
　④計画で決められた注入量は、あくまでも注入量の目安として提示した当初設計量であり、現場の状態に応じて注入量は設計量に対して増減があるのが普通であり、最終的に清算する必要がある。

(2) 注入量の確認

注入量は、流量圧力管理測定装置（通称流量計）の記録紙であるチャート紙に記録されたもので確認する。そのチャート紙の取り扱いについては施工管理の通達で下記のように決められている。

　①発注者の検印のあるものを使用する。
　②施工管理者が日々作業開始前にサインならびに日付を記入する。
　③原則として切断せず1ロール使用毎に監督職員に提出する。
　④やむを得ず切断する場合は、監督職員などが検印する。
　⑤監督職員などが立ち会った場合などには、監督職員などがサインする。

また、注入量が500 kℓ以上の大規模工事ではプラントのタンクからミキサまでの間に流量積算計を設置し、水ガラスの日使用量などを管理する必要がある。

(3) 協会認定流量計

i 協会認定流量計とは

施工管理の通達を受けて、協会（当時は社団法人日本薬液注入協会）では平成3年に建設省（現国土交通省）の承認を得て、施工管理技術の向上と不正防止のために協会認定流量計を作製。その普及に努めた結果、現在約4,000台の機械の稼働が可能である。この協会認定流量計は、機械の製作段階から、日常のメンテナンスまで幅広く協会がそれぞれの段階で細かく内容を決めていることから、各機械の外観やその大きさおよび色合いは異なるがスペックなどは統一している。そのため従来の流量計に比べて表6.11-4に示すように正確に注入量が記録されると同時にその確認が容易である。

表6.11-4　流量計の精度の比較

項　目	旧来型 （アナログ方式）	協会認定型 （アナログ、デジタル併用） （流量はデジタルで求める）
①測定 （感知および流量の算出）	使用中のものについては、整備工場の設備、技術者の技能により数値が必ずしも保証されない。	新品の場合はフルスケールの1％以下。協会として設備、技術者の技能を決めるなど、整備基準を作っているので上記の数値が保証できる。
②記録 （量の読み取り）	注入量はチャート紙に記録された線から読むために誤差が多くなる。 a.湿度、温度によるチャート紙の伸縮に起因する誤差、最大5％ b.チャート紙とスプロケットのかみ合わせのガタによる誤差、新品時、最大0.2％ c.チャート紙の読みによる誤差0.1～0.2％ その他として、零点の変動チャート紙の線の長さを読む誤差などが加わるため、通常数％はある。	測定結果は直接印字するので誤差は①の誤差より大きくなることはない。

ii 特長

協会認定流量計の特色には以下のようなものがある。

　①すべての仕様が統一されているので、監督員の管理が容易である。
　②注入量は1孔の注入が終了した段階で自動的に必要な情報が印字されるので、誤差がほとんどない正確な量が直ちに確認できる。
　③最長6ヶ月以内の間にきちんと機械設備が整った整備工場での点検整備が義務づけられているので、常に正常に機能する機械が提供される。

④協会が機械や整備点検の工場や点検状態を保証している。またその状態は機械に貼ったラベルや点検整備の結果を示す書類が機械に添付されるので、簡単に確認できる。

⑤正時印字を行うことで作業状況の把握が可能となり不正を防止できる。

iii　機械の認定

協会として機械などの認定は次のように行なっている。

①機械の機種を認定し、認定を受けた機種には協会発行の金属製のラベルが貼られている。

②定期整備済みの機械には協会発行の定期検査済証が張られている。この証は4色あり、6ヶ月ごとに色を変えている。

③現場に機械を持ち込む際は工場の出庫時に協会認定工場がその品質を保証する証明として、表6.11-5にあるような試験成績表を添付するので、これを確認することで、監督員の立会い検査が容易にできる。

表6.11-5　納入時の機械に添付する試験成績表（例）

iv 機械の仕様

機械の仕様は表6.11-6の通りである。機械の主要部はブラックボックスになっており、現場では勝手に操作することはできないシステムになっている。

表6.11-6 認定流量計共通仕様

項目	認定型流量計の仕様
流量	0～60 ℓ/min
圧力	0～6MPa
積算流量	0～99,999 ℓ
記録速度	120mm/hr
記録ペン	(赤) 流量 (緑) 圧力 (紫) 印字
記録用紙	幅100mm 長さ8m、4m

v チャート紙について

注入量は流量計にセットしたチャート紙に記録されるので、注入数量の確認はチャート紙の読みによることになり、この正確さが厳しく求められるのは当然である。協会認定流量計では正確な注入量が確認できるようにするために1孔の注入が終了したら、直ちにチャート紙に注入量などの必要な情報が印字されるようになっている。そのため正確な注入量が直ちに確認できる。

協会認定流量計以外の流量計では、注入量はチャート紙に記録された瞬間流量の連続記録を示す線を積分して求めていた。これでは直ちに流量が確認できないばかりでなく、「チャート紙の伸び縮み」「流量の読みの誤差」「記録ペンの表示誤差」などを原因として、実注入量と注入量の読みの間には最大5%程度の誤差が生じることがあった。

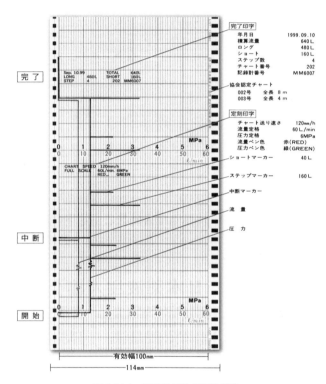

図6.11-1 認定流量計の記録(例)

しかし、協会認定流量計では正確に測れる流量測定機の部分から直接確認した流量を印字の形でチャート紙に記録することから、従来の流量計で問題となった読みの誤差が生ずる原因は発生しない。実注入量と注入量の読みの差は最大0.8%であり、正確な注入量が瞬時に確認可能である。チャート紙の記録例を図6.11-1に示す。注入量と圧力の記録は国際単位になっている。またチャート紙には社団法人日本グラウト協会のロゴマークが入っており、著作権から協会員以外の者は使用できない。

vi 日報用紙

注入量その他の記録は、最終的に日報用紙にまとめられる。そのため日報用紙は数量の管理に重要な役割を果たしている。協会の会員が施工するときは統一の形式にしたがってフォーマットが決められている日報用紙に記入して提出することになっている。日報用紙は表6.11-7の通りであり、この日報用紙も著作権から協会員以外は使用できない。

表6.11-7 協会員共通日報用紙

6.11.4 品質の管理
(1) 品質管理の基本

決められた数量を注入すれば薬液注入による改良効果が発揮できるとは限らない。そのため、数量の管理とともに品質の管理も重要である。品質の管理の基本は、目的にあわせた適正な工法、材料ならびに注入量を確保すると同時に品質に係る項目をきちんと決めて、工事の各段階で守られているかどうかを確認することである。

施工管理の基本は、設計が適正であるかどうかをまず原位置で検証し、原位置に合った施工仕様を確認することである。そのためには図6.11-2に示すような手順で検証していく必要がある。この中でも重要なのは原位置での注入試験である。わが国のように複雑な堆積状況が普通である地盤では、協会発刊の設計資料などに書かれている設計基準はあくまでも施行の目安を示すものであり、適正な施工のためには原位置での確認が不可欠になる。このことは暫定指針や施工管理の通達の中に明記されている。

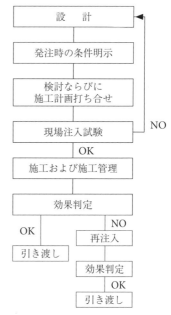

図6.11-2 品質管理の基本フロー

(2) 設計管理上の重要項目とその解説

i 設計管理上の重要項目

設計管理上の重要項目は「注入材料」「注入工法」「注入量」「注入圧力」「注入速度」「ゲルタイム」「ステップ長さ」「注入順序」などがある。このうち「注入材料」「注入工法」「注入量」などは「5.9 設計」に必要な各項目で述べているので、ここでは「注入圧力」「注入速度」「ゲルタイム」「ステップ長さ」「注入順序」について述べていきたい。

ii 注入圧力

注入圧力とは薬液注入に際して、薬液が土粒子の間隙を埋めている水を追い出して間隙に浸透するために必要な抵抗値である。通常はプラントに設けられた流量計の圧力ゲージや注入口元に設けた圧力計で確認する。

注入圧力は土粒子の間隙に薬液が浸透するための抵抗値で、注入する側がその数値を任意に決めることはできない。したがって注入対象地盤に薬液注入を行う際の注入圧力は、現場注入試験で確認して目安の数値を決定する必要がある。

基本的には地盤の著しい隆起や既設の構造物への影響がない場合、注入圧力が高いほうがより効果的な注入となることは今までの実績で確認されている。また透水係数が大きな地盤ほど注入圧力が小さくなる傾向も確認されている。

実際の施工に際しては、地表面や既設の構造物への影響を観察しながら、注入作業を行うが、施工管理上ではそのときの圧力の絶対値が問題になるのではなく、注入の進行とともに圧力の上昇傾向が見られるかどうかで注入効果が発揮されているかどうかを判断している。

したがって、施工数量が少ない工事においては圧力の変化は小さく、施工の進行とともに圧力が変化する程の注入数量がないことから注入圧力による品質の管理は実質的に不可能である。また、最近最も多く採用されている二重管ストレーナ工法では薬液がストレーナを通過する際の抵抗圧が大きいことから特に注入圧力の変化は読み取り難い傾向にある。そのため、注入圧力による施工管理は規模の大きな工事に限定される。

図 6.11-3 は大規模開削工事の底盤遮水を薬液注入で行った例であり、注入圧力の管理で注入効果を推定しながら施工した例である。

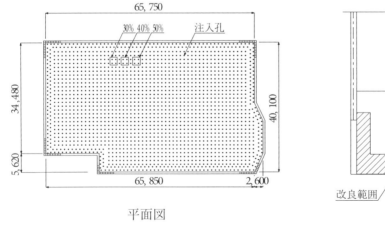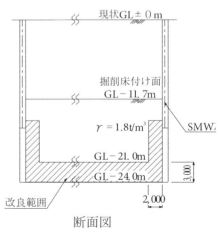

図6.11-3 大規模開削工事底盤遮水注入例

開削面積が 40×60 m と大変広く、注入本数は 1,800 本以上ある非常に大型の注入工事である。この工事では、図 6.11-4 のように注入孔 9 本を 1 つのブロック単位とし、まず外側 8 孔の注入を行う。その際、注入圧力と比較して最後に注入する中心孔の圧力が小さい状態で計画注入量の注入が終了してしまった時は、その孔の注入量を増やして追加注入することにした。また全体として注入の進行とともに先行して注入したブロックの注入圧力より、後から注入するブロックの圧力が小さい傾向にある場合は、そのブロックの注入を追加して行うことにしていた。

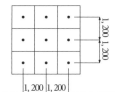

図6.11-4　9本単位のブロックによる管理例

幸い追加注入を行った個所はなったが、このような施工管理を実施した結果、注入終了後に任意の個所で効果確認を行い非常に均等に改良されて、薬液の効果がミクロの単位でも発揮されていることが確認できた。最大 1,000ℓ と予想していた設計時の湧水量も実際にはその 60%程度の約 600ℓ と少なかった。

また、図 6.11-5 は圧力マップの例であり、大型工事ではこのような圧力マップを作成して、品質管理を行なっているケースもある。ただし上記のいずれのケースでも、圧力の絶対値を決めてそれによって施工管理は行なっていない。

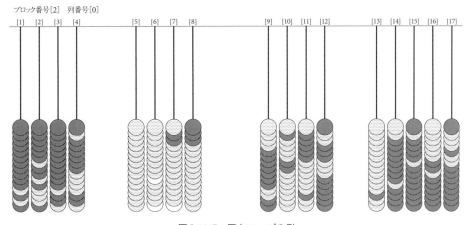

図6.11-5　圧力マップの例

iii　注入速度

注入速度は表 6.11-8 を基本とする。
より高い注入効果を発揮させかつ周辺構造の変位や地盤の隆起を防止するためには注入速度は遅いほうが望ましい。一方、経済性を考えた時には注入速度は早いほうが良い。

表6.11-8　標準注入速度

工法	標準注入速度
二重管ストレーナ	16ℓ/分
ダブルパッカ	8ℓ/分

注入効果と経済性のバランスを考えて注入速度は数多くの実績をもとに表 6.11-8 にあるような数値に収斂した。実際の工事においては異常に圧力が上昇するか地表面に注入した薬液が噴出するか、地盤などの変状があるなどの現象が見られないときには標準的な注入速度で施工しても一定の注入効果が得られることは多くの施工実績で証明されている。

ただし、次のようなケースでは薬液注入の効果を高め周辺構造物などへの影響を極力少なくするために、注入速度を小さくする必要がある。
　①注入材が入り難い地盤で圧力が高くなってしまうケース
　②既設構造物や地下埋設物への圧力の影響が懸念されるケース
　③より高い注入効果を期待するケース
　④土被りが浅く地表に薬液が噴出する懸念があるケース
　⑤公共用水域や農作物・植物への影響が心配なケース
　⑥掘削した立抗の背面などあまり圧力がかけられない注入のケース

これらのケースでの注入にでは、現場試験注入を実施して注入速度を決定する必要がある。また周辺への各種の影響を防止するために本注入に際しては施工基準を決めると同時に、常に監視を怠らず、問題の発生を防ぐ措置を取ることが肝要である。

iv　ゲルタイム

a)　ゲルタイムとは

薬液注入工法の最も大きな特長は任意に固化時間を調整できる化学材料を使用することである。したがってゲルタイムは薬液注入工法では重要な意味を持っている。ゲルタイムとは混合した材料が流動性を失うまでの時間をいう。通常は主材である水ガラスとそれを固める硬化材を別々に調合して、ゲルタイムを確認する際にはそれを混合して、カップ倒立法により流動性を失う時間を計って確認している。また、ゲルタイムが数10分から数時間の単位で固まるように調合した場合には袋詰による方法で測定している。

b)　工法とゲルタイムの関係

一般にゲルタイムは次のように分類されている。
- 瞬結：秒の単位で、通常は数秒から数10秒で使用する。
- 緩結：数分から数時間の単位で、状況によって任意に設定する。

工法とゲルタイムの関係は表6.11-9のようになる。

表6.11-9　工法と使用ゲルタイムの関係

工法	注入時	ゲルタイム
二重ストレーナ工法（複相式）	一次注入	瞬結
	二次注入	緩結
ダブルパッカ工法	一次注入	なし
	二次注入	緩結

注）ダブルパッカ工法の一次注入はセメントベントナイトなのでゲルタイムはない。

c)　二重管ストレーナ工法におけるゲルタイム

二重管ストレーナ工法では、まず一次注入として瞬結ゲルタイムの薬液を注入して、削孔時に乱した注入管（ボーリングロッド）周辺の空洞を埋めて、薬液が必要範囲外に拡散するのを防止する。

次に緩結ゲルタイムの薬液を注入して土粒子の間隙に薬液を浸透させることでサンドゲルを形成させ、一体化した改良体を形成することを基本としている。

したがってこの工法ではゲルタイムは少なくても2種類使用することになり、1ステップごとに瞬結、緩結のそれぞれのゲルタイムを持つ薬液を交互に注入していく。

二重管ストレーナ工法のうち単相式という瞬結ゲルタイムの薬液を注入していく工法もあっ

たが、瞬結ゲルタイムのみの使用では所定範囲外に拡散は防げても必要範囲内での均質な改良に問題があるために現在では使用頻度は非常に少ない。これは二重管ストレーナ工法のうち複相式を使用することで、効果的な薬液注入が行なえることが広く認識されてきたことに起因している。

d) ダブルパッカ工法におけるゲルタイム

ダブルパッカ工法は注入管設置の段階で注入した薬液が所定範囲外に拡散するのを防止できるような対策が取られているので、瞬結ゲルタイムの薬液を注入する必要はない。

この工法では一次注入として、セメントベントナイトを注入して大きな隙間を埋めた後に非常に長い緩結ゲルタイムに薬液をゆっくり注入していくことから、二重管ストレーナ工法よりは注入効果は高いものが得られる。コストや工期の面では不利であるが重要な工事で広く採用されている。

(5) ゲルタイムの調整

水ガラス系薬液のゲルタイムの調整に当たっては、同じ硬化材の量でも水温や水質さらには水ガラスの製品ごとに微妙にゲルタイムに違いがあることを認識する必要がある。したがって実際の工事で得られるゲルタイムは完全に施工計画時などで設定したゲルタイムと同じにはならないこともある。

たとえば設計上5秒で設定しても実際の工事では4秒であったり6秒、7秒であったりすることがある。そのことで効果面に差ができるとは考えていない。ゲルタイムはある程度の範囲に収まり、基本的な趣旨を外れない限り特に問題はないと考えている。

また、ゲルタイムを何秒、あるいは何分に設定するかは技術者の経験にもとづく判断で、技術者ごとに微妙に異なることもあり得る。それも許容の範囲である。

v ステップ長さ

ステップ長さとは、1孔の注入で注入するか個所間の長さのことをいう。二重管ストレーナ工法では0.2〜0.5 mの範囲で各工法ごとに決めている。またダブルパッカ工法では0.35 mごとに注入口を設けているので、この長さがステップ長さとなる。

この長さで特に問題が発生していないので、ステップ長さはこの程度でよいと考える。ただし、注入圧力を低く注入したいときはステップ長さを小さくする必要がある。

vi 注入順序

注入孔の数が大きいときの注入順序は大きく分けて下記の2つがある。

① 注入圧力を逃がすようにするために内側から外側に向かって注入していく。この場合には既設構造物などに近接した注入のケースなどで用いる方法であり、拘束効果は期待しないが圧力による既設構造物への影響は少ない。

② 外側から内側に向かって注入していくことで、拘束効果によるより良い注入効果を期待する方法である。この方法は既設構造物近傍などのケースでは使用しないほうが良い場合が多い。

また通常は1孔置きに注入するケースが多いが、注入孔が少ない場合には注入順序は注入管の配置や機械の台数などを考えて決定する。

6.11.5 環境保全のための管理

(1) 環境保全項目

薬液注入が環境に与える問題には次のようなものが考えられる。
　①地下水の汚染
　②公共用水域などの汚染
　③動植物への影響
　④既設構造物の変状
これらに対する監視ならびに管理について順番に述べる。

(2) 地下水の監視

昭和49年に飲用の井戸のすぐ脇で行った薬液注入工事において、薬液が井戸に流れ込み、それを飲んだ住民に健康被害が発生した。その結果を受けて、『暫定指針』により、井戸に流れ込んだアクリルアミド系薬液を含めて、それまで使われていた多くの種類の薬液の使用が禁止され、使用できる薬液は水ガラス系で劇物ならびにフッ素化合物を含まないものに限定された。

薬液注入工事に際しては注入範囲から10 m以内に複数の観測井戸を設置して、表6.11-10のように使用する薬液の種類によって検査項目が決められており、表6.11-11のように注入中はもちろん注入後も地下水の水質の監視が義務づけられている。したがって、すべての薬液注入工事ではこれをもとに地下水の監視を行うことが必要となる。

表6.11-10　検査項目

薬液の種類		検査項目	検査方法	水質基準
水ガラス系	有機物を含まないもの	水素イオン濃度	水質基準に関する省令（昭和41年厚生省令第11号、以下、「厚生省令」をいう。）又は日本工業規格 K 0102の8に定める方法。	pH値8.6以下（工事直前の測定値が8.6を越えるときは、当該測定値以下）であること。
	有機物を含むもの	水素イオン濃度	同　　上	同　　上
		過マンガン酸カリウム消費量	厚生省令に定める方法。	10ppm以下（工事直前の測定値が10ppmを越えるときは、当該測定以下）であること。

表6.11-11　検査回数

時　期	検　査　回　数
注入前	1回
注入中	毎日1回以上
工事終了	1) 2週間経過まで毎日1回以上（ただし、問題なしと判定できれば週1回）
	2) 2週間経過後から半年経過するまで月2回以上

地下水の水質検査の結果、地下水の水質が水質基準であるpHが5.8〜8.6の範囲を逸脱した際は、直ちに工事を中止することになっている。しかし、昭和49年以降、工事件数にして数10万件の実績がある薬液注入工事のすべてで、地下水が水質基準を超えて汚染された例は報告されていない。この実績から、薬液注入が地下水に与える影響は軽微であり、このように地下水を監視しながら薬液注入工事を行なうことで、地下水の汚染はほとんどないと考える。

(3) 公共用水域などの監視

公共用水域の近くで薬液注入を行うときにはあらかじめ公共用水域の状態を調査するとともに、水質の確認が必要となる。また工事に際しては、薬液ならびに排水が直接流れ込むのを防止する対策が必要である。工事中は薬液が直接流れ込むことのないよう常に監視を行うとともに、水を介して薬液注入を行う場合には図6.11-5に示すような特別の装置を使うなどの工夫を行う。

特に、養魚場などの魚などが生息している池などの近くの工事でセメントなどの粒子のある材料を注入する際は池などに流れ込む粒子が魚のエラをふさぐことになり、魚が酸欠で死ぬこともあるので十分注意が必要である。溶液型材料ではそのようなことはないがpHの影響に対する注意が要る。

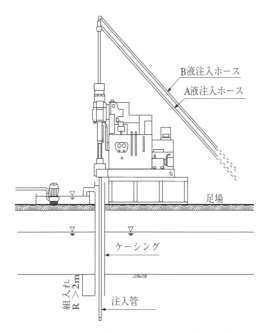

図6.11-5 水を介して注入する際の水質汚染防止装置〈例〉

(4) 農産物や樹木に対する監視

農産物や樹木への影響には次のようなものが考えられる。
　①飛散した薬液が振りかかりそれによって枯死する
　②根の周辺に浸透し水や栄養の吸収を妨げる

これらを防ぐために、プラントを囲う、スイベルの部分に飛散防止用のカバーをつけるなど、薬液がかからないようにする。植物の根の近くまで注入範囲があるときは一時的に移植などの措置を取り、樹木を枯死させないような措置が必要である。

(5) 既設構造物などの監視

既設構造物や地下埋設物の近くでの薬液注入工事では注入圧力により、変状などの影響が出ることもある。それを防ぐためには事前に構造物などの状態を十分調査しておくことが必要である。施工に際しては、最低目視による監視を行う。場合によっては測量による監視や計器を用いた管理体制をとることも検討する。特に重要構造物に対しては注入に先立ち管理基準値を設

定して、それを関係者に十分周知の上で各種計測装置を用いた監視体制を構築する。万が一管理基準値を超えるような時には、直ちに対応が取れるようにしておくことが肝心である。

注入技術により構造物への影響を少なくするための方法がいくつか提案されているので、状況に応じていくつかの方法を採用するとともに注意深い観察を怠らないようにする必要がある。特に注入速度を遅くするなどが有効であり、早めの措置が問題を少なくする。

また、地下埋設物や地下貯水タンクなどへの薬液の侵入を監視する必要もある。

6.12 現場注入試験と効果の確認

6.12.1 現場注入試験と効果の確認について

薬液注入工事に当たっては、あらかじめ、注入計画地盤またはこれと同時の地盤において設計どおりの薬液の注入が行われるか否かについて、調査を行うことが暫定指針の「第3章 3-2現場注入試験」で義務づけられている。この項ではこれに基づいて試験施工とその効果を確認するための効果確認工について順を追って述べる。

現場注入試験ならびに効果確認の実施に当たっては、必要に応じて種類や数量を選定して、本注入工事とは別に設計ならびに積算を行う必要がある。

6.12.2 現場注入試験

(1) 現場注入試験の種類

薬液注入の現場注入試験には大きく分けて次の2種類があり、必要に応じて使い分けられる。
　①設計どおりの注入で目的とした効果が得られるかどうかを確認する試験であり、一般的な現場注入試験はこれによって行われる。
　②要求品質を満たす設計基準を求めるための現場注入試験。このケースは比較的規模の大きい工事で行なわれる。

(2) 設計の可否を確認する現場注入試験

現場注入試験は、設計どおりの注入で必要な効果が得られるかを確認するものであり、比較的小さな規模で実施可能である。また、現場注入試験を行う用地がないときには本注入工事の一部を利用して実施することが可能である。

この試験の多くは、図6.12-1に示すように3孔の注入を行いその中心で効果を確認している。試験に際しては、設計時に設定した注入工法、材料、注入率（注入量）、注入管の間隔などにしたがい、また施工計画時に打合せで合意した注入速度、ゲルタイム、ステップ長などを忠実に守って行うことが肝心である。

注入完了後、効果の確認を行なって薬液注入による改良度合いを確認して、図6.12-2のような措置を取る。
　①設計時に設定した改良強度や透水係数を満足する結果を得たら、設計にしたがって本注入工事を実施する。
　②設計時に設定した改良強度や透水係数を下回る結果がでたときは、もう一度設計にフィードバックして再設計する。

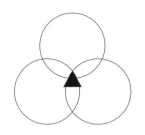

図6.12-1 最小試験注入のモデル

図6.12-2 試験注入結果の取り扱い

(3) 最適な設計仕様を求める試験

i 試験の基本

本注入工事で採用する設計仕様を求める試験で、一般に注入工法や注入材料は地盤などの関係で設定されることから、主として最適な注入率を求める試験が行われている。効果確認を行なって、設計で仮定した強度や透水係数の数値を満足しない注入率は採用しないが、数値を満足した注入率のうちでは最も経済的な注入率を採用する。

特に大規模な工事でなければ、3孔を1ブロックにして、3ブロックの異なる注入率による試験を行うことが多い。透水係数の非常に大きい地盤での底盤遮水工事においては、ある範囲を囲ってそこにどのくらいの湧水があるかを測定して、注入率や改良厚みなどを確認、ないしは求めた例もある。

ii 試験例－1

設計の可否を判断する試験より少し規模を大きくして、必要な注入量を求めるために実施した試験である。図6.12-3のように試験個所が狭いために平面では3孔の注入であるが、深さ方向に3種類の注入率を設定して、目標とした透水係数に達した注入率を本注入工事の注入率にした。

ただし、このように縦に何種類かの注入率を設定するためには同一地盤が厚く堆積していることが必要であり、その点では実施できる現場は制限されどこでもできるわけではない。

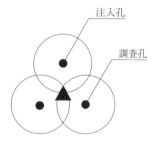

iii 試験例－2

（試験例－1）と比べて比較的敷地に余裕があるケースであり、図6.12-4のように3ブロックの異なる注入率の注入を行って、目標とする透水係数に達した最も経済的な注入率を求める試験である。このような試験を行うときは主として最適な注入率を求めるための現場注入試験が多いが、その際に設定する注入率は設計注入率を真ん中にしてその前後約5%程度注入率を変えて試験するケースが多い。

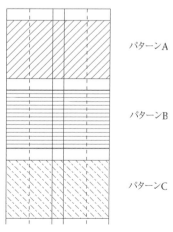

図6.12-3 現場注入試験（例1）

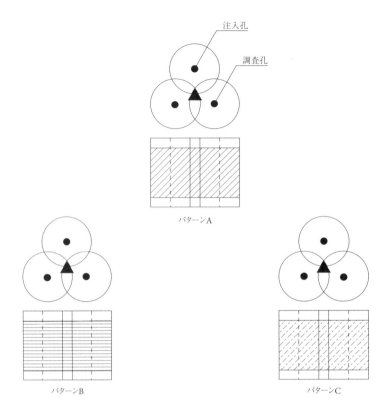

図6.12-4　現場注入試験（例2）

6.12.3 効果の確認
（1）効果の確認方法の分類
効果を確認する方法には大きく分けて表6.12-1および2のようなものがある。またこれらを分類すれば以下のようになる。

表6.12-1　一般的な効果の確認方法

区　分	項　目	方　法	適用範囲	頻度
目視による方法	掘削による確認	掘り出した体験体によって確認する	掘削可能な立杭など	○
	色素判別法	あらかじめ注入材に色素を混入または試薬を散布する	同上	△
透水性の確認	現場透水試験	現場透水試験により透水係数を求める	止水を目的とする	◎
強度の確認	標準貫入試験	N値を測定して強度を確認する	強度の増加と傾向を把握する	◎
	室内強度試験	サンプリングを行って一軸、三軸試験を行って強度を確認する	強度の変化や粘着力の数値を求める	◎
	坑内水平載荷試験	坑内水平載荷試験装置を用いて横方法地盤反力係数を測定する	変形係数から他の強度を推定する	◎

◎：十分確認可能（実績多し）　　○：ケースによっては確認可能
▲：技術の進歩によりケースによっては可能　　△：実績あり

表6.12-2 その他の効果確認方法

項　　目	項　　目	方　　法	適用範囲	頻度
透水性の確認	室内透水試験	サンプリングした試料によって室内透水試験を行う	止水を目的とする	△
強度の確認	プレシオメーター試験	プレシオメーターを用いて横方法地盤反力係数を測定する		△
	静的貫入試験	コーン貫入、スウェーデンなどの静的方法で貫入試験を行う	軟弱な層に対する強度の変化	▲
薬液の浸透の確認	電気比抵抗	地中に電流を流し、注入前後の比抵抗の差を求める		▲
	γ線密度計	γ線を利用して注入前後の密度を計測する		▲
	中性子水分計	注入材にほう素を混入し、中性子の吸収力の差により効果を調べる		△
	化学分析	サンプリングしたものを定性分析を行う		△
	温度変化	地中に埋設した管の周囲温度を測定する		▲

◎：十分確認可能（実績多し）　　○：ケースによっては確認可能
▲：技術の進歩によりケースによっては可能　　△：実績あり

ⅰ　薬液の浸透を確認する方法

直接薬液の浸透を確認する方法には、注入範囲を掘削して固結状況を直接目で見て視認する方法がある。この際に、注入材料に色素を混入して浸透状態をよく確認する方法と、注入材に反応する試薬（アルカリ系薬液にフェノールフタレイン液をかけると赤く色がつく）を用いる方法がある。しかし、この方法は掘削視認できる余地のある場所を確保できることが条件であり、浸透範囲が確認できたこととその範囲でどれだけ効果が発揮できたかどうかの判定とは別であることから、ブロックサンプリングを行って強度や透水性を確認する室内試験などを併用する必要がある。また、色素を薬液に混入しても地盤によってはその色素が土に吸収されて、判別できないこともあるので注意を要するが、切羽面での浸透を定性的に確認するには適した方法である。

ⅱ　強度を確認する方法

強度を確認する方法には以下のようなものがある。
- 原位置試験
    - ①標準貫入試験
    - ②孔内水平載荷試験
    - ③静的貫入試験
- 室内試験
    - ①一軸圧縮試験
    - ②三軸圧縮試験

a）標準貫入試験

これらの試験のうち、最も広く用いられているのが標準貫入試験である。この試験で図6.12-5のように注入前後のN値を求めて、その差が注入効果である考える。またこの注入前後のN値の差を簡易的に粘着力の増加と見て、換算式により粘着力を求めている例もある。標準貫入試験は他の強度を求める試験に比べて簡単な試験であり実施例が多いが、礫を含む層では礫によりN値が大きく出る傾向にあるので注意を要する。

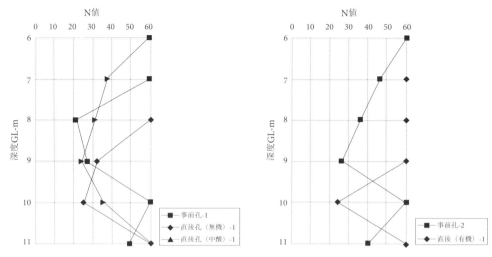

図6.12-5　薬液注入前後のN値の変化（例）

b) 孔内水平載荷試験

この試験は薬液注入の効果確認試験としては、広く用いられている方法とはいえないが、薬液注入の効果確認方法としては優れた方法であると考える。

標準貫入試験は動的な試験であることから、小さな変化が読み難い、礫などによりばらつきがでやすいなどに欠点がある。それに比べて孔内水平載荷試験は静的な試験であり礫などによる数値のばらつきが少ないことからより正しい結果が求められると判断する。

反面、実績が少ないことから他の結果との比較がむずかしい。また、求められる変形係数や降伏応力の数値を薬液注入の計算に直接用いられない問題がある。図6.12-6は協会が実施した長期耐久性確認試験において実施した孔内水平載荷試験で得られた変形係数のグラフである。これによれば、アルカリ系有機硬化材では非常に大きな変形係数になっているが、一般的に薬液注入の計算に用いられている粘着力や圧縮強度がいくらかは判然としない。図6.12-7は一般の土の変形係数がどの程度であるかを地盤工学会の資料を参考にして示したものに試験で得られた薬液の種類別の変形係数を重ねた図である。これにより、薬液注入で改良した地盤は洪積の礫から泥岩（土丹）程度の強度があることが確認できた。

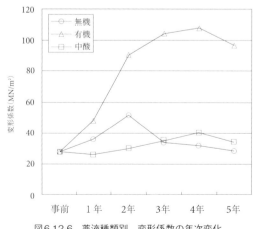

図6.12-6　薬液種類別　変形係数の年次変化

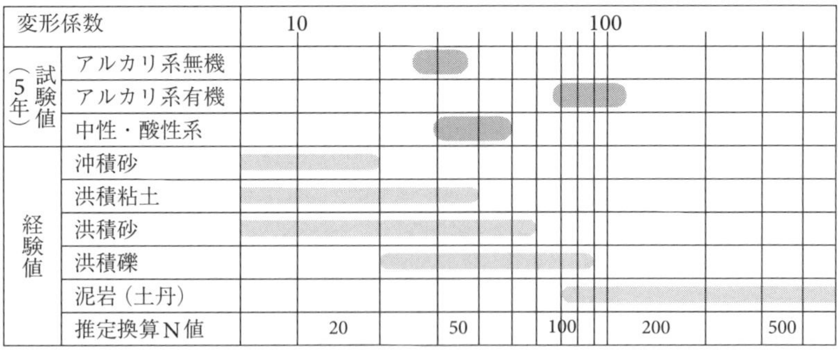

変形係数		10		100	
試験値(5年)	アルカリ系無機				
	アルカリ系有機				
	中性・酸性系				
経験値	沖積砂				
	洪積粘土				
	洪積砂				
	洪積礫				
	泥岩（土丹）				
	推定換算N値	20　50	100　200	500	

図6.12-7　変形係数の試験値と経験値

c) 静的貫入試験

コーン貫入試験やスエーデン式貫入試験など静的な方法で薬液注入の効果を確認する方法である。この方法はN値の小さい粘性土に主に提供する方法であり、薬液注入の主な目的である砂層の改良には使用しないことから、比較的薬液注入の効果確認に使用する例は少ない。

d) 室内強度試験

原位置で試料を取って室内で強度を確認する方法としては、一軸圧縮試験と三軸圧縮試験の2つの方法がある。このうち簡単な方法は一軸圧縮試験であり、圧縮強度が求められる。一軸圧縮試験よりは複雑ではあるが、粘着力を直接求めることができる三軸圧縮試験は薬液注入の効果確認方法としては非常に優れている方法といえる。

ただし、室内で薬液注入の強度を求める試験を行うためにはまずきちんとした試料を採取できることが第1条件である。また、その試料がきちんと整形できるかどうかも重要な条件となる。薬液注入で固化した地盤をきちんと掘り出してブロックサンプリングできれば第1の条件はクリアするが、それでも小礫などが混入している層ではきちんと試料が整形できないので、試験を行っても正しい結果が得られないことが多い。

ボーリングによる試料の採取では、薬液注入で改良した地盤はセメントで固化した地盤と異なり強度が小さいので、傷をつけずに一定の長さの試料が採れることは少ない。そのために薬液注入の効果を求めるために室内で強度試験を行う例は原位置試験に比べて多くないのが現状である。

iii　透水性を確認する方法

薬液注入の効果を確認するのには透水性の変化を確認するのが最もわかりやすい方法であり、効果を示す指標として最適なものである。

透水性を確認する方法には現場透水試験と室内透水試験がある。そのうち室内透水試験方法は先に述べたように試料の採取や整形がむずかしいことから、多くの現場透水試験で薬液注入の効果を確認している。

現場透水試験は、図6.12-8に示すように注入範囲のうち何ヶ所かの深度で試験を行い、それぞれの個所で透水係数を出して、その平均を求める方法と注入範囲の任意の何ヶ所かで試験を行うのが一般的である。

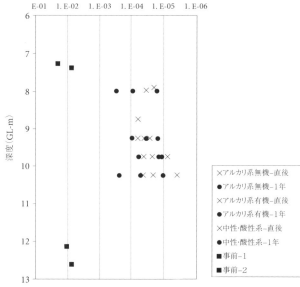

図6.12-8　現場透水試験（例）

もとめた透水係数の値は、絶対値が小さくなるほど薬液注入の効果が発揮できたことは事実であるが、同時に求めた透水係数の数値のばらつきが少ないほうが均質な改良ができたことになるので、単に平均的な数値を求めるだけでなく数値のばらつきにも注目すべきである。

表6.12-3は大規模な底盤遮水注入の結果を確認した例である。この表を見れば、薬液注入の効果は当初に設計で設定した値を下回る結果が得られているので、その点では注入効果は満足するものであったが、絶対数値は10E-4のオーダーであることから、必ずしも十分薬液注入としての改良効果があったかどうかは論議を呼ぶところである。しかしながら、指定された任意の4ヶ所で求めた透水係数の数値は平均値とほとんど変っていないので、注入効果はムラなく発揮されているものと判断できる。このように大規模な注入工事、とりわけ底盤遮水工事などでは求めた結果のばらつきにも注目する必要がある。

表6.12-3　大面積開削工事での底盤透水注入の効果確認例

項目	透水係数
原地盤	10^{-0} cm/sec
試験注入（$\lambda=40\%$）	2.5×10^{-4}
注入後	No.1　2.5×10^{-4} No.2　1.4×10^{-4} No.3　2.0×10^{-4} No.4　3.4×10^{-4} 平均　2.3×10^{-4}

規模の大きい重要な工事では、現場透水試験のうち揚水試験で効果を確認した例もある。この工事は図6.12-9に示すように深度が深い開削工事であり、地盤は非常に透水度が高い礫層であった。しかも開削部の延長は約130mと長いことから、開削は3ブロックに分けて実施した。しかし長い開削部は50mもあり底盤からの湧水を防ぐためには念入りな注入が必要であり、工法や材料その他に特別な工夫を施した。

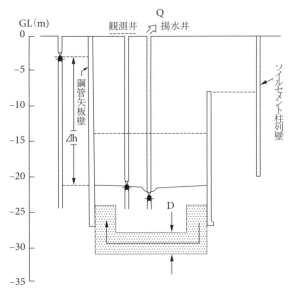

図6.12-9 深度の大きい掘削での底盤遮水注入効果確認例

表6.12-4 効果確認試験結果

ブロック	被圧水位 (GL−m)	観測井水位 (GL−m)	Δh (m)	D (m)	A (㎡)	Q (㎥/min)	透水係数 (cm/sec)
1	3.178	20.731	17.553	3.0	921.57	9.780	$3.02×10^{-6}$
2	3.178	19.808	16.630	3.0	872.19	8.212	$2.83×10^{-6}$
3	3.178	21.987	18.809	3.0	419.37	3.900	$2.47×10^{-6}$

注入効果は各ブロックを1つの箱と仮定して、そこにどのくらいの湧水があるのか、それによって排水が可能であるのかどうかを判断するために揚水試験を実施した。その結果、薬液注入による遮水効果は透水係数が10E-6と非常に小さな値まで下げることに成功し、十分満足する効果を得たが、同時に湧水量が求まることで、掘削時には排水が可能であることを確認できた。

薬液注入により遮水ではこのような検討も場合によっては必要である。

iv 薬液の存在を確認する方法

薬液がどのように浸透しているかを確認する方法には表6.12-2のようなものがある。しかしこれらの方法はいずれも薬液の存在を確認する方法であり、薬液の効果を直接確認する方法ではない。そのため、先に述べてきた各種の効果確認方法と併用する必要がある。

また、これらのどの方法も実際の現場に適用された事例は非常に少ないため、薬液の存在を明確に確認できるレベルに達しているとはいいがたい。さらに最近では二重管ストレーナ工法〈複相式〉の採用により、特に薬液の存在を確認するための試験の必要性が求められないことから、ほとんど採用されることはない。現状では薬液の存在を確認する方法の研究開発はあまり行われておらず、今後も大きく発展するとは考えられない。

6.13 薬液注入工法に係る法的規制

6.13.1 薬液注入工法に係る法的規制

薬液注入工事を行なう際には建設工事に係る各種の法律を順守し、安全に作業を行い第3者災害の防止に努めるのは当然であるが、薬液注入工法に関しては特に下記の法律を順守する必要がある。

① 『薬液注入工法による建設工事の施工に関する暫定指針』（昭和49年7月10日、建設省）
② 『薬液注入工事に係る施工管理等について』（平成2年9月18日、建設省技調発第188号の1）
③ 『山岳トンネル工事におけるウレタン注入の安全管理に関するガイドライン』（平成6年7月1日、建設省事務連絡）
④ 『セメントおよびセメント系固化材の地盤改良への使用および改良土の再利用に関する当面の措置について』（平成12年3月24日建設省技調発第48号）および『セメントおよびセメント系固化材を使用した改良土の六価クロム溶出試験要領（案）』の一部変更について（平成13年5月7日、国総建第120号）

以上の本文は第7章に掲載したが、ここではその主な内容とその対応の仕方について解説する。

6.13.2 薬液注入工法による建設工事の施工に関する暫定指針

昭和49年に福岡県のS町において注入範囲に非常に近い井戸の中に薬液が流れ込み、その井戸水を飲んだ住民に健康被害が発生したのがこの通達のきっかけとなった。薬液注入工事に際しての、安全と環境保護について守るべき各種の決まりを定めたものである。以降これにしたがって工事を行なっているが恒久指針が出されていないので、今後もこれを順守して再び第3者に健康被害がでることや地下水などに影響を与えることがないようにしなければならない。この通達の要点は以下の通りである。

① 薬液注入工法の採用に当たって実施する調査は「土質」「地下埋設物」「地下水」「公共用水域など」でありその目安が示されている。
② 使用できる薬液は水ガラス系薬液（主材が珪酸ナトリウム）で劇物および弗素化合物を含まないものに限定されている。（工事中に緊急事態が生じた時を除く）
③ 薬液注入工事に当たっては、原位置で現場試験注入を実施し計画が適正であるかどうかを確認する。
④ 注入範囲から10m以内に複数の観測井戸を設置し、地下水の水質を検査する。
⑤ 検査の機関や項目、数量が決められている。また、使用する薬液の種類によって検査の内容が異なる。

実際の施工に際しては次のような事柄が問題として提起されているので、その点について述べる。

① **薬液注入で固化した土の残土処分は一般材残土として処分できる。** これは暫定指針がだされたときに、当時の建設省大臣官房技術調査室と社団法人日本薬液注入協会の幹部が打ち合わせて決めてもらったことである。
② 観測井戸は複数なので、2本以上必要である。設置場所は10m以内であればどこでも良いことになっている。明らかに地下水が流れている時は下流の位置に設置することが望ましい。
③ 観測井戸の深さは注入範囲下端より深い位置まで必要である。注入範囲に地下水がない場合でも観測井戸の設置は必要である。地下水が採水できない時はその旨を記録する。

④地下水の検査は注入完了後半年まで行なうことになっているが、何かの事情により観測井戸を半年間保持できないケースでは途中で検査を中止している例もあると聞いている。
⑤地下水の検査で水質が基準を超えた時は工事を中止して監督員と協議することになっているが、現在までそのような事例は報告されていない。

6.13.3 薬液注入工事に係る施工管理などについて

平成2年の初めに、東北・上越新幹線の上野駅からの延伸工事中に御徒町で、シールドの圧気が地表に噴発して道路が陥没する事故が発生した。原因の1つに薬液注入工事の不正があったとされ、これを受けて、薬液注入の不正を防止し、効果的な薬液注入工事を行なうためにだされた通達である。

通達の趣旨は以下の通りである。
①注入材料、特に主材水ガラスについては品質ならびに数量の証明をメーカが行う。硬化材も一定の証明が必要である。
②材料の納入時には監督職員が立ち会い数量などを確認する。
③注入の記録はチャート紙に記録されるが、チャート紙の取り扱いについても定められている。また監督員が立ち会った時にはサインをする。
④設計や試験注入により定めた注入量は当初設計量であり、工事の状況に応じて増減があり、設計変更を適切に行う。
⑤契約時に、設計内容を条件明示として請負者に開示する。明示する内容は細かく決められている。
⑥施工計画打ち合わせ時に請負者から提出する必要がある項目も決められており、それをもとに甲乙協議する。

この通達に関する具体的な対応のために協会では次のようなことを行っている。
①通達の趣旨に則した具体的な対応を決め、『施工管理方式について』という冊子を作り、平成2年から3年にかけて、建設省、日本土木工業会、日本薬液注入協会の3社合同で全国説明会を実施して、広く広宣活動を行った。この冊子は現在も手持ちがあり要望に応じて配布している。
②機種を協会が統一した協会認定流量計を作り、不正ができないようにするとともに、正確な数量などが自動的に印字できるようにすることで、チャート紙の管理が容易になったとともに、協会認定流量計の定期整備も義務づけているので、常に正確な数量が記録できるようにした。
③日報用紙も協会で統一したことで、管理項目などもきちんと統一され、業者ごとに異なる形式で提出されることもなくなり、監督職員のチェックも容易にできるようになった。

6.13.4 山岳トンネル工事におけるウレタン注入の安全管理に関するガイドライン

このガイドラインは、ウレタン系薬液を山岳トンネルにおいて、緊急事態が発生した際の応急処置という非常に限定された状態で使用することが基本条件であり、絶対条件であるとしている。たとえば山岳トンネルであることを理由にして、トンネル先受け工法のための注入などに、当初からウレタンやシリカレジンなどの薬液を使用する設計はできない。

また、緊急工事でウレタン系薬液を使用したときは水質調査を実施したデータを独立行政法人土木研究所（平成6年当時は建設省土木研究所）に提出することになっている。

山岳トンネルにおいて、緊急事態が発生した際の応急処置という非常に限定された状態でウレタンを使用する理由としては、水ガラス系薬液に強度がないことが上げられているが、図6.13-1に示すように水ガラス系薬液の中にも強度が高くしかもその強度の立ち上がりが非常に早い薬液も開発されているので、この山岳トンネル工事に関するガイドラインに優先する暫定指針に適合できるよう水ガラス系薬液を使用すべきである。

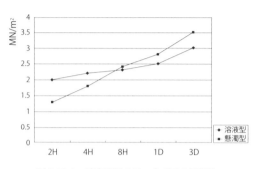

図6.13-1　強度発現の早い水ガラス系薬液

6.13.5　セメントおよびセメント系固化材の地盤改良への使用および改良土の再利用に関する当面の措置について

(1) 通達の趣旨

　この通達は、セメントおよびセメント系固化材を使用して地盤改良工事を行うか、その残土を再利用するときには固化物から六価クロムが溶出することもあり、その溶出量が環境基準以下になるように固化材を選択することおよび溶出試験を実施することを趣旨としている。

通達の主な点は以下の通りである。

①土とセメントを混ぜる地盤改良工法に適用するものであり、セメントまたはセメント系固化材を使用しても土と混ぜない工法はこの通達の適用外である。そのため適用されるとされないものの区分は表6.13-1のようになる。

②工事予定の土を採取して、使用予定のセメントまたはセメント系固化材と配合や混合率にしたがって混ぜた試料を作って、それを環境庁（現環境省）46号溶出試験にしたがって試験を実施することになる。この試験は約1カ月の期間を要するので、工事に際してはこの期間をあらかじめ考慮しておく必要がある。

③環境省が提示している環境基準では六価クロムの溶出量が 0.05 mg/ℓ 以下であるとしていることから、大変厳しい基準となっている。

表6.13-1　六価クロムの溶出試験の要否

必要な工法	必要でない工法
・深層混合処理工法 ・ジェットグラウト工法 ・浅層混合処理工法 その他として ・ソイル柱列杭 ・ヘドロ処理 ・上で固めた土の処分時	・薬液注入工法 ・ダムなどの岩盤注入 ・シールド裏込めなどの空洞充填 ・現場打ち杭 ・RC連続壁

(2) 薬液注入工法との関連

薬液注入工法に関しては基本的にこの通達の範囲外であり、薬液注入工事に際しては六価クロムの溶出試験の必要はない。ただし超微粒子セメントを砂層に対する浸透注入として使用する場合に限り、六価クロムの溶出試験が必要である。

薬液注入でこの試験の必要性がないのは、たとえ懸濁型の薬液注入においてセメントを使用しても、セメントを混入している薬液は地盤中を脈状に走る割裂注入となるために土と薬液が混合することはないので、通達の基本である土とセメントが混じりあうことに接触しないと判断しているためである。

このことは、通達が出た平成6年に建設省（現国土交通省）と打ち合わせて確認した結果であり、協会では平成12年（2000年）6月28日付でその旨を知らせる案内をだしており、広く協会内外に周知している。（本文は第7章参考資料のP.384に掲載している）

(3) なぜ六価クロムが溶出するのか

セメントは原材料の石灰を高温で焼くことで作られる。その石灰の中には、三価のクロムが必ずといってよいほど含まれている。その三価のクロムが高温で焼かれた時に酸化して六価のクロムに変化するので、セメントには必ず六価クロムが含有されている。ただし、どの程度の率で三価クロムが酸化して六価クロムになるのかなどの基本的なところは不明な点が多く、セメント業界の専門家でも良く分からないという。

したがって基本的には、どのセメントにも六価クロムは含まれていると考えるべきであり、セメントなどを使用して土と混ぜる地盤改良工法では環境省46号試験を実施すれば、六価クロムの溶脱量が環境基準を超える危険性がある。

セメントに含まれる六価クロムの量は環境基準で示される量に比べると一桁多い量である。しかしセメントと土が混合した状態であれば六価クロムは溶出しない。（これはタンクリーチング法という試験で確認している。）

環境省46号試験は土壌の汚染を調べる試験方法である。この試験方法を採用すれば、地盤改良工法で固化した物を小さく粉砕して水の中に漬け、六価クロムの溶出を確認することになり、しかも溶出基準は 0.05 mg/ℓ 以下と厳しいものになっていることから、土やセメントの種類によっては六価クロムの溶出量が環境基準を超えてしまう危険性は高くなる。

(4) 土とセメントとの関係

土とセメントとの組み合わせにより六価クロムの溶出量に大きな差ができることは確認してある。表6.13-2に示すように土では火山灰質粘性土で溶出量が多い結果になっている。またセメントでは普通ポルトランドセメントと粘性土での地盤改良工法用に開発された特殊セメントで溶出量が多かった。

反対に高炉セメントはどの土でも溶出量が少ないとの結果を得ている。この結果を見ると、酸化した黄色い土では六価クロムの溶出量が多くなり、灰色の土では還元材があることから溶出量は比較的少ない。

この結果は、独立行政法人土木研究所の委託を受けて社団法人日本薬液注入協会（現社団法人日本グラウト協会）が試験を実施し、その結果をまとめた報告書に詳細に記載されている。独立行政法人土木研究所の技術推進本部、施工技術チームに問い合わせれば閲覧可能である。

表6.13-2 土とセメントの組み合わせによる6価クロム溶出量の実績

土の材料名	土に対する固化材添加量	固化材	六価クロム溶出量（mg/ℓ）		
			材令7日	材令28日	材令91日
砂Ⅰ	100	普通ポルトランドセメント	0.05	0.07	0.06
	200	普通ポルトランドセメント	0.02未満	0.05	0.06
	300	普通ポルトランドセメント	0.05	0.05	0.04
	200	高炉セメントB種	0.02未満	0.02未満	—
	200	微粒子セメント	0.02未満	0.02未満	—
	98	微粒子セメント（浸透）	0.02未満	0.02未満	—
砂Ⅱ	200	微粒子セメント	0.02未満	0.02未満	—
粘性土Ⅰ	100	普通ポルトランドセメント	0.02未満	0.02未満	—
	200	普通ポルトランドセメント	0.02未満	0.02未満	—
	300	普通ポルトランドセメント	0.02未満	0.02未満	—
	200	高炉セメントB種	0.02未満	0.02未満	—
	200	LW	0.02未満	0.02未満	—
	45	LW（割裂）	0.02未満	0.02未満	—
粘性土Ⅱ	200	LW	0.02未満	0.02未満	—
	48	LW（割裂）	0.02未満	0.02未満	—
火山灰質粘性土	200	普通ポルトランドセメント	0.33	0.28	0.39
	300	普通ポルトランドセメント	0.18	0.60	0.41
	400	普通ポルトランドセメント	0.05	0.40	0.46
	94	LW（普通ポルトランド、水ガラス）（割裂）	0.17	0.05	—
	200	高炉セメントB種	0.02未満	0.02未満	—
	300	高炉セメントB種	0.02未満	0.02未満	—
	400	高炉セメントB種	0.02未満	0.02未満	—
	200	特殊セメント（B）	0.58	0.59	0.62
	300	特殊セメント（B）	0.49	0.53	0.58
	400	特殊セメント（B）	0.11	0.86	0.40
	43	LW（特殊セメント（B）、水ガラス）（割裂）	0.12	0.03	—
	200	特殊セメント（C）	0.02未満	0.02未満	—
	300	特殊セメント（C）	0.02未満	0.02未満	—
	400	特殊セメント（C）	0.02未満	0.02未満	—
有機質土	200	普通ポルトランドセメント	0.03	0.02未満	—
	300	普通ポルトランドセメント	0.02未満	0.02未満	—
	400	普通ポルトランドセメント	0.02未満	0.02未満	—
	200	特殊セメント（B）	0.06	0.02未満	—
	300	特殊セメント（B）	0.02未満	0.02未満	—
	400	特殊セメント（B）	0.02未満	0.02未満	—
	200	特殊セメント（A）	0.03	0.02未満	—
	300	特殊セメント（A）	0.02未満	0.02未満	—
	400	特殊セメント（A）	0.02未満	0.02未満	—
	200	特殊セメント（C）	0.04	0.02未満	—
	300	特殊セメント（C）	0.02未満	0.02未満	—
	400	特殊セメント（C）	0.02未満	0.02未満	—
定量下限値			0.02		

測定の方法：「土壌の汚染に係る環境基準」環境庁告示第46号（平成3年8月）JIS K 0102-1998 65.2.1

6.14 協会刊行物について

6.14.1 刊行物の種類
協会では薬液注入を正しく理解してもらうために下記のような刊行物を発刊している。
　(1)『薬液注入工法の設計・施工指針』
　(2)『設計資料』
　(3)『積算試料』
　(4)『施工試料』
　(5)『施工管理方式について』
　(6)『協会認定型流量計に関する資料』
　(7)『正しい薬液注入工法　―この一冊ですべてがわかる―』（日刊建設工業新聞社から発刊）

6.14.2 刊行物の位置づけ
(1) 薬液注入工法の設計・施工指針

刊行物の位置づけは図6.14-1の通りとなる。

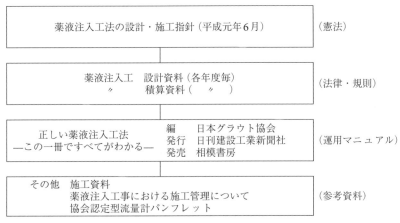

図6.14-1　協会刊行物の位置づけ

平成元年6月に発刊された『薬液注入工法の設計・施工指針』は薬液注入の憲法に該当するもので、薬液注入工法の基本的な事柄を決めている。現在、協会が提案している様々な考え方はこの刊行物に由来している。

発刊に当たっては、表6.14-1に示すように、元早稲田大学の教授、森麟氏を委員長にした薬液注入工法調査委員会が設置され、検討に約4年の歳月が費やされた。調査委員会には当時の建設省や東京都下水道局、帝都高速交通営団（現東京メトロ株式会社）鉄道総合技術研究所、日本下水道協会などから薬液注入工法の権威の方々が参加。当時の最新の技術を盛り込むべく様々な論議の末にまとめられたものである。

その考え方は現在でも決して古くない。しかし、発刊してからすでに18年、検討段階から20年を経過し、指針の細かい部分では薬液注入の技術の進歩による現状との間に整合性がつかないところもある。協会では国土交通省に承認をいただいて、『薬液注入工法の設計・施工指針とその解説』という冊子を発刊し、指針との技術資料の関係を調整することにしている。

表6.14-1　薬液注入工法調査委員会名簿（敬称略）

委員長	森　　麟	早稲田大学教授
	佐藤直良	建設省官房技術調査官
	塚田幸広	同　官房技術調査官
	赤木宣威	同　官房技術調査室係長
	谷戸義彦	同　都市局下水道部公共下水道課長補佐
	立石芳信	同　河川局治水課長補佐
	宮田年耕	同　道路局企画課長補佐
	坂本晃一	同　道路局国道第二課長補佐
	市川　慧	同　土木研究所地質化学部長
	片脇　清	同　土木研究所地質化学研究室長
	苗村正三	同　土木研究所機械施工部施工研究室長
	富沢璋夫	東京都下水道局建設部工事課長
	中島　信	帝都高速度交通営団建設本部技術基準担当課長
	小山幸則	（財）鉄道総合技術研究所地盤・防災研究室主任研究員
	安久津越	（社）日本下水道協会工務課長
	柴崎光広	（社）日本薬液注入協会常務理事

以上16名

幹事	塚田幸広	前　同
	赤木宣威	前　同
	富沢璋夫	前　同
	中島　信	前　同
	小山幸則	前　同
	安久津越	前　同
	柴崎光広	前　同
	太田想三	（社）日本薬液注入協会技術委員長

以上8名

(2) 設計資料

『設計資料』は毎年発刊しており、国土交通省の承認を得ながら実状に合わせ、毎年少しずつ内容を変更、修正している。考え方の基本は、『薬液注入工法の設計・施工指針』にしたがっており、思想の変更はない。指針では実情に会わない部分については、実情を勘案して利用の便に供するようになっている。したがって協会としての技術提案の最新は『設計資料』の最新年度であり、設計などを行うときには最新年度版を参照いただきたい。発刊は毎年4月中に行うことにしている。

(3) 積算資料

『積算資料』も毎年発刊している。これについては『設計資料』のように毎年修正しているわけではないが、要望に応じて何年かに一度は内容を変更している。
『積算資料』には単価は入っていない。これは公正取引委員会の指導により、業界団体の発刊物に単価を入れることは価格指導になるので、空欄にしている。
そのため、各単価については他の資料を参照することになるが、下記の資料が単価を入れる場合に参考になる。

①『土木工事積算基準マニュアル』（最新年度版）財団法人建設物価調査会発刊
②『建設物価建設資材情報』（毎月発刊）（消耗品単価のみ）（株）日本ビジネスプラン

03-3663-8966（スタッフルーム）

(4) 施工資料

『施工資料』は、毎年度版として発刊しているわけではなく、必要に応じて修正を加えながら新版を発刊している。平成18年の5月現在では第6版（平成16年10月印刷発刊）が最新版である。
この資料は、施工時に行なわなければならないことや、薬液注入工事の際に必要な各種書類関係など工事に際しての施工ならびに施工管理上必要な事柄を細かく記載している。協会としては、『設計資料』、『積算資料』、『施工資料』を資料の3部作と位置づけており、薬液注入の施工に当たってはそれらの資料の活用を望みたい。

(5) 施工管理方式について

この資料は、『施工管理等』の通達で定められた事項に必要な各種の事柄を具体的にまとめたものである。通達に指示されている数量の管理、品質の管理に関する方法や伝票類の協会統一基準ならびに様式を定めたものである。
協会員は伝票からチャート紙、日報用紙に至るまで必要とした書類のすべてを決められたフォーマットにしたがって整理しているので、監督員など管理するものにとっては非常に管理しやすいようになっている。
さらにすべての工事で使用する流量計はもちろん、規模が大きい500kℓ以上の工事で水ガラスの貯蔵タンクとミキサの間につけることが義務づけられている「水ガラス流量計」についても解説してある。この解説はこの資料しかない。
施工管理者の立場に立つ際には是非参考にして欲しい。

(6) 協会認定型流量計に関する資料

施工管理の通達の際に最も問題になったのは流量圧力管理測定装置（通称流量計）であった。流量計に記録できる流量は瞬間流量の連続記録であり、この記録を捏造したことが御徒町事故の一因であるとされた。
その結果として、建設省（現国土交通省）より問題を解決できる流量計の開発が指示された。それを受けて協会では、ごまかしができない流量計として協会認定型流量計を開発した。現在、この流量計は施工する作業員にとって使いやすく故障がほとんどない。監督員にとっても管理しやすいなどの特長から薬液注入の工事ではほとんど採用されている。
この資料はその内容や、管理、基準、製作メーカーなど必要な情報を提供するために作成したものであり、次の2つからなっている。
　①協会認定型流量圧力管理測定装置
　②合理的管理の決め手協会認定型流量計
現在では問い合わせが少なくなったが、印字された流量とチャート紙の読みとどちらが正しい注入量を示しているかなどの質問についても解説している。流量計に関する情報がきちんと記載されているので、是非利用してもらいたい。

(7) 正しい薬液注入　—この一冊ですべてがわかる—

この本は薬液注入に関するハンドブックとして位置づけることができるよう、徹底した実用書を目指して発刊したものである。そして一般の書店で購入できる協会唯一のものである。
従来の薬液注入の専門書では、前半にむずかしい理論がでてきて、いざ設計や施工管理を行な

うための参考にしたいと思う人には大変使いにくいのが現状だった。それに対し、この本はむずかしい理論などを後半にまわし、実際に必要な情報や参考になるものをまず一番最初に掲載するという、今までにないユニークな理工書であり、何よりも使いやすいと各方面から評価されている。設計に関する章では多くの設計例を載せ、それを参照することで、今まであまり薬液注入工法の設計を行ってきていない人でも容易に設計ができるようになっている。

この本で述べている薬液注入の考え方は、薬液注入の憲法である『薬液注入工法の設計・施工指針』の考え方にしたがっており、毎年発刊する『設計資料』と矛盾しないようにする必要がある。平成14年1月31日の初版の発行より、すでに4年以上の時間が経過している現在、『設計資料』などとの整合性をつけ、さらに使いやすい実用書を目指して、新訂版として本書を発刊することにした。

本書は、先の『正しい薬液注入工法 ―本質のわかる本―』（2002年1月31日）を全面的に見直し、より使いやすくするとともに安全性、耐久性、高強度などを加えることで時代の要望を織り込み、一層内容を充実させている。

6.15 薬液注入工法の歴史

6.15.1 わが国における歴史と変還

(1) 歴史の概略

わが国における薬液注入工法の歴史の主なものを表6.15-1に示した。

表6.15-1　わが国における注入方法の歴史（概略）

年代	元号	歴史
1915	大正4年	・長崎県松浦炭坑で立杭止水のためにセメント注入実施
1918	大正7年	・丹那トンネル建設工事で初めて水ガラスに硬化材を反応させて固化する「硅化法」が用いられた
1951	昭和26年	・丸安、今岡氏による水ガラスとアルミン酸ソーダによる硅化法が成立。それに前後して重炭酸ソーダおよび珪酸ソーダの組合わせによる硅化法が成立。
1961	昭和36年	・樋口氏による水ガラスをセメントに反応させる不安定水ガラス法が成立。この頃より都市インフラ整備事業の拡大とともに薬液注入工法の市場も急速に拡大。注入工法として単管ロッド工法ならびにシングルストレーナ工法が使用されている。
1963〜1967	昭和38年〜昭和42年	・高分系薬液であるアクリルアミド系、尿素系、リグニン系、ウレタン系などが続々実用化し、多様な「注入材料」の時代を向える。注入工法としてはダブルパッカ工法が使われ始める。
1971〜1973	昭和46年〜昭和48年	・水ガラスの硬化材として有機系反応材が実用化
1974	昭和49年	・福岡県S町で注入個所に接近した井戸に注入材が流入し、住民に健康を損なう薬害事故が発生、以降使用できる注入材料（薬液）は水ガラス系に限定される。硬化材が多種使用されるようになる。
1976	昭和51年	・中性・酸性系薬液（シリカゲル）が実用化。瞬結ゲルタイム注入可能な二重ストレーナ（単相式）が本格的に実用化、これによって注入材料が水ガラス系に限定されたマイナスをカバー、注入効果が大幅に上昇。
1978	昭和53年	・二重ストレーナ（複相式）が実用化、締った地盤での注入効果も飛躍的向上。
1990	平成2年	・東北北陸新幹線工事の御徒町駅付近のシールド工事で圧気が地表に噴発、道路の陥没などの事故が発表。薬液注入事故の手抜きも一因と言われ、建設次官による現場管理の通達により、施工管理体制の強化が図られる。

(2) 注入材料の変遷
i 薬液の時代

昭和26年、わが国で初めて実用化した珪化法が最初のものである。以来、昭和49年までは実に多種多様な注入材料が開発、実用化されてきた。特に昭和30年代の中頃から都市インフラ整備事業の進展とともに、各種、地下工事における補助工法として様々な場面で使用されるようになってきた。昭和30～40年代は都市工事での補助工法としては、他に対応できる工法がなかったので、その広がりは急速なものであった。

薬液注入の広がりによって、都市の地下工事の安全な施工が図れるようになり、薬液注入工事に使用する材料も表6.15-2にあるように多種にわたった。まさにこの時代は「注入材料の時代」であるといえる。

表6.15-2 昭和49年以前の注入材料の分類

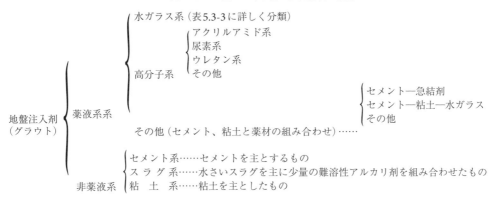

ii 暫定指針

昭和49年に、井戸に近接した場所で実施した薬液注入工事で注入材が井戸へ流入し、それを飲んだ住民に健康障害がでた事故が発生した。その年の7月に建設省（現国土交通省）より『薬液注入工法による建設工事の施工に関する暫定指針』（通称『暫定指針』）がでて、以後使用できる薬液は「水ガラス系薬液」でしかも劇物およびフッ素化合物を含まないものに限るとされた。
それ以後、使用される薬液は主材が水ガラス系に限定されてしまったが、硬化材や中性酸性系薬液など多種のものが使われだし、またその中でも変還を見ることになる。

表6.15-3 現在使用できる注入材料

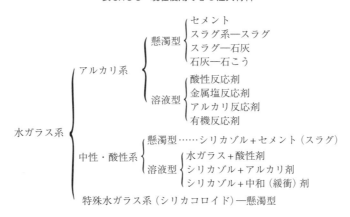

表6.15-4　現在使用されている注入材料の分類

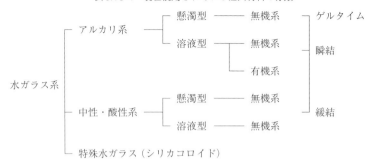

iii　工法の時代

薬液が限定されてしまったことから、薬液注入の効果は暫定指針以前より落ちることになり、必ずしも十分効果のある注入ができないケースも多くなった。とりわけ、水ガラス薬液はゲル化してから強度が大きくなるまでに多少時間を要するので所定の注入範囲外への拡散とそれに伴なう必要個所内での固結率の低下が発生した。また、それに起因する品質のバラツキによるトラブルも多くあった。

そこで、所定外への拡散を防止し、できるだけ必要個所内で固結するよう短いゲルタイム（秒単位）で固まるようにした「二重管ストレーナ〈単相式〉」が開発された。

この方法によって注入効果は飛躍的に向上した。この方法はA、B両液を注入管の出口まで別々に送り2液が合流した所で直ちに地盤中へ注入できるようにしたものであり、これによって限定された個所で注入材料を固めることができ、所定範囲外への拡散は非常に少なくなった。このため従来注入管の頭部でA、B2液を混合する「単管ロッド」は次第に使われなくなり、現在ではほとんど例外的な使われ方となった。

表6.15-5　昭和40～50年代の工法の分類

表6.15-6　一般に使用されている注入方式

注入工法	使用されるゲルタイム	平成17年度のシェア
二重管ストレーナ〈複相タイプ〉	①秒の単位 ②分～10数分	88%
ダブルパッカ	10数分以上	10%

注）残りの2％は、瞬結ゲルタイムのみの二重管ストレーナ〈単相式〉

しかし、薬液注入工事がより深度の深い所などへ発展してくるにしたがって、短いゲルタイムの注入だけでは改良効果が十分に発揮できなくなった。所定外への拡散が防止できても、必要範囲内へムラなく浸透させるにはゲルタイムが短すぎたためである。

そこで、二重管工法を改良した「二重管ストレーナ〈複相式〉」が生まれた。これによって拡

散を短いゲルタイムで防ぎつつ、少し長いゲルタイムで浸透注入が可能となり、注入効果は一層高いものとなった。現在では、この方法を用いて正しい手順で施工すればほとんどトラブルが発生しないような状況になっていった。

「単管ストレーナ」はあらかじめストレーナを地中に設置しその中に詰めた砂を洗い出しながら、上からステップ注入する方法である。この工法は、手間がかかりコストアップになるとの理由で次第に使われなくなっていった。

一方、注入工法としては単管ロッドから二重管ロッドへ移行する流れとは別に「ダブルパッカ方式」も使用されている。

この工法は図6.8-10（P.278）の手順に示すように、施工方法は複雑である。手間がかかるので、工期とコスト面では二重管ストレーナ方式より劣るが、高い注入効果が得られ、かつ低い注入圧力で注入可能であるため、重要度の高い工事や構造物直下の工事など特殊な条件下での施工で効果を発揮している。平成17年現在では、全体の件数の8%、注入量としては10%程度のシェアを占めており、大型工事で採用される傾向にある。

6.15.2 海外における歴史

海外では、わが国よりも歴史は古く、表6.15-7のように19世紀初めの頃から注入が行われている。しかし、使用頻度はわが国よりも少なく、最近ではわが国の注入技術と同様の考え方で工法や材料が使われている。

わが国と大きく事情が異なるのは、注入量の考え方である。わが国での注入量の清算はほとんどのケースで設計量とイコールであるのに対し、海外でのケースでは実施数量にもとづく数量清算を行っている。

表6.15-7　海外における注入方法の歴史

年　代	歴　史
1802年	・フランス：シャウル・ベニールが粘土と石炭をスラリー状にした不安定材料を用いる。
19世紀後半	・ドイツのティーティエンスがセメント懸濁液を岩盤に注入して大成功をおさめる。
1887年	・ドイツのエンツオルスキーが水ガラスと塩化カルシウムを使用した最初の硅化法を開発。
1907年	・水ガラスに濃度の低い酸を使用し、水ガラスのpHを移行させることによる固結機構を発見、2液を1係流にした1ショット方式を開発。
1910年頃より	・ベルギーのアルベール・フランソワ、オランダのヨーステンに受け継がれて発展。ドイツのハンスイェーデンにより懸濁型薬液が開発され、現在の注入材の流れを作った。
1960年頃	・アメリカサイアナミッド社にてアクリルアミド系薬液が開発された。

6.15 薬液注入工法の歴史

7章
資料編

7.1　キーワード索引および用語と単位、記号

7.1.1　キーワード索引

　薬液注入工事の設計、積算および施工の際に必要となる基本的事項について、この本のどこに書いてあるかが分かるようにキーワード索引を掲載する。

　キーワード索引は「注入工法」「注入材料」「施工」「設計」「積算」「安全と環境負荷」「耐久性・高強度」「法規」にそれぞれ分けてあるが、項目によっては2～3の分類にまたがっているものもある。それらについてはそれぞれのページを記載している。

注入工法

　　二重管ストレーナ工法〈複相式〉･･････････ 275
　　ダブルパッカ工法･････････････････････ 279
　　混合方式･････････････････････････････ 273

注入材料

　　水ガラス（珪酸ナトリウム）･･････････････ 265
　　溶液型注入材･････････････････････････ 269
　　懸濁型注入材･････････････････････････ 268
　　主材･････････････････････････････････ 328
　　硬化材･･･････････････････････････････ 269
　　アルカリ系溶液･･･････････････････････ 269
　　中性・酸性系溶液･････････････････････ 270
　　シリカコロイド系薬液･････････････････ 271
　　無機系注入材･････････････････････････ 269
　　有機系注入材･････････････････････････ 270
　　ゲルタイム（硬化時間）････････････････ 18
　　瞬結ゲルタイム･･･････････････････････ 18
　　緩結ゲルタイム･･･････････････････････ 18
　　長期耐久性･･･････････････････････････ 255

施工

　　現場注入試験･････････････････････････ 304
　　プラント設備･････････････････････････ 160
　　使用機械･････････････････････････････ 166
　　協会認定型流量計･････････････････････ 294
　　チャート紙（注入記録用紙）････････････ 296
　　注入圧力･････････････････････････････ 280
　　注入順序･････････････････････････････ 301
　　注入ステップ長･･･････････････････････ 301
　　注入速度･････････････････････････････ 299

提出書類············364
　施工計画書············184
　注入日報············369
　隆起・変状············303
　地下埋設物············303

設計
　設計のフロー············9
　条件明示············361
　注入工法の選定············11
　注入材料の選定············10
　改良強度（粘着力）············12
　最小改良範囲············13
　安全率············13
　注入量············17
　注入率············12
　注入比率············12
　重要度············18
　注入孔の配置············19
　削孔間隔············19
　注入速度············107
　注入順序············301
　ラップ長············17
　プレグラウト（前処理注入）············234
　互層地盤への注入············235
　空頭高さ············215

積算
　積算フロー············102
　二重管ストレーナ工法············103
　ダブルパッカ工法············128
　削孔角度による補正············106
　産業廃棄物として処理する廃泥量············111
　消耗材料の単価············113
　機械損料············114
　車上プラント············117

安全性と環境負荷
　環境調査············254
　観測井戸············199

固化した土の処分方法・・・・・・・・・・・・・・・・・・・・・・ 312
　環境保全の管理・・・・・・・・・・・・・・・・・・・・・・・・・・・・ 302
　公共用水域などの汚染・・・・・・・・・・・・・・・・・・・・ 253
　動植物への影響・・・・・・・・・・・・・・・・・・・・・・・・・・・ 254

耐久性・強度
　長期耐久性・・・・・・・・・・・・・・・・・・・・・・・・・・・・・・・ 255
　高強度材料・・・・・・・・・・・・・・・・・・・・・・・・・・・・・・・ 261

法規
　薬液注入にかかわる法規・・・・・・・・・・・・・・・・・ 354
　薬液注入工法による建設工事の施行・・・・・・・・ 312
　　　　　に関する暫定指針の解説
　薬液注入工事に係る施工管理などに・・・・・・・・ 313
　　　　　ついての解説

7.1.2 用語

薬液注入工法に係る用語とその解説は以下の通りである。

	用　語	解　説
1.	注　入	地盤の透水性の減少、地盤の強化あるいは、地盤の変形防止等を図る目的で、いわゆる注入材を地盤の中に細い管を用いて圧入することを「注入」という。 これらの工法全般を「注入工法」と称する。
2.	注　入　材	注入に使用する材料をいう。（セメント等も注入材の一種）
3.	薬　液	一定の時間に固結させる目的で、硬化時間を調整できる化学品を用いる注入材をいう。
4.	主　材	注入材の主な成分となる材料をいう。現在は水ガラスである。
5.	反　応　剤	薬液中の主材と反応して固結体を生成する材料をいう。硬化材、助剤及び添加剤等を含む。
6.	水ガラス	水ガラスは、珪酸ナトリウム（珪酸ソーダ）の俗称で分子式は$Na_2O \cdot nSiO_2 \cdot xH_2O$で示される。 水ガラスは、JIS K 1408に規定されており、各種のものがあるが注入材としては、3号水ガラス、グラウト用特殊水ガラスが用いられている。水ガラスは建設用のみならず石鹸や合成洗剤の助剤、食品類の乾燥剤、水道水不純物凝集剤の補助剤等として広く使用されている。 安全性はマウス経口でLD_{50} 1,100 mg/kgデータがある。
7.	懸濁型注入材	溶液中に主に強度を得る目的で粘土、セメント等の粒子を含有している注入材料をいう。
8.	溶液型注入材	溶液中に、粒子を含まない注入材料。浸透性を期待するため、粘度は低いのが普通である。
9.	中性薬液	中性領域（pH：5.6～8.5程度）を主たる固結領域とする薬液をいう。アルカリ領域で固結するアルカリ性薬液や、酸性領域で固結する酸性薬液は、それぞれpH測定により検出が可能であるが、中性薬液の検出には、たとえば電気伝導法等別途検出法が必要である。
10.	アルカリ性薬液	アルカリ領域において固結する薬液をいう。

用　　語	解　　説
11. 有機系注入材	主材は水ガラスであるが、反応剤の中に炭素の酸化物や金属の炭酸塩など、少数の簡単なもの以外のすべての炭素化合物を含む注入材をいう。具体的には有機酸、エステル類、またはジアルデヒド類を含んだものがある。無機系薬液に比べて固結強度が大きい。また、注入に当たってはpH測定を過マンガン酸カリウム消費量測定が必要とされる。
12. 無機系注入材	主材および反応剤の中に無機化合物のみを含んだ注入材をいう。反応剤には、無機酸、炭酸塩、及び重炭酸塩等がある。固結強度や反応率は有機系注入材ほど大きくないが、注入の際にpH測定だけでよい利点がある。
13. ホモゲル	注入材のみでゲル化または硬化した固結物をいう。
14. サンドゲル	注入材を砂に浸透させ、硬化させた固結物をいう。
15. ゲルタイム（硬化時間）	注入材が流動性を失い、粘性が急激に増加するまでの時間をいう。秒の単位を短い（瞬結）、分の単位を中位（中結）、十数分以上の単位を長い（緩結）という。
16. 粘　　性	薬液を地盤に浸透させる場合の浸透性の度合いを求めるための指標として用いられる。20℃の水の静粘性係数を1cpとし、それに対比する数字で浸透性を判断している。一般には、B型粘度計で測定する。
17. 溶　　脱	注入材の成分が、時間と共に水の中に溶解していく現象をいう。
18. 注　入　率	設計注入範囲内の地盤体積に対する注入材体積の割合をいう。注入率は一般に下表を基準とする。

表7.1-1　注入率の基準

工法	注入率	
	砂質土	粘性土
二重管ストレーナ	35%以上	30%以上
ダブルパッカ	40%以上	30%以上

ただし、ダブルパッカの粘性土は砂と粘土の互層に適用する。

19. 間　隙　率	間隙は、地盤中で土粒子に占められていない部分で、水と空気等によって満たされている空間をいい、間隙率は土中の間隙の体積と全体積の比を百分率で表したものをいう。

用語	解説
20. 重要度率	工事の難易度や重要性による加算率をいう。
21. 最小改良範囲	薬液注入の効果を十分発揮するために確保しなければいけない範囲の最低値をいう。
22. 止水	出ている水を止めることを指す。
23. 遮水	あらかじめ湧水の恐れのある部分を改良して、掘削などの際に水が出ることを防ぐことをいう。
24. 地盤改良	薬液注入工法においては、地盤の組織を変えることなく土粒子の間隙を埋める水を追いだし、薬液が浸透固化することで地盤強化や遮水性の向上を図ることをいう。ほかの固結系工法では、土とセメントなどを攪拌混合して、地盤の特性を高めることをいう。
25. 注入形態	地盤への注入状況のことであり、大別すると浸透注入、割裂注入及び割裂浸透注入をいう。
26. 浸透注入	注入材で地山の土粒子の配列を変えることなく、粒子間の間隙に入って固結し、止水性と強度（特に粘着力）を高める注入形態をいう。この形態は砂質土において顕著である。
27. 割裂注入	注入圧により地盤が割裂し、その中に注入材が入り、割裂脈を形成し、後続する薬液が割裂脈と共に地盤中に伸びていく注入形態をいう。脈状のホモゲルにより、圧密作用に離漿水の二次的浸透による固結作用で強度が増加する。この形態は主に粘性土において顕著であり、脈状注入ともいう。
28. 割裂浸透注入	砂質土に薬液注入を行う際、注入速度が大きいと注入圧が上がり、注入孔付近の地盤を楔状に割って薬液が入る、いわゆる割裂現象を起こすが、これにより薬液透過面が増えここからも浸透する。このため、割裂中には流れが生じ末端部の圧力が低下するので、割裂の進展は注入孔付近に止まる。このような現象を割裂浸透と呼び、非常にゆるい砂質系地盤でおきる。
29. 注入速度	薬液を注入する際の毎分当たりの注入量をいう。
30. 注入ステップ長	注入孔1孔の内で、深さ方向に数段階に分けて注入する場合の分割長さをいう。

用語	解説
31. 加圧脱水	重要度の高い注入の場合、同一場所に対する注入量を多くとるのが普通である。その結果、生成したゲルが後続して注入される薬液の注入圧力により圧縮脱水して、ゲルのシリカ分が増加し填充率が高くなる現象である。このため固結する注入材料の量は実験室での填充率より多く必要となるが、強度増加は大きくなる。
32. ショット	注入方式の一部をいい、主として主材と助剤との混合方式の違いによる名称である。 ・1ショット方式　：主材と助剤を所定の配合比率でミキサで混合した後、1液の状態で注入する方式をいい、主として長いゲルタイムの場合に用いる。 ・1.5ショット方式：主材と助剤とをそれぞれ別のミキサで混合し、各々別経路により注入管頭部に送りそこで両液を合流させ、注入管内で混合しながら注入する方式をいい、中位のゲルタイムを採用する際に用いられる。 ・2ショット方式　：主材と助剤を各々別々に注入管先端部のグラウトモニタまで送り、そこで合流混合させ注入する方式で、非常に短いゲルタイムを採用する際に用いられる。
33. 二重管ストレーナ工法	二重管になった注入ロッドでステップ毎に一次注入として瞬結ゲルタイムの注入を行い、所定外への拡散を防止し、二次注入として緩結ゲルタイムの注入を行い、土粒子の間隙への均一な浸透を図り、均質な改良地盤を形成しようとすることを基本とする工法である。施工が簡単であることから、現在、大部分がこの工法で施工されている。
34. ダブルパッカ工法	ケーシングで所定の深度まで削孔し、スリーブ付の注入管（外管）を建て込み、ケーシングと外管の間にシール材を充填してケーシングを引き抜き、シール材の硬化後、ダブルパッカを装着した注入内管を挿入して、1ショットで注入する方式をいう。
35. 暫定指針	『薬液注入工法による建設工事の施工に関する暫定指針―昭和49年　建設省事務次官通達』をいい、薬液注入工法による人の健康被害の発生と地下水等の汚染を防止することを目的とした指針である。

用　語	解　説
36. 施工管理について	『薬液注入工事に係る施工管理等について―平成2年9月　建設省大臣官房技術調査室長通達』をいう。薬液注入工事の適正な施工を目的とした細かい内容をまとめた通達をいう。
37. pH値	溶液中の水素イオン（H）濃度指数をいう。pH=7を中性とし、それより大きい範囲をアルカリ性といい、それより小さい範囲を酸性という。 測定法には、比色法及び電位差測定法がある。
38. COD	化学的酸素要求量（Chemical Oxygen Demand）とは、水中の酸化されやすい物質により、純粋に化学的に消費される酸素量をいい、水中の有機物等汚染源となる物質を酸化剤で酸化するとき消費される酸素量をppmで示す。この数値は、海河川の汚れ具合を示すもので、数値が高い程水中の汚染物質の量が多いことを示す。CODの試験方法は、JIS K 0102の13を参照。 有機系注入材を用いた際にCODを測定することが義務づけられている。この場合のテストの代表的なものに過マンガン酸カリウム消費量テストがある。
39. BOD	生物化学的酸素要求量（Biochemical Oxygen Demand）とは、水中の好気性微生物の増殖あるいは呼吸作用によって消費される溶存酸素量。河川の水の中や海水の中の汚染物質（有機物）が微生物によって無機性酸化物とガス状とに分解し、安定化されるときに必要とされる酸素量のことで、単位はppmで表す。この数値が大きくなれば、河川等の水中には汚染物質（有機物）が多く、水質が汚濁していることを意味する。BODの試験方法はJIS K 0102の16を参照。
40. DO	溶存酸素（Dissolved Oxygen）とは、水中に溶解している酸素量をいい、その量はppmで表す。DOは水中の自浄作用に、また水中生物等にとって不可欠のもので、通常清浄な水には約7（30℃）～14（0℃）ppm溶解している。溶解量を左右するのは水温、気圧、塩分等で汚染度の高い水中では消費される酸素の量が多いので溶存するDOは少なくなる。きれいな水ほど酸素は多く、水温が急激に上昇したり、藻類が著しく繁殖するときは過飽和となる。逆にDOが減れば、魚介類は窒息する。

	用　語	解　説
41.	SS	浮遊物質（Suspended Solid）とは、粒径 2 mm 以下で水に不溶な懸濁性物質の浮遊固結物をいう。SS は魚介のエラを封じて窒息させ、光線の透過を妨げて藻類の同化作用を阻害し、また沈殿堆積により、ヘドロ等の二次的な汚染の被害を起こす。単位は ppm で表す。
42.	LD_{50}	安全度を推定する尺度の1つ。一般にラットの口を経て投与し 48 時間以内の死亡率が、50％になる重量（mg 単位）を体重 1 kg 当たりに換算して表したものをいう。（Lethal Dose の略）
43.	劇毒物	毒物・劇物取締法（厚生法）に規定されている物質をいう。特に、注入工法では『暫定指針　2-3 使用できる薬液』の中で、劇毒物を含むものは原則として使用してはならないことになっている。具体的には劇物は $LD_{50}<300$ mg/kg、毒物は $LD_{50}<30$ mg/kg となっている。
44.	山岳トンネルのウレタン使用	『山岳トンネル工法におけるウレタン注入の安全管理に関するガイドラインについて ― 平成 6 年 7 月　建設省大臣官房技術調査室技術調査官、同道路局高速国道課、同有料道路課、同国道第一課、同国道第二課、地方道課、市町村道室課長補佐、同都市局街路課長補佐通達』をいう。
45.	六価クロムの通達	『セメント及びセメント系固化材の地盤改良への使用及び改良土の再利用に関する当面の処置について ― 平成 12 年 3 月　建設省大臣官房技術審議官通達』をいう。

7.1.3 SI国際単位

表7.1.2 従来単位・国際単位

	従来単位		変更要否	国際単位		頻度
	名称	単位記号		名称	単位記号	
長さ	メートル	1 m	否	メートル	1 m	○
質量	キログラム	1 kg	否	キログラム	1 kg	○
時間	秒	1 s	否	秒	1 s	○
体積	リットル	1 ℓ	否	リットル	1 ℓ	○
圧力	重量キログラム毎平方センチ	1 kgf/cm²	要	メガパスカル	0.1 MPa	○
応力 （粘着力） （圧縮強度）	重量キログラム毎平方センチ	1 kgf/cm²	要	キロニュートン毎平方メートル	98.1 kN/m²	○
	重量トン毎平方メートル	1 tf/m²	要	キロニュートン毎平方メートル	9.81 kN/m²	○
単体重量	重量グラム毎立方メートル	1 gf/cm³	要	キロニュートン毎立方メートル	9.81 kN/m³	○
力・重力	重量キログラム	1 kgf	要	ニュートン	9.81 N	○
粘性	ポアズ	1 P	否	ポアズ	1 P	△
力のモーメント	重量キログラムメートル	1 kgf・m	要	ニュートンメートル	9.81 Nm	△
角度	度	1°	否	度	1°	△

SI単位に用いる接頭語

表7.1.3 SI単位に用いる接頭語

倍数	名称	記号	倍数	名称	記号
10^{24}	ヨタ	Y	10^{-1}	デシ	d
10^{21}	ゼタ	Z	10^{-2}	センチ	c
10^{18}	エクサ	E	10^{-3}	ミリ	m
10^{15}	ペタ	P	10^{-6}	マイクロ	μ
10^{12}	テラ	T	10^{-9}	ナノ	n
10^{9}	ギガ	G	10^{-12}	ピコ	p
10^{6}	メガ	M	10^{-15}	フェムト	f
10^{3}	キロ	k	10^{-18}	アト	a
10^{2}	ヘクト	h	10^{-21}	ゼプト	z
10^{1}	デカ	da	10^{-24}	ヨクト	y

7.1.4 記号

地盤工学会の基準を基に土質工学の中で薬液注入工法に関連する記号を以下のように抜粋した。

○一般

A	面積
B	幅
C	常数、体積変化
D, d	直径
F	安全率、力
H	高さ
L, l	長さ
M	モーメント
P	力、荷重
R, r	半径
T	温度
V	体積、容積
W	重量、荷重
Z, z	深さ
f	摩擦係数
g	重力の加速度
m	質量
t	時間
v	速さ
α	角、震度
γ	単位体積重量
π	円周率（3.1416）
ρ	密度

○物理的性質

D	粒径
D_r	相対密度
D_{10}	有効径、10%径
D_{50}	50%径
D_{60}	60%径
G	比重
G_s	土粒子の比重
G_w	水の比重
LL	液性限界（文中で用いる場合）
PI	塑性指数（文中で用いる場合）
PL	塑性限界（文中で用いる場合）
SL	収縮限界（文中で用いる場合）
S_r	飽和度
U_c	均等係数
V_a	空気などのガス体積
V_s	土粒子群の体積
V_v	間隙の体積
V_w	水分体積
e	間隙比
m_s	乾燥土質量
m_w	試料中の水の質量
n	間隙率
w	含水比
γ'	水中単位体積重量
γ_d	乾燥単位体積重量
γ_s	土粒子の単位体積重量
γ_t	湿潤単位体積重量
γ_w	水の単位体積重量
ρ'	水中密度
ρ_d	乾燥密度
ρ_s	土粒子の密度
ρ_w	水の密度

○応力とひずみ

E	弾性係数、ヤング率
p	圧力（単位面積当たり）
u_s	静水圧
μ, ν	ポアソン比
σ	圧縮応力、垂直応力、全応力
σ'	有効応力
$\sigma_{1, 2, 3, max, min}$	主応力
τ	せん断応力

○透水性

C_r	クリープ比
$H、h$	水頭、水頭差、ポテンシャル
P_w	水圧
Q, q	単位時間内の流量
Q_w	井戸の揚水量

R	影響圏半径	p_q	載荷qによる擁壁への圧力増加
R_e	レイノルズ数	p_v	水平面に対する垂直力
S	貯留係数	δ	壁面摩擦角
h_c	毛管上昇高、臨海水頭（パイピング）	○調査	
		N	打撃回数、N値
h_w	ピエゾメーター水頭、井戸水位	q_c	コーン指数
		○斜面	
i	動水傾度、動水勾配	H_c	（斜面の）臨界高さ
k	透水係数	MD	滑動モーメント
k_h	水平方向の透水係数	MR	抵抗モーメント
k_v	垂直方向の透水係数	N_s	安定係数
P_s	浸透水圧	S	全すべり抵抗
γ_w	井戸半径	β	角（傾斜角）
v	流速	θ	角（中心角）
v_s	浸透速度	○基礎	
η, μ	粘性係数	B	幅（基礎幅）
ν	動粘性係数	C_a	杭と地盤の付着力
○せん断強さ		D_f	基礎の根入れ深さ
S_t	鋭敏比	K	地盤係数、K値
c	見かけの粘着力、粘着力	N_c, N_q, N_r	支持力係数
q_u	一軸圧縮強さ	N_b	ヒービングに対する安定数
s, τ_f	せん断強さ	Q	荷重、集中荷重、力
φ	せん断抵抗角、内部摩擦角	R	反力、R値
○圧密		S	変位量
C_c	圧縮指数	q	荷重、支持力（単位面積当たり）
H	層の厚さ	q'	線荷重（単位長さ当たり）
S	沈下量	q_a	土の許容支持力（単位面積当たり）
T_v	時間係数		
U	圧密度	q_d	極限支持力度
a_v	圧縮係数	δ_H	水平方向の変位量
c_v	圧密係数	δ_v	鉛直方向の変位量
○土圧		○注入	
K_o	静止土圧係数	V	注入対象土量
K_A	主働土圧係数	Q	注入量
K_P	受働土圧係数	λ	注入率
P_A	主働土圧の合力	J	重要度指数
P_P	受働土圧の合力	P	注入圧力
p_A	主働土圧		
p_P	受働土圧		

7.2 技術データ

7.2.1 注入率と強度の関係

強度に関する技術データを図7.2.1、表7.2.1～2に示す。

これらの図や表では、注入率が小さいと改良効果が得られないことを示している。効果的な注入を行なうためには、ある程度の注入率を確保する必要がある。

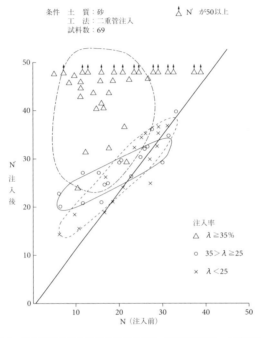

図7.2.1 注入率別の注入前後のN値の変化（現場実測データ解析による）

表7.2-1 現場採取資料の一軸強度と填充率の関係
（2～4個の平均値）

	填充率α（％）	一軸強度qu（KN/㎡）
細砂	122.2	1353.7
	131.1	1167.4
粗砂	110.2	476.8
	79.5	93.5
	74.7	79.5
	82.2	95.4
	75.5	132.4
	74.1	423.8
	76.2	166.8
	115.7	735.8

モールド作成供試体の一軸強度quは、
細砂＝5.0 kgf/cm²、粗砂＝4.0 kgf/cm²
（早稲田大学理工学部土木工学科　森麟教授研究資料より）

表7.2-2 瞬結薬液において上載圧が填充率、一軸強度へ及ぼす影響
（試験E　瞬結型 10（L/分））

上載圧 α（kgf/㎠）	浸透距離 L（cm）	填充率 α（％）	一軸強度 qu（KN/㎡）
3	0	130	620.0
	10	132	502.3
	20	112	337.5
	30	108	375.7
1	0	118	238.3
	10	102	256.0
	20	98	232.5
	30	103	203.0

（早稲田大学理工学部土木工学科　森麟教授研究資料より）

上載荷重が大きい方が填充率と一軸圧縮強度が高い値になる。これは薬液が瞬結であっても上載圧によって余剰水の脱水が多く、その結果として填充率と強度が大きくなることを示している。

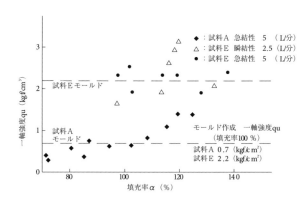

図7.2-2　薬液の一軸圧縮強度と填充率の関係　　　　図7.2-3　薬液の浸透距離と填充率の関係

薬液注入では、填充率（α）が土との間隙率（n）の100％、あるいはそれ以上になると高い強度が得られる。

効果的な注入となるためには充分なる注入率を確保する必要がある。

7.2.2　注入率と透水係数の関係

透水性に関する技術データを図7.2-4～に示す。

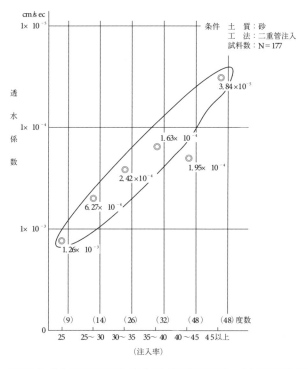

図7.2-4　注入後の透水係数（注入率）（現場の実測データの解析による）

注入率と注入効果（透水性の改善）には明確な関係がある。充分な注入効果を発揮するために注入率を確保することが必要である。

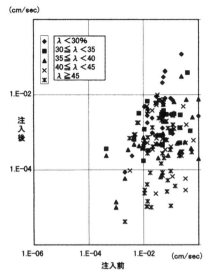

図7.2-5 注入前後の透水係数の変化（全体）

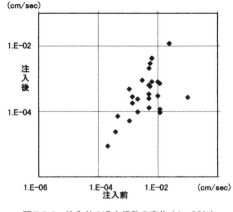

図7.2-6 注入前の透水係数の変化（λ＜30%）

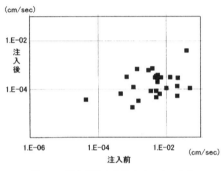

図7.2-7 透水係数の変化（30≦λ＜35）

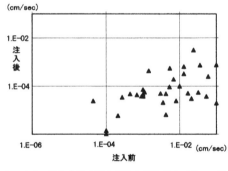

図7.2-8 注入前後の透水係数の変化（35≦λ＜40）

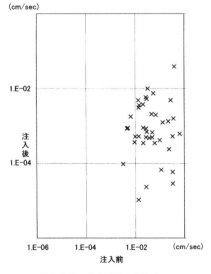

図7.2-9 注入前後の透水係数の変化（40≦λ＜45）

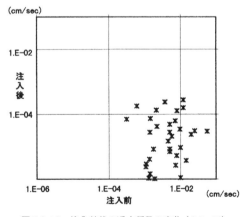

図7.2-10 注入前後の透水係数の変化（λ≧45）

※現場の実測データの解析による

7.2.3　工法別透水係数と改良度合の関係

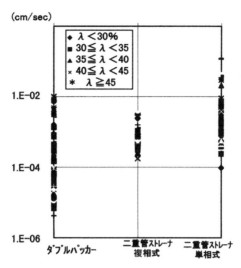

図7.2-6　工法と透水係数の改良度合いの関係

7.3　原位置長期耐久性確認試験の結果より

7.3.1　試験の内容

一般に使われている水ガラス系薬液の3種「アルカリ系無機硬化材」「アルカリ系有機硬化材」「中性酸性系硬化材」について5年間の耐久性を時系列で確認した。そのデータを示す。結果については「第6章　解説編　6.5.3　原位置長期耐久性確認試験結果」（P.256～）を参照。

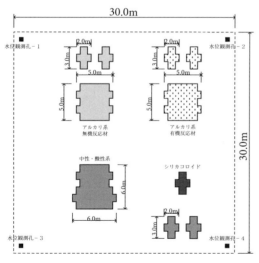

図7.3-1　試験配置図

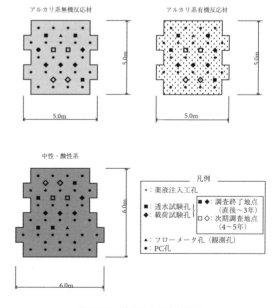

図7.3-2　効果確認調査位置図

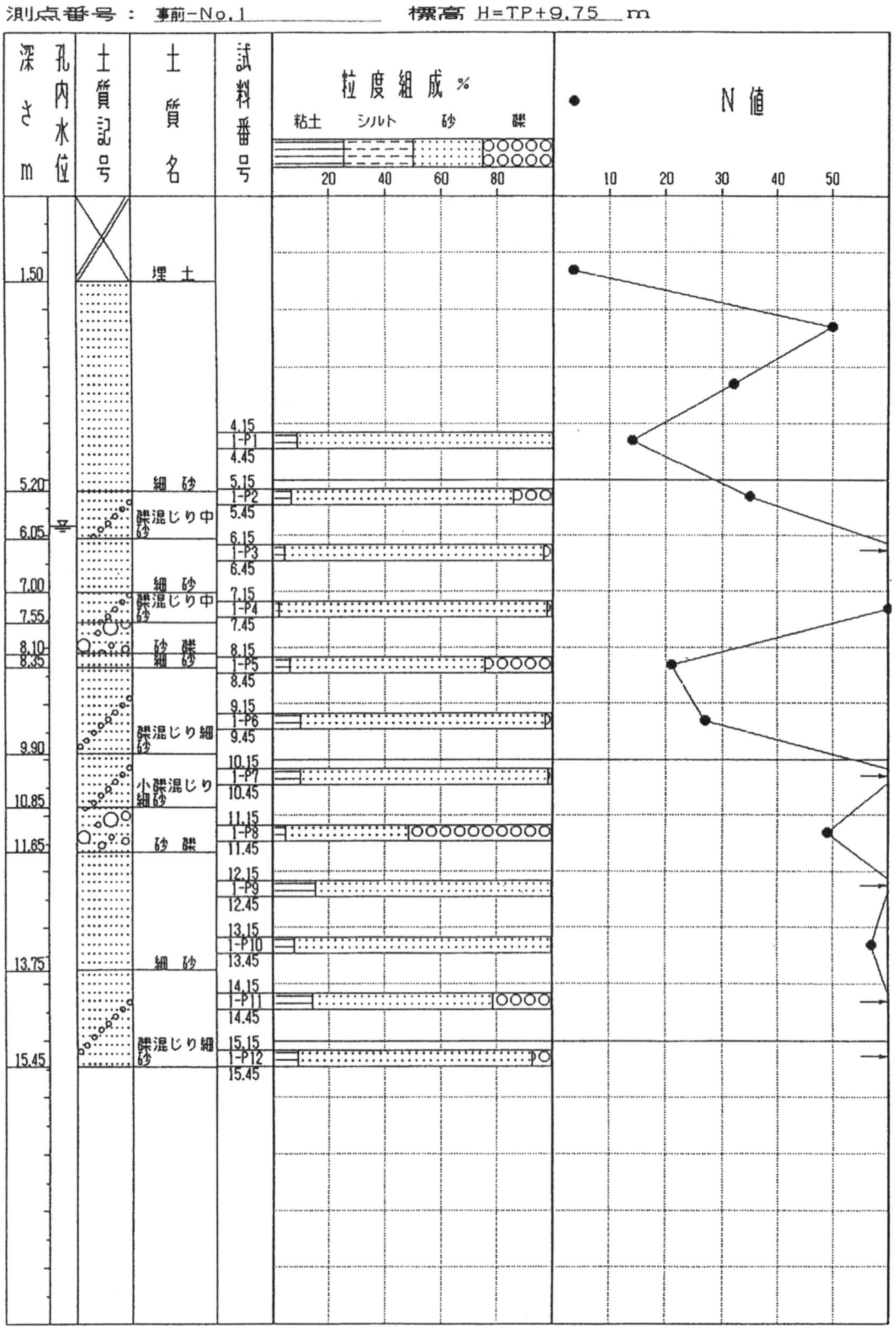
測点番号： 事前-No.1
標高 H=TP+9.75 m
深さ m
孔内水位
土質記号
土質名
試料番号
粒度組成 %
粘土 シルト 砂 礫
N値
埋土
細砂
礫混じり中砂
細砂
礫混じり中砂
砂礫
細砂
礫混じり細砂
小礫混じり細砂
砂礫
細砂
礫混じり細砂

図7.3-3 土層図

7.3.2 強度特性
(1) 標準貫入試験（N値）結果

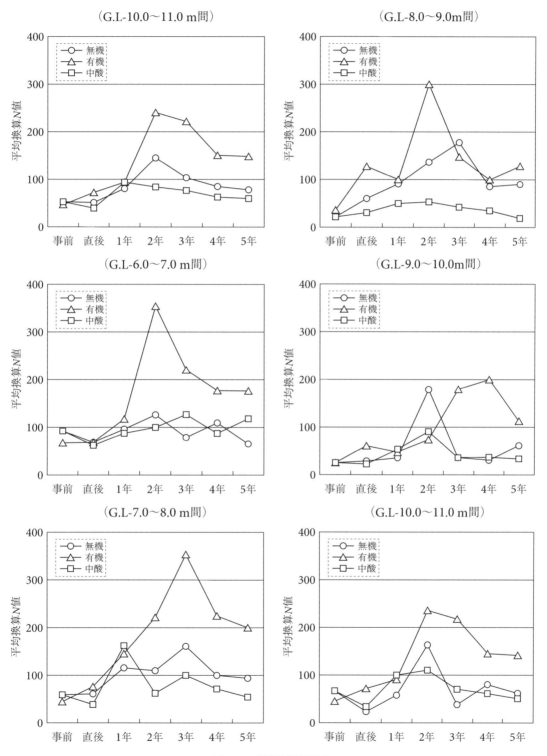

図7.3-4　標準貫入試験結果

(2) 孔内水平載荷試験のうち変形係数

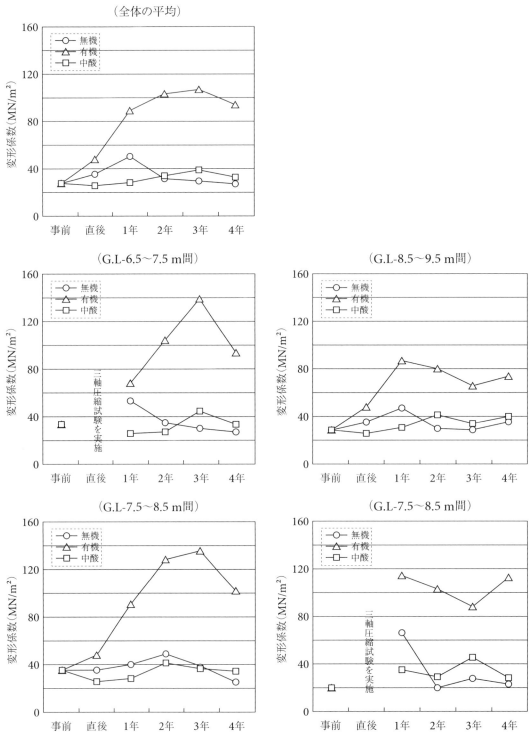

図7.3-5　変形計数測定結果

(3) 孔内水平載荷試験のうち降伏応力

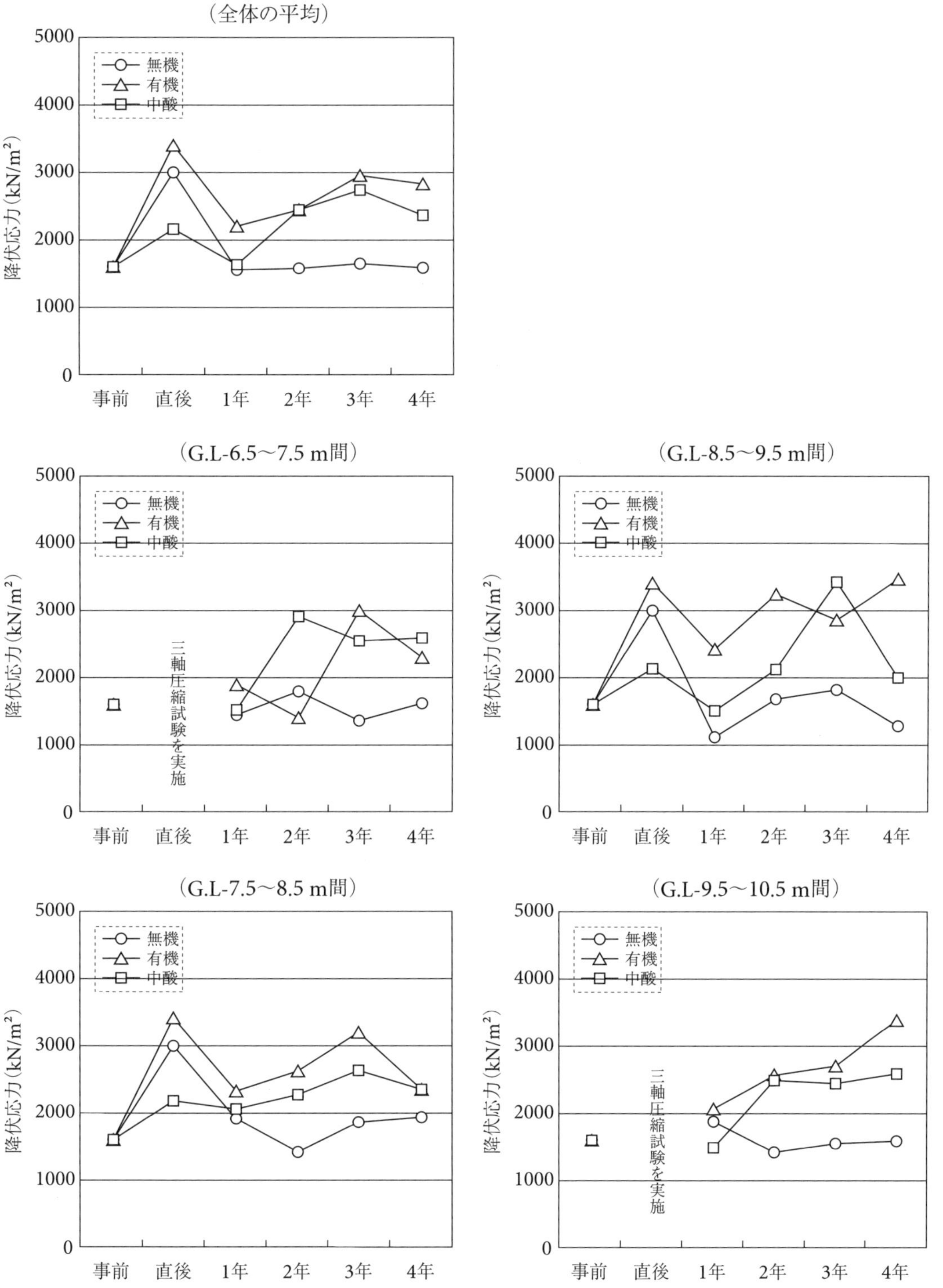

図7.3-6 降伏応力測定係数

7.3.3 透水性特性

透水係数が年々大きくなっているのは、薬液が劣化しているのではなく一時的にゲル化したものが、時間とともに反応が進み、その結果として結晶内に少し小さなすき間ができるためである。

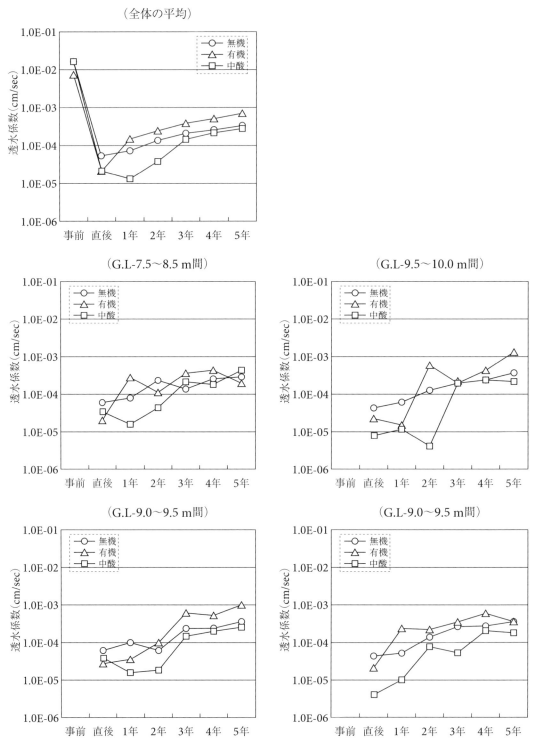

図7.3-7　現場透水試験結果

表7.3-1 現場透水試験結果と同一孔を利用した透水性確認結果との比較

薬液の種類	現場透水試験	同一孔利用透水性確認
アルカリ無機	3.3E-04	1.3E-04
アルカリ有機	7.0E-04	1.3E-04
中性酸性系	2.8E-04	1.6E-04

一般に行われている、その都度測定孔を削孔して透水試験を行なう現場透水試験と、注入範囲内に設置した井戸を利用した同一孔利用の透水性確認試験の比較である。

7.3.4 地下水の水質

(1) 注入範囲端から3.5m離れた位置での薬液到達確認結果

(3.5m離れれば、薬液はその範囲まで拡散しない)

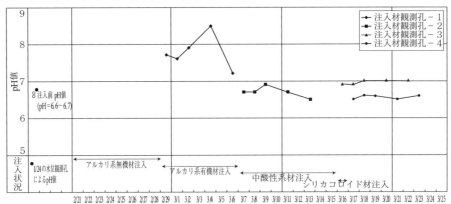

図7.3-8 注入前後の観測孔におけるpH値の変動

(2) 周辺観測井戸の長期水質確認

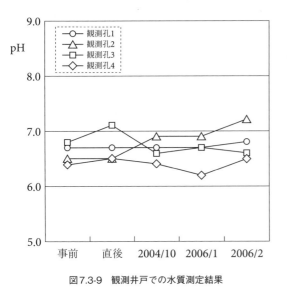

図7.3-9 観測井戸での水質測定結果

(3) 薬液注入範囲内の水質

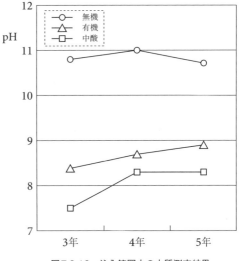

図7.3-10 注入範囲内の水質測定結果

7.4 施工例

(1) 狭い道路での施工例

注入範囲が道路いっぱいであり、交通や民家への対策を考慮した施工例である。このような狭い場所での地盤改良工法は薬液注入工法しかない。

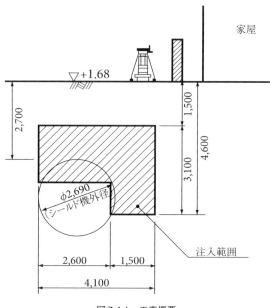

図7.4-1 工事概要

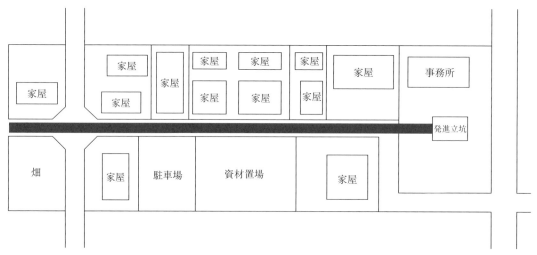

図7.4-2 施工環境

(2) 鉄道防護例　その1

鉄道直下を横断する道路建設工事の例である。パイプルーフで防護しながらボックスを引っ張るが、その際のパイプルーフの設置の湧水防止を主体とした注入である。
自由な角度が取れる薬液注入工法の特徴が良くでている。

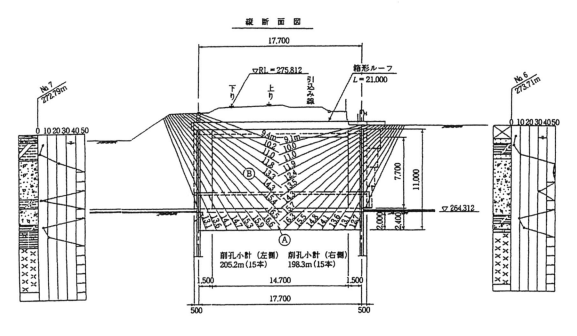

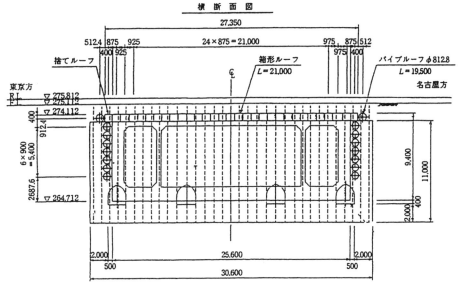

図7.4-3　鉄道防護例その1

(3) 深礎立坑防護例

ライナープレート深礎立坑の掘削に際して起こる、湧水や土砂の崩壊防止のための注入例である。工事は、営業線の線路やホームの下で実施するなど狭い場所での施工例である。
狭く低い空間での施工となるため、特殊なボーリングマシンを用いた。

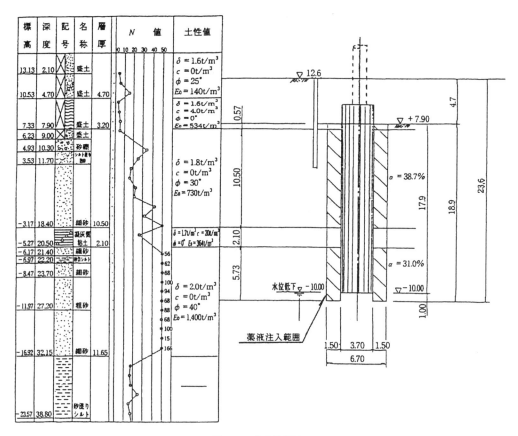

図7.4-4　注入範囲図

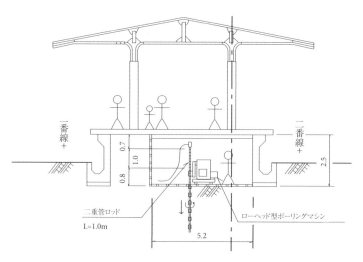

図7.4-5　ホーム下注入作業状況

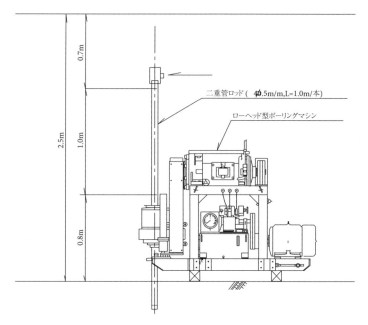

図7.4-6 ローヘッド型ボーリングマシン

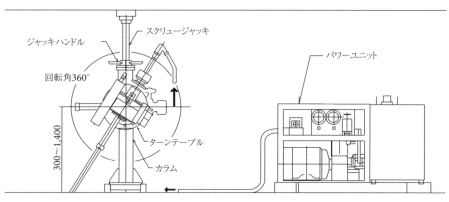

図7.4-7 特殊な油圧式ボーリングマシン

(4) 大規模開削底盤遮水例 その1

大規模開削工事にあたり、底盤は玉石層なので、大湧水が予想された。
湧水量を減少させるために、底盤注入を行った例である。実施に際しては試験注入を大規模に行ない、範囲や工法、材料などを吟味した結果、ほとんど湧水はなかった。

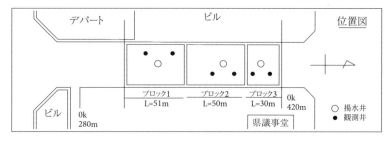

図7.4-8 揚水試験井配置図

揚水量と施工ヤード内外に設置した観測井戸の水位関係から、ダルシーの法則を利用して改良後の各ブロック毎の透水係数を算出すると

$$K = \frac{Q \cdot D}{A \cdot \Delta h}$$

K ：改良体の透水係数
Q ：揚水量（m³/min）
D ：浸透路（改良部の厚さ=3 m）
A ：浸透面積（m²）
Δh：施工ヤード内外の観測井の水位差（m）

3ブロックの試験結果を表7.4-1に示す。

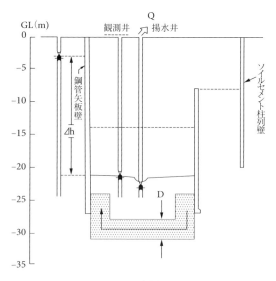

図7.4-9　試験位置図

表7.4-1　効果確認試験結果

ブロック	被圧水位 (GL-m)	観測井水位 (GL-m)	Δh (m)	D (m)	A (m²)	Q (m³/min)	透水係数 (cm/sec)
1	3.178	20.731	17.553	3.0	921.57	9.780	3.02×10⁻⁶
2	3.178	19.808	16.630	3.0	872.19	8.212	2.83×10⁻⁶
3	3.178	21.987	18.809	3.0	419.37	3.900	2.47×10⁻⁶

(3) 大規模開削底盤遮水例　その2

広い開削面積の底盤からの湧水量を、排水可能な量まで低減させるために行った底盤注入の例である。

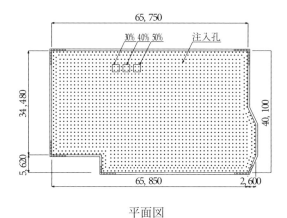

平面図

図7.4-10　開削工事平面図と試験注入位置図

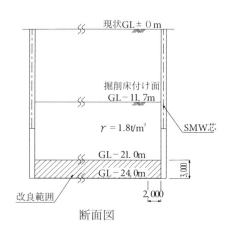

断面図

図7.4-11　原設計断面図

試験工事の注入率は、30％、40％、45％の3種。効果確認は現場透水試験を実施。

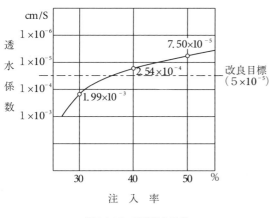

図7.4-12 試験注入結果

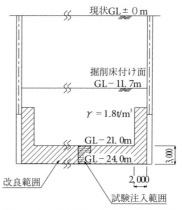

図7.4-13 試験注入および本工事断面図

図7.4-12より、目標値$5×10^{-4}$ cm/sを上回る注入率40％を採用。

本工事の数量など。

- 対象土量　　　：10,320 m³
- 注入率　　　　：40％
- 注入量　　　　：1,825本
- 1本当たり長さ：24.0 m/本
- 削孔延長　　　：43,800 m
- 注入管ピッチ　：1.2 m
- 工法　　　　　：二重管ストレーナ（複相式）
- 注入材料　　　：溶液型アルカリ系無機
- 注入速度　　　：14 ℓ/分
- ゲルタイム　　：瞬結　10〜15秒
- 　　　　　　　　緩結　3〜4分
- 注入ステップ長：25 cm/ステップ
- 工期　　　　　：33台/日で40日
- 施工管理　　　：9本1ブロックによる中間孔での圧力チェック

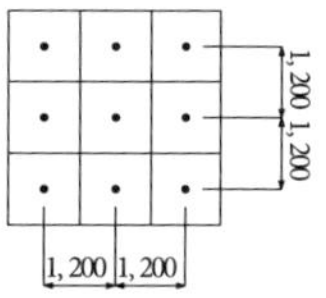

図7.4-14 1ブロック詳細図

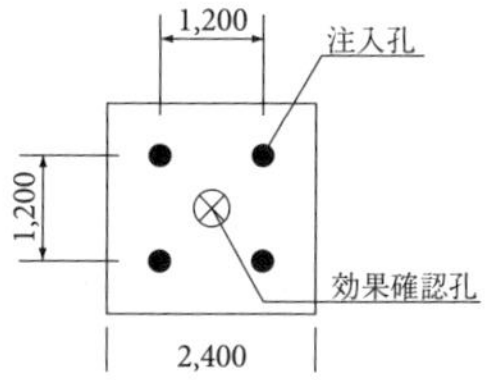

図7.4-15 試験注入平面図

表7.4-2 効果確認工結果一覧表

項目	透水係数
原地盤	10^{-0} cm/sec
試験注入（λ=40％）	$2.5×10^{-4}$
注入後	No.1　$2.5×10^{-4}$ No.2　$1.4×10^{-4}$ No.3　$2.0×10^{-4}$ No.4　$3.4×10^{-4}$ 平均　$2.3×10^{-4}$

表7.4-3 湧水量

設計時の予測	1.0t/分
実測（max）	0.6t/分

7.5　参考文献

この新訂版を編纂するにあたり、以下の出版物を参考文献として参考にした。

① 『薬液注入工法の設計・施工指針』平成元年、日本グラウト協会
② 『薬液注入工法の設計と施工』昭和52年7月10日1刷、柴崎光弘、下田一雄、野上明男共著、山海堂、
③ 『土木研究所資料　大型ピット薬液注入実験報告書』昭和58年3月、建設省土木研究所機械施工課施工研究室
④ 『セメント系固化材（薬液注入工法等）の六価クロム報告書』建設省土木研究所
⑤ 『第23会土木工学会学術講演会「シールド工法における地表沈下防止」』1968年、グラウト、平田隆一、柴崎光弘、久保弘明
⑥ 『薬液注入技師資格検定試験講習テキスト』昭和52年度（第一回）～昭和58年度（第七回）、社団法人日本薬液注入協会
⑦ 『2級土木施工技士（薬液注入）受験講習会テキスト』（第4版）社団法人日本グラウト協会
⑧ 『薬液注入工法設計資料』平成17年度版、社団法人日本グラウト協会
⑨ 『薬液注入工法積算資料』平成17年度版、社団法人日本グラウト協会
⑩ 『薬液注入工法施工資料　第4版』平成13年11月、社団法人日本グラウト協会
⑪ 『薬液注入工法施工等現方式について』平成2年10月、社団法人日本グラウト協会
⑫ 『薬液注入工法講演会資料　第3版』社団法人日本グラウト協会
⑬ 『基礎工　Vol.27　No.7』1999年7月、総合土木研究所

7.6　法規関係

7.6.1　薬液注入工法関連法規について

薬液注入工法に関する特別な法規については、下記のようなものがある。

① 『薬液注入工法による建設工事の施工に関する暫定指針』昭和49年7月10日建設省
② 『薬液注入工法に係る施工管理等について』建設省技調開発第188号の1、平成2年9月18日、建設大臣官房技術調査室長
③ 『山岳トンネル工事におけるウレタン注入の安全管理に関するガイドラインについて』（事務連絡、平成6年7月1日、建設相大臣官房技術調査室技術調査官他
④ 『セメント及びセメント系固化材の地盤改良への使用及び改良土の再利用に関する当面の措置について』（建設相技術開発第48号平成12年3月24日、建設大臣官房技術審議官）および『「セメント及びセメント系固化材を使用した改良土の六価クロム溶出試験要領（案）」の一部変更について』国技第16号、国建第1号平成13年4月20日国土交通省大臣官房技術調査課長、国土交通省大臣官房官庁営繕部建築課長

7.6.2 薬液注入工法による建設工事の施工に関する暫定指針

第1章 総則
1−1 目的
この指針は、薬液注入工法による人の健康被害の発生と地下水等の汚染を防止するために必要な工法選定・設計・施工及び水質の監視についての暫定的な指針を定めることを目的とする。

1−2 適用範囲
この指針は、薬液注入工法による建設工事に適用する。ただし、工事施工中緊急事態が発生し応急措置として行うものについては、適用しない。

1−3 用語の定義
この指針において、次に掲げる用語の意義は、それぞれ当該各号に定めるところによる。
(1) 薬液注入工法
薬液を地盤に注入し、地盤の透水性を減少させ、又は地盤の強度を増加させる工法をいう。
(2) 薬液
次に掲げる物質の一以上をその成分の一部に含有する液体をいう。
　イ．けい酸ナトリウム
　ロ．リグニン又はその誘導体
　ハ．ポリイソシアネート
　ニ．尿素・ホルムアルデヒド初期縮合物
　ホ．アクリルアミド

第2章 薬液注入工法の選定
2−1 薬液注入工法の採用
薬液注入工法の採用は、あらかじめ 2-2 に揚げる調査を行い、地盤の改良を行う必要がある箇所について他の工法の採用の適否を検討した結果、薬液注入工法によらなければ、工事現場の保安、地下埋設物の保護、周辺の家屋その他の工作物の保全及び周辺の地下水位の低下の防止が著しく困難であると認められる場合に限るものとする。

2−2 調査
薬液注入工法の採用にあたって行う調査は、次のとおりとする。
(1) 土質調査
土質調査は、次に定めるところに従って行うものとする。
　(イ) 原則として施工面積 1,000 平方メートルにつき 1 箇所、各箇所間の距離 100 メートルを超えない範囲でボーリングを行い、各層の資料を採取して土の透水性、強さ等に関する物理的試験及び力学的試験による調査を行わなければならない。
　(ロ) 河川の付近、旧河床等局部的に土質の変化が予測される箇所については、(イ) に定める基準よりも密にボーリングを行わなければならない。

(ハ)　(イ)、又は(ロ)によりボーリングを行った各地点の間は、必要に応じサウンディング等によって補足調査を行い、その間の変化を把握するように努めなければならない。
　　(ニ)　(イ)から(ハ)までにかかわらず、岩盤については、別途必要な調査を行うものとする。

(2) 地下埋設物調査
　地下埋設物調査は、工事現場及びその周辺の地下埋設物の位置、規格、構造及び老朽度について、関係諸機関から資料を収集し、必要に応じつぼ堀により確認して行うものとする。

(3) 地下水位調査
　地下水位調査は、工事現場及びその周辺の井戸等について、次の調査を行うものとする。
　　(イ)　井戸の位置、深き、構造、使用目的及び使用状況
　　(ロ)　河川、湖沼、海域等の公共用水域及び飲用のための貯水池並びに養魚施設（以下「公共用水域等」という。）の位置、深さ、形状、構造、利用目的及び利用状況

2-3　使用出来る薬液
　薬液注入工法に使用する薬液は、当分の間水ガラス系の薬液（主剤がけい酸ナトリウムである薬液をいう。以下同じ。）で劇物又は弗素化合物を含まないものに限るものとする。

第3章　設計及び施工
3-1　設計及び施工に関する基本的事項
　薬液注入工法による工事の設計及び施工については、薬液注入箇所周辺の地下水及び公共用水域等において、別表—1の水質基準が維持されるよう、当該地域の地盤の性質地下水の状況及び公共用水域等の状況に応じ適切なものとしなければならない。

3-2　現場注入試験
　薬液注入工事の施工にあたっては、あらかじめ、注入計画地盤又はこれと同等の地盤において設計どおりの薬液の注入が行われるか否かについて、調査を行うものとする。

3-3　注入にあたっての措置
(1)　薬液の注入にあたっては、薬液が十分混合するように必要な措置を講じなければならない。
(2)　薬液の注入作業中は注入圧力と注入量を常時監視し、異常な変化を生じた場合は、直ちに注入を中止し、その原因を調査して、適切な措置を講じなければならない。
(3)　地下埋設物に近接して薬液の注入を行う場合においては、当該地下埋設物に沿って薬液が流出する事態を防止するよう必要な措置を講じなければならない。

3-4　労働災害の発生の防止
　薬液注入工事及び薬液注入箇所の掘削工事の施工にあたっては、労働安全衛生法その他の法令の定めるところに従い、安全教育の徹底、保護具の着用の励行、換気の徹底等労働災害の発生の防止に努めなければならない。

3−5　薬液の保管
薬液の保管は、薬液の流出、盗難等の事態が生じないよう厳正に行わなければならない。

3−6　排出水等の処理
(1) 注入機器の洗浄水、薬液注入箇所からの湧水等の排出水を公共用水域へ排出する場合においては、その水質は、別表−2の基準に適合するものでなければならない。
(2) (1)の排出水の排出に伴い排水施設に発生した泥土は、廃棄物の処理及び清掃に関する法律その他の法令の定めるところに従い、適切に処分しなければならない。

3−7　残土及び残材の処分方法
(1) 薬液を注入した地盤から発生する掘削残土の処分にあたっては、地下水及び公共用水域等を汚染することのないよう必要な措置を講じなければならない。
(2) 残材の処理にあたっては、人の健康被害が発生することのないよう措置しなければならない。

第4章　地下水等の水質の監視

4−1　地下水等の水質の監視
(1) 事業主体は、薬液の注入による地下水及び公共用水域等の水質の汚濁を防止するため、薬液注入箇所周辺の地下水及び公共用水域等の水質の汚濁の状況を監視しなければならない。
(2) 水質の監視は、4−2に掲げる地点で採水し、別表−1に掲げる検査項目について同表に掲げる検査方法により検査を行い、その測定値が同表に掲げる水質基準に適合しているか否かを判定することにより行うものとする。
(3) (2)の検査は、公的機関又はこれと同等の能力及び信用を有する機関において行うものとする。

4−2　採水地点
採水地点は、次の各号に掲げるところにより選定するものとする。
(1) 地下水については、薬液注入箇所及びその周辺の地域の地形及び地盤の状況、地下水の流向等に応じ、監視の目的を達成するため必要な箇所について選定するものとする。この場合において、注入箇所からおおむね10メートル以内に少なくとも数箇所の採水地点を設けなければならない。
なお、採水は、観測井を設けて行うものとし、状況に応じ既存の井戸を利用しても差し支えない。
(2) 公共用水域等については、当該水域の状況に応じ、監視の目的を達成するため必要な箇所について選定するものとする。

4−3　採水回数
採水回数は、次の各号に定めるところによるものとする。

(1) 工事着手前　1回
(2) 工事中　　　毎日1回以上
(3) 工事終了後
(イ) 2週間を経過すまで毎日1回以上（当該地域における地下水の状況に著しい変化がないと認められる場合で、調査回数を減じても監視の目的が十分に達成されると判断されるときは、週1回以上）
(ロ) 2週間経過後半年を経過するまでの間にあっては、月2回以上

4－4　監視の結果講ずべき措置

　監視の結果、水質の測定値が別表-1に揚げる水質基準に適合していない場合又は、そのおそれのある場合には、直ちに工事を中止し、必要な措置をとらなければならない。

別表-1　水質基準

薬液の種類		検査項目	検査方法	水質基準
水ガラス系	有機物を含まないもの	水素イオン濃度	水質基準に関する省令(昭和41年厚生省令第11号、以下、「厚生省令」をいう。)又は日本工業規格 K0102の8に定める方法	pH値8.6以下(工事直前の測定値が8.6を越えるときは、当該測定値以下)であること。
	有機物を含むもの	水素イオン濃度	同　　上	同　　上
		過マンガン酸カリウム消費量	厚生省令に定める方法	10ppm以下(工事直前の測定値が10ppmを越えるときは、当該測定以下)であること。

別表-2　排水基準

薬液の種類		検査項目	検査方法	排水基準
水ガラス系	有機物を含まないもの	水素イオン濃度	日本工業規格 K0102の8に定める方法	排水基準を定める総理府令(昭和46年総理府令35号)に定める一般基準に適合すること。
	有機物を含むもの	水素イオン濃度	同　　上	同　　上
		生物化学的酸素要求量又は化学的酸素要求量	日本工業規格 K0102の16又は13に定める方法	排水基準を定める総理府令に定める一般基準に適合すること。

7.6.3　薬液注入工事に係る施工管理等について
(1) 通達全文

行　政　指　導

建設省官技発第157号
昭和52年4月21日

　　　殿

建設大臣官房技術参事官

薬液注入工法の管理について

　薬液注入工法は、「薬液注入工法による建設工事の施工に関する暫定指針」(昭和49年7月10日付け、建設省官技発第160号)に基づき使用されているところであるが、その趣旨の一層の徹底を図るため、下記事項に留意し、所管の発注工事の管理につき適切な措置を講じられたい。

記

1.　薬液注入工法を使用する場合には、事前に施工者側の現場責任者の経歴書を提出させて、当該工法の安全な使用に関し十分な技術的知識と経験を有する技術者であること。
2.　薬液注入工事の着手前に、施工者に当該工事の詳細な施工計画書を提出させること。
3.　薬液注入工事が安全に施工されていることを確認するため発注者、請負者及び薬液注入工事の施工者で構成される薬液注入工事管理連絡会を設けること。

―――――――◇―――――――

建設省技調発第158号
昭和52年4月21日

　　　殿

建設大臣官房技術調査室長

薬液注入工法の管理に関する通達の運用について

　昭和52年4月21日付け建設省技発第157号をもって通知した「薬液注入工法の管理について」の運用については、下記の通り取り扱われたい。

記

1.　通達文、記第1の「十分な技術知識と経験を有する技術者」とは、当分の間薬液注入工法に使用する薬液性質、薬液注入後の土中における薬液の挙動、注入機械の機能と操作、薬液注入工事に関する暫定指針等を熟知しており、かつ、薬液注入工事の責任者として現場で直接施工又は監督した経験を有する者とする。
2.　同記第3の「薬液注入工事管理連絡会」は、薬液注入工法による人の健康被害の発生と地下水等の汚染を防止するため当該工法の施工及び水質の監視が薬液注入工事に関する暫定指針に基づいて適切に行われているかを確認するものであり、工事請負契約に基づく権利、義務に影響を及ぼす事項を取り扱うものではない。

建設省技調発第188号の1
平成2年9月18日

各地方建設局
　企画部長あて

建設大臣官房
技術調査室長

薬液注入工事に係る施工管理等について

　標記について、今般別紙のとおり薬液注入工事に係る施工管理等について定めたので、薬液注入工事に係る所管工事の執行にあたっては、これに基づき適正な施工管理等が行われるよう徹底されたい。

（別紙1）

薬液注入工事に係る施工管理等について
〔I. 注入量の確認〕

1. 材料搬入時の管理
　（1）水ガラスの品質については、JIS K 1408 に規定する項目を示すメーカーによる証明書を監督職員に工事着手前および1ヶ月経過毎に提出するものとする。
　　また、水ガラスの入荷時には搬入状況の写真を撮影するとともに、メーカーによる数量証明書をその都度監督職員に提出するものとする。
　（2）硬化剤等については、入荷時に搬入状況の写真を撮影するとともに、納入伝票をその都度監督職員に提出するもとする。
　（3）監督職員等は、必要に応じて、材料入荷時の写真、数量証明書等について作業日報等と照合するとともに、水ガラスの数量証明書の内容をメーカーに照合するものとする。

2. 注入時の管理
　（1）チャート紙は、発注者あ検印のあるものを用い、これに施工管理担当者が日々作業開始前にサインおよび日付を記入し、原則として切断せず1ロール使用毎に監督職員に提出するものとする。なお、やむを得ず切断する場合は、監督職員等が検印するものとする。
　　　また、監督職員等が現場立会した場合には、チャート紙に監督職員等がサインをするものとする。
　（2）監督職員等は、適宜注入深度り検尺に立会するものとする。また、監督職員等は、現場立会した場合等には、注入の施工状況がチャート紙に適切に記録されているかを把握するものとする。
　（3）大規模注入工事（注入量 500 kℓ 以上）においては、プラントのタンクからミキサー迄の間に流量積計算を設置し、水ガラスの日使用量等を管理するものとする。

(4) 適正な配合とするため、ゲルタイム（硬化時間）を、原則として作業開始前、午前、午後の各1回以上測定するものとする。

〔II. 注入管理および注入の効果の確認〕

1. 注入の管理

当初設計量（試験注入等により設計量に変更が生じた場合は、変更後の設計量）を目標として注入するものとする。注入にあたっては、注入量一注入圧の状況及び施工時の周辺状況を常時監視して、以下の場合に留意しつつ、適切に注入するものとする。
① 次の場合には直ちに注入を中止し、監督職員と協議のうえ適切に対応するものとする。
　　イ．注入速度（吐出量）を一定のままで圧力が急上昇または急低下する場合。
　　ロ．周辺地盤等の異常の予兆がみられる場合。
② 次の場合は、監督職員と協議のうえ必要な注入量を追加する等の処置を行うものとする。
　　イ．掘削時湧水が発生する等止水効果が不十分で、施工に影響を及ぼすおそれがある場合。
　　ロ．地盤条件が当初の想定と異なり、当初設計量の注入では地盤強化が不十分で、施工に影響を及ぼすおそれがある場合。

2. 注入効果の確認

発注者は、試験注入および本注入後において、規模、目的を考慮し必要に応じて、適正な手法により効果を確認するものとする。

〔III. 条件明示等の徹底〕

薬液注入工事を適確に実施するため、別紙の2のとおり条件明示等を適切に行うものとする。
なお、前記II.の1.を含め注入量が当初設計量と異なるなど・契約条件に変更が生じた場合は、設計変更により適切に対応するものとする。

（別紙2）

薬液注入工事に係る条件明示事項等について

1. 契約時に明示する事項
（1）工法区分　　二重管ストレーナー、ダブルパッカー等
（2）材料種類　　① 液型、懸濁型の別
　　　　　　　　② 溶液型の場合は、有機、無機の別
　　　　　　　　③ 瞬結、中結、長結の別
（3）施工範囲　　① 注入対象範囲
　　　　　　　　② 注入対象範囲の土質分布
（4）削　孔　　　① 削孔間隔及び配置
　　　　　　　　② 削孔総延長

　　　　　　　③削孔本数
　なお、一孔当りの削孔延長に幅がある場合、(3)の①注入対象範囲、(4)の①削孔間隔及び配置等に一孔当たりの削孔延長区分がわかるよう明示するものとする。
(5) 注入量　　①総注入量
　　　　　　　②土質別注入率
(6) その他　　上記の他、本文Ⅰ、Ⅱ、に記述される事項等薬液注入工法の適切な施工管理に必要となる事項
注)(3)の①注入対象範囲及び(4)の①削孔間隔及び配置は、標準的なものを表していることを合わせて明示するものとする。

2. 施工計画打合せ時等に請負者から提出する事項
　上記1.に示す事項の他、以下について双方で確認するものとする。
(1) 工法関係　①注入圧
　　　　　　　②注入速度
　　　　　　　③注入順序
　　　　　　　④ステップ長
(2) 材料関係　①材料（購入・流通経路等を含む）
　　　　　　　②ゲルタイム
　　　　　　　③配合

3. その他
　なお、「薬液注入工法による建設工事の施工に関する暫定指針」に記載している事項について適切に明示するものとする。

(2) 社団法人日本グラウト協会が定めた自主管理指針

(a)現場における品質および数量の管理
（ア）材料全般
　使用する材料については、工事着手前に下記の各項目について、元請および起業者に届け出ること。
　　①材料名およびその内容
　　②購入メーカーおよび流通経路
　　③品質証明

（イ）水ガラス
① 品質証明
水ガラスの品質証明書については下記の様に取扱う。
　1. JIS K 1408に規定されているものを用いる場合には、項目に記載されている内容を示す試験成績を提出する。
　2. JIS K 1408に規定されている範囲外のものを用いる場合には、JIS K 1408の各項目に

該当する範囲を試験成績表に示して元請および起業者に提出する。

試験成績表の提出時期は、工事着手前および1ヶ月経過毎とし、すみやかに元請および起業者に提出する。

②数量証明

水ガラスをローリー車で納入する場合は下記の通りとする。
1. 起業者の立会検収を原則とし、納入量の確認を受けその状況を写真撮影する。
2. 数量証明書はメーカーの納入伝票（または出庫伝票）と計量証明（看貫証明）の一対を一組とする。
3. 納入量は数量証明書で確認すると共に納入前後のタンクの残量により確認する。
4. 何らかの事由により、ローリーの全量をタンクに収納できない場合には、ローリー内の残量を確認し、運転手が数量を伝票に記入し、仮伝票とする。後日メーカーより正式伝票が送付される。

(ウ) 硬化材、助剤

①品質証明

硬化材、助剤の品質証明も水ガラスに準じて次の様にする。
1. メーカーの品質証明書を着手前に提出する。
2. 品質証明書は商品名、主成分、安全性など記載すると共に、安全性確認のために重金属分析結果報告書を添付する。

重金属分析はB液調合状態で実施し、有害物質に係わる排水基準の数値を越えないことが必要条件となる。

②数量証明 硬化材、助剤の納入は立会検収を原則とし、その状況を写真に撮影する。納入伝票は原則としてメーカーの出庫伝票（納入伝票）とする。

(b) 注入量等および材料使用量の確認

(ア) 注入量の確認

注入量の確認は、自記流量圧力計で記録されるチャートにより確認するが、さらに材料の使用量などと照合する。

チャート紙の取扱いは次のとおりとする。
①切断しないことを原則とし、1ロールごとに使用する。
②使用前に起業者の検印を受ける。
③1ロールの使用が完了したら起業者に提出する。
④監督員の立会を受けたら確認のサインをもらう。
⑤注入記録が判然としなかったり、切断してしまうなどの諸問題が発生したら、起業者および元請に協議を申し入れ、対応処置を決める。

(イ) 使用材料の管理

使用材料（水ガラスおよび硬化材、助剤）の使用量は、納入量と残量から求める。

また特に1個所当り500kℓ以上の注入量となる大型工事においては、水ガラス原液貯蔵タンクとA液調合槽との間に、流量積算計を設置し、水ガラスの使用量を確認する。

（ウ）　削孔深度および注入長の確認削孔の深さおよび注入長を起業者の監督員に確認してもらう方法は、適宜現場における立会検尺とする。

　（エ）　施工管理
　　①現場において、適正な施工が行われる様、現場は薬液注入工事の経験が深い技術者に管理させる。
　　②技術者は安全かつ効果的な注入が行われる様、作業に従事する者を指導すること。
　　③作業に当っては、日本薬液注入協会で定めたチェックリスト（案）の各項目の内容を理解し、作業員に順守させ、その状況を確認すること。

（c）記録
　作業の状況をそれぞれ記録し、次の様な書類を提出する。
　　①材料品質証明書　着手前および水ガラスのみ1ヶ月経過毎
　　②材料数量証明書　その都度
　　③チャート紙　　　事前検収、1ロール使用完了時
　　④日報　　　　　　翌日（原則として日本グラウト協会統一用紙を使用する）
　　⑤写真　　　　　　整理完了後
日報は特に起業者指定の用紙がない場合には、日本グラウト協会統一用紙を使用するよう、起業者と事前に協議し、積極的に採用する。
　写真については、原則として、立会時の撮影を主力とする。

（d）　注入の管理および効果の確認
（ア）　目標注入量当初の設計量を目標注入量とする。

（イ）　注入作業の中止
　適正な注入を行っても、次のような状況が見られるときは、起業者および元請と協議し、各種の注入方法による対応が不可能であると思われるときは、注入を中止する。
　　①注入圧力が急上昇あるいは急低下するなどの現象があって、対応が難しいとき。
　　②周辺地盤の隆起の異常が見られたり、構造物や埋設物に著しい影響が見られたとき。
　　当初設計量が注入できず、途中で注入を中止するときは起業者及び元請と協議する。

（ウ）　注入量の追加
　次の様な場合には注入量の追加等の処置を協議する。
　　①掘削時に湧水が発生する等止水効果が不十分で施工に影響を及ぼす恐れのあるとき。
　　②地盤条件が当初と異なり、当初設計量の注入では、地盤強化が不十分で、施工に影響を及ぼす恐れのあるとき。
　　③効果確認の結果、注入効果が不十分であると判定されたとき。

（エ）　注入効果の確認
効果確認は起業者および元請の指示により、規模目的などを考慮し、必要に応じて適正な手

法により、実施する。

　実施に当たっては、注入効果が求められる項目及び必要数値等について十分協議を行う。

(e) 検討および計画時の打合せの必要条件と対応の仕方

表6.1-1　明示された条件とその対応の例

項目	明示してもらう項目	検討項目
①工法区分 および ②注入材料	注入工法（二重ストレーナー、ダブルパッカー等） 注入材料、 溶液型、懸濁型の別、 溶液の場合は有機・無機の別、 瞬結・中結・長結の別	土質条件と適否 同上 同上及び注入効果の期待度 同上周辺条件との期待度 施工の可否
③施工範囲	注入対象範囲及びその周辺条件	注入範囲の適否、埋設物、構造への影響、施工位置の決定
④削孔	削孔問題と配置 削孔総本数 削孔本数	土質条件と適否 施工の可否 周辺条件との適否
⑤注入量	総注入量、土質別注入率	注入率は適否は及び注入範囲との関連による注入量との適否
⑥土質条件	注入対象範囲及び上下の土層条件	土質柱状図、N値、各層の粒度分布。地下水位（各帯水槽ごと）、埋土等の特種条件の有無（注入検討の最低条件）
⑦その他	その他の薬液注入の計画及び施工に影響を及ぼすと考えられる各項目	構造物の変位許容量、井戸公共用水域の状況、その他影響防止のための諸項目

(f) 施工計画作成時に提出する項目とその対応の仕方

表6.1-2　施工計画時に打ち合わせる項目とその対応の仕方

	打合わせる項目	その他の対応の仕方
①工法関係	注入圧	計画時には、注入圧の絶対値については明示できないので、目標値としての値を示し、試験工事の結果から最終的に決める。また、数値は必ずしも一定の値に限定できないので、約 X kgf/cm²～Y kgf とするが、上限を A kgf とする等の記述にする。
	注入速度	注入速度（吐出量）は、標準速度または基準速度 B ℓ/min とし、但し書きで実施工においてはある幅で変更されることが有り得ることを明示する。
	注入順序	注入順序は、原則として施工する順序（内→外）（西→東）などを明示し、ブロック分けがあればその旨を記述する。 大規模工事においては詳細なものは、その都度必要に応じて提出する。
	ステップ長	工法によるステップ長を明示する。
②材料関係	材料	使用材料名、その内容、購入メーカ及び流通経路等を明示する。 材料の品質証明書を添付する。
	ゲルタイム	ゲルタイムは、瞬結・中結・長結の別が望ましい。 数値の明示を求められたときは、ある幅の数値を記述すること。特にゲルタイムは水温、水質、施工条件その他より変化することを注釈で示す。
	配合	水ガラスは数値を固定して記述する。 硬化材等についてはある幅を持たせて記述し、ゲルタイムの変更、水温、水質等により変化させることを注釈で示す。
その他	暫定指針の項目	適宜必要項目を運び出し、その内容を記述する。

(2) 材料の証明書

材料の証明書関係は表6.1-3に示す。具体的な内容については、施工編にあり、掲載ページを参照願いたい。

表6.1-3 材料関係提出資料（例）

No.	材料	種類	資料	発行元	サンプルNo.	提出時間	その他	掲載ページ
1	水ガラス（JIS K 1408）（規定品）	品質証明	品質規格	製造メーカー	1	着工前のみ		
			検査成績表	製造メーカー	2	着工前および1ヶ月毎		201
		数量証明	納品書（出庫伝票）	製造メーカー	3	納入の都度		
			計量票（看貫証明）	製造メーカー	4			
2	その他の水ガラス（JIS K 1408）（規定外）	品質証明	品質規格	製造メーカー	1に同じ	着工前のみ	事前に日本グラウト協会に届け出る	
			検査成績表	製造メーカー	2に同じ	着工前および1ヶ月毎		
		数量証明	納品書（出庫伝票）	製造メーカー	3に同じ	納入の都度		
			計量票（看貫証明）	製造メーカー	4に同じ			
3	水ガラスドラム缶納入	品質証明	No.1又は2に準ずる					
		数量証明	納品書	原則としてメーカー	—	納入の都度	立会の上、数量確認、ドラム撤去時含む	
4	硬化材助剤	品質証明	品質証明書	原則としてメーカー	5	着工前のみ		202 204
			分析結果報告書	公的機関又は準ずる所	6	着工前のみ	総理府令第19号平成元年改正	203 205
		数量証明	納品書	メーカー又は商社	—	納入の都度		

(3) 流量計のチャート紙について

チャート紙の取扱いは、次の通りとする。
　①使用前に起業者の検印を受ける。
　②切断しないことを原則とし、1ロールごとに使用する。
　③1ロールの使用が完了したら起業者に提出する。
　④監督員の立会を受けたら確認のサインをもらう。
　⑤注入記録が判然としなかったり、切断してしまうなどの諸問題が発生したら、起業者および元請に協議を申し入れ、対応処置を決める。

協会統一チャート紙を参考に添付する。（P.368）

〈参考〉

日本グラウト協会統一様式
薬液注入用記録計チャート

1. 適用

　薬液注入流量圧力の記録計に使用するチャートについて規定する。

2. 仕様

　1） チャート紙有効幅　　　100 mm
　2） チャート紙全長　　　　8 m
　3） 形状　　　　　　　　　折りたたみ式　：折り目間隔40 mm
　4） 目盛区分　　　　　　　60区分　　　　：時間軸区分10 mm
　5） 単位　　　　　　　　　　　　　　　　：0～60 ℓ/min
　　　　　　　　　　　　　　　　　　　　　：0～6 MPa
　6） 単位文字間隔　　　　　120 mm
　7） 印刷色　　　　　　　　目盛線　　　　：灰色
　　　　　　　　　　　　　　単位・数字　　：0～60 ℓ/min 赤色
　　　　　　　　　　　　　　　　　　　　　：0～60 MPa 緑色
　　　　　　　　　　　　　　残量警告帯　　：赤色
　　　　　　　　　　　　　　取扱注意文　　：赤色
　　　　　　　　　　　　　　その他　　　　：灰色
　8） 表記　　　　　　　　　ロット番号
　　　　　　　　　　　　　　(社)日本グラウト協会、協会ロゴマーク
　　　　　　　　　　　　　　認定番号
　　　　　　　　　　　　　　表記の印刷間隔：240 mm
　9） 紙質（計測用記録紙）　米坪量　　　　：43.7±20 g/m²
　　　　　　　　　　　　　　厚さ　　　　　：5.2±0.3 mm/100
　　　気中伸縮率　　　　　　伸び率（縦）　：0.100%以下
　　　20℃　　　　　　　　　　　　（横）　：0.500%以下
　　　　　　　　　　　　　　縮み率（縦）　：0.100%以下
　　　　　　　　　　　　　　　　　（横）　：0.300%以下
　10） 梱包単位　　　　　　　大箱　　　　　：20冊入り（小箱10個入り）
　　　　　　　　　　　　　　小箱　　　　　：2冊入り

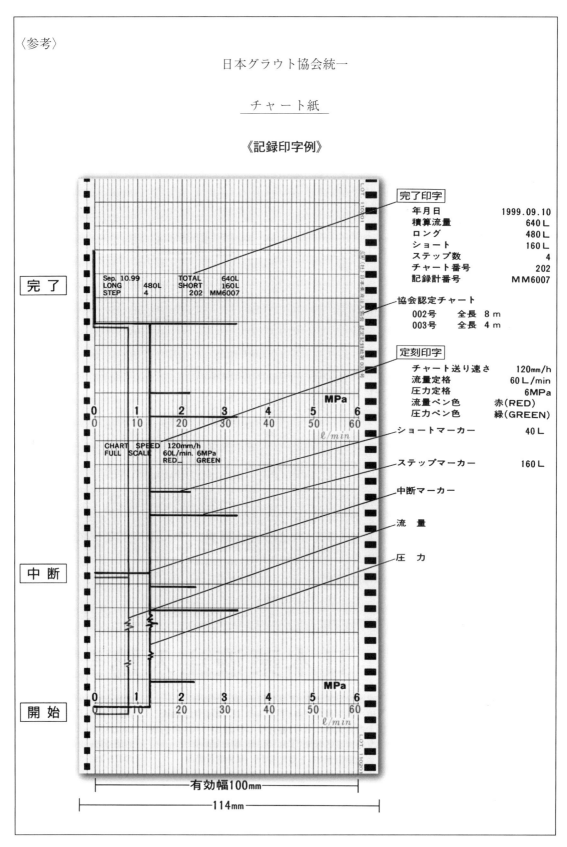

(4) 日報と記入要領

原則として、日報は、協会統一用紙を使用する。

以下に、社団法人日本グラウト協会統一日報用紙を添付する

表7.5-4 日報用紙への記入例

注入日報は、下記要領により記入する。

表6.1-5 記入要領

番号	区分	解説
①	工事名称	工事名称は正式名称で記入します。
②、③	注入方式および注入材料	該当する注入方式□内にチェック印を付けます。注入材料については該当するすべての□内にチェック印を付けます。
④	記入者印	記入者印欄のみ、記入者とは現場責任技術者です。
⑤	施工箇所	施工計画図に明示している当日の施工箇所を記入します。
⑥	注入孔 No.	実際に施工した注入孔を施工順により記入します。
⑦	注入深度（区間）G.L − m	注入終了状況の確認となるから、注入位置の最深度と上端までの、地表からの深度を記入します。
⑧	ステップ	実際に施工した1孔のステップ数を記入します。
⑨	記録計機番 No.	記録計の機番号を記入します。
⑩	チャート No.	チャートには当分の間1孔の注入終了ごとに、当日施工の続き番号を記入するので、その番号を移記します。
⑪	種別	注入量の種別が必要なケースは複相方式の場合であり、ゲルタイムの違う薬液の注入量を記入し、ダブルパッカー式の場合は一次注入の懸濁型と二次注入の溶液型を分けます。
⑫	注入量	チャートに記録されたA液の量から算出して記入する。
⑬	記事	注入時の状況を記載するものとします。 イ. 注入速度（吐出量）を一定のママで、圧力が急上昇する場合。 ロ. 周囲地盤などに異常の予兆が見られる場合。 ステップアップしたときはそのステップを記入します。 これらの状況は、設計（計画）注入量に満たない注入孔の記録となります。
⑭	注入機器（セット数）	該当するセット数の□内にチェック印を付けます。5セット以上はそのセット数を記載します。
⑮	ゲルタイムの測定	使用している薬液のゲルタイムが、設計どおりになっているか午前・午後の作業開始時および作業中の各2回に測定してその記録を記入します。
⑯	進渉率	作業進渉状況を記載します。実施注入量は当日までの累計注入量で、進渉率は $$進渉率 = \frac{実施注入量(k\ell)}{設計注入量(k\ell)} \times 100\,(\%)$$
⑰	水ガラス管理表	当日の使用量を記入します。使用量は貯液槽の水ガラス残量を計測したり、ドラム缶の中身入り残数などによります。
⑱	硬化材管理表	硬化材や助剤は、当日封切りし使用した後、 函数の表示質量 (kg/ℓ) を記入します。

7.6.4　山岳トンネル工法におけるウレタン注入の安全管理に関するガイドラインについて

　これは、山岳トンネル工事で緊急事態が発生した場合の応急措置としてウレタン系薬液を採用する際のガイドラインを示したものである。

　このガイドラインはあくまでも緊急やむを得ない状況での使用を許容するものであり、通常の先受けなどトンネル切羽防護などでの使用が許可されているものではない。また、使用に際しては、水質調査データを土木研究所に提出することになっている。

事　務　連　絡
平成6月7月1日

各 地 方 建 設 局
北 海 道 開 発 局
沖 縄 総 合 事 務 局
各都道府県・指定市　道路・街路担当課長あて
日 本 道 路 公 団
首 都 高 速 道 路 公 団
阪 神 高 速 道 路 公 団
本州四国連絡橋公団

建設省　大臣官房　技術調査室　技術調査官
　　　　道 路 局　高速国道課　課 長 補 佐
　　　　　　　　　有料道路課　課 長 補 佐
　　　　　　　　　国道第一課　課 長 補 佐
　　　　　　　　　国道第二課　課 長 補 佐
　　　　　　　　　地 方 道 課　課 長 補 佐
　　　　　　　　　市町村道室　課 長 補 佐
　　　　都 市 局　街 路 課　　課 長 補 佐

　山岳トンネル工法におけるウレタン注入の安全管理に関するガイドラインについて従来、薬液注入工法の施工にあたっては「薬液注入工法による建設工事の施工に関する暫定指針（昭和49年7月10日付け建設事務次官通達）」によっているところである。同指針では、使用できる薬液は水ガラス系の薬液となっているが、工事施工中緊急事態の応急措置として行うものについては適用除外となっている。

　近年、山岳トンネル工事の緊急事態の応急措置としてウレタン注入工法を採用する事例が見受けられる。そこで、ウレタン注入工法の安全管理について（財）国土開発技術センターに検討委員会が設置され、この度別添の「山岳トンネル工法におけるウレタン注入の安全管理に関するガイドライン（案）」が報告されたので、山岳トンネル工事の緊急事態の応急措置としてウレタン注入工法を採用する際の参考とされたい。

　また、ウレタン注入工法を採用した場合、水質調査のデータを建設省土木研究所トンネル

計画官において蓄積するので、同計画官あて別紙-1の調書をトンネル毎に添付して送付するように申し添える。

なお、各都道府県・指定市におかれては、貴管下市町村および地方道路公社あて同ガイドラインを送付されるとともに、上記水質調査データの建設省土木研究所トンネル計画官あて送付についての趣旨を周知されたい。

別紙-1

水質調査データの提出調査について

1. 提出対象　　「山岳トンネル工法におけるウレタン注入工法を採用した工事」で平成6年7月1日現在工事中または発注する工事から、平成9年3月31日までに完成する工事。

2. 提出調書　　①様式-1「ウレタン注入工事における水質監視結果報告書」　1部
　　　　　　　②様式-2「地下水の水質監視による調査データ」　1部
　　　　　　　　（別冊ガイドラインの付属資料-2「地下水の水質調査マニュアル」参照）
　　　　　　　③使用したウレタンのメーカー（使用材料名）、使用数量、使用用途がわかる資料。（様式自由）　1部

3. 提出先　　　建設省土木研究所企画部
　　　　　　　　トンネル計画官　堀内浩三郎
　　　　　　　〒305-0804
　　　　　　　　茨城県つくば市大字旭町一番

4. 問い合わせ先　建設省土木研究所企画部
　　　　　　　　トンネル計画官　堀内浩三郎
　　　　　　　　TEL　0298-64-2211（内線3117）

様式-1

整理番号
受付日

ウレタン注入工事における
水質監視結果報告書

トンネル名
  所在地名：
  工事期間　平成　　年　　月　　日　～　平成　　年　　月　　日

水質監視期間　平成　　年　　月　　日　～　平成　　年　　月　　日

発　注　者
  機関名
  連絡先　住所
     電話番号

請　負　者
  社　名
  連絡先　住所
     電話番号

水質分析者
  機関名
  連絡先　住所
     電話番号

様式-2　地下水の水質監視による調査データ表　　平成　　年　　月〜　　月　　日

	調査項目	水道法による水道基準	検出下限値	注入工事前	注入工事中	注入工事後 2週間以内	注入工事後 2週間以後	注入工事後 1カ月後
重要項目	pH	5.8〜8.6	—					
	過マンガン酸消費量	10mg/l以下	0.1mg/ℓ					
精密項目	色度	5度以下	1度					
	濁度	2度以下	0.1度					
	臭気	異常でないこと	—					
	味	異常でないこと	—					
	硝酸性窒素及び亜硝酸性窒素	10mg/l以下	0.02mℓ/ℓ					
	塩素イオン	200mg/l以下	0.1mg/ℓ					
	鉄	0.3mg/l以下	0.05mg/ℓ					
	硬度	300mg/l以下	0.05mg/ℓ					
	蒸留残留物	500mg/l以下	1mg/ℓ					
	セレン	0.01mg/l以下	0.002mg/ℓ					
	シアンイオン	検出されないこと	0.1mg/ℓ					
	水銀	検出されないこと	0.0005mg/ℓ					
	有機燐	検出されないこと	0.1mg/ℓ					
	フッ素	0.8mg/l以下	0.15mg/ℓ					
	銅	1.0mg/l以下	0.01mg/ℓ					
	鉛	0.05mg/l以下	0.005mg/ℓ					
	亜鉛	1.0mg/l以下	0.005mg/ℓ					
	六価クロム	0.05mg/l以下	0.04mg/ℓ					
	ヒ素	0.01mg/l以下	0.005mg/ℓ					
	マンガン	0.05mg/l以下	0.01mg/ℓ					
	カドミウム	0.01mg/l以下	0.001mg/ℓ					
	フェノール類	0.005mg/l以下	0.005mg/ℓ					
	陰イオン界面活性剤	0.2mg/l以下	0.02mg/ℓ					
	大腸菌群数	検出されないこと	—					
	一般細菌数	100以下	—					
	1.1.1-トリクロロエタン	0.3mg/l以下	0.0005mg/ℓ					
	ジクロロメタン	0.02mg/l以下	0.002mg/ℓ					
	トリクロロエタン	0.03mg/l以下	0.002mg/ℓ					
	テトラクロロエチレン	0.01mg/l以下	0.0005mg/ℓ					
	四塩化炭素	0.002mg/l以下	0.0002mg/ℓ					
	1.1.2-トリクロロエタン	0.006mg/l以下	0.0006mg/ℓ					
	1.2-ジクロロエタン	0.004mg/l以下	0.0004mg/ℓ					
	1.1-ジクロロエチレン	0.2mg/l以下	0.002mg/ℓ					
	シス-1.2-ジクロロエチレン	0.04mg/l以下	0.004mg/ℓ					
	ベンゼン	0.01mg/l以下	0.001mg/ℓ					
	総トリハロメタン	0.1mg/l以下	0.01mg/ℓ					
	クロロホルム	0.06mg/l以下	0.006mg/ℓ					
	ブロモジクロロメタン	0.03mg/l以下	0.003mg/ℓ					
	ジブロモクロロメタン	0.1mg/l以下	0.01mg/ℓ					
	ブロモホルム	0.09mg/l以下	0.009mg/ℓ					
	ナトリウム	200mg/l以下	0.01mg/ℓ					

採水回数
1) 重点項目
　①注入工事着手前　1回　　②注入工事中　毎日1回以上
　③注入工事終了後　（イ）2週間を経過するめで毎日1回以上（当該地域における地下水の状況に著しい変化が
　　　　　　　　　　　　　ないと認められる場合で、調査回数を減じても監視の目的が十分に達成されると判断
　　　　　　　　　　　　　されるときは、週1回以上）
　　　　　　　　　　（ロ）2週間以上経過後半年を経過するまでの間にあたっては、月2回以上
2) 精密項目
　①注入工事前に1回以上　②注入工事中に1回以上　③注入工事終了1ヶ月後に1回以上

7.6.5 セメントおよびセメント系固化材の地盤改良への使用及び改良土の再利用に関する当面の措置について

(1) 平成12年の通達
セメント及びセメント系固化材の地盤改良への使用及び改良土の再利用に関する当面の措置について（案）（平成12年3月24日，建設大臣官房技術審議官通達）

　これは，セメント系の薬液を地盤中に注入して透水性の減少や原地盤強度を増大させる場合に六価クロムの溶出を事前に検討するものであり，セメントを用いない薬液注入は対象外である。

建設省技調発第48号
平成12年3月24日
各地方建設局長あて
建設大臣官房技術審議官

セメント及びセメント系固化材の地盤改良への使用及び改良土の再利用に関する当面の措置について（案）

　セメント及びセメント系固化材を使用した改良土等から、条件によっては六価クロムが土壌環境基準を超える濃度で溶出するおそれがあるため、当面、建設省所管の建設工事の施工にあたっては以下のとおり取り扱われたい。
　なお、セメント及びセメント系固化材とはセメントを含有成分とする固化材で、普通ポルトランドセメント、高炉セメント、セメント系固化材、石灰系固化材をいう。

記

1. セメント及びセメント系固化材を地盤改良に使用する場合、現地土壌と使用予定固化材による六価クロム溶出試験を実施し、必要に応じ土壌環境基準を勘案して適切な措置を講じること。
2. セメント及びセメント系固化材を使用した改良土等を再利用する場合、六価クロム溶出試験を実施し、六価クロム溶出量が土壌環境基準以下であることを確認すること。

以上

建設省技調発第49号
建設省営発第10号
平成12年3月24日

各地方建設局企画部長あて
各地方建設局営繕部長あて
建設大臣官房技術調査室長

「セメント及びセメント系固化材の地盤改良への使用及び改良土の再利用に関する当面の措置について」の運用について（案）

　平成12年3月24日付建設省技詞発第48号建設大臣官房技術審議官通達（以下「審議官通達」という）の運用について、下記のとおり定めたので、遺憾のないように取り扱われたい。

記

1. 標記「審議官通達」は、平成12年4月1目以降施工する地盤改良に適用する。
2. 「審議官通達」の「六価クロム溶出試験」は、セメント及びセメント系固化材を使用した改良土等の六価クロム溶出試験実施要領（別紙）により実施する。
3. 2.において、配合設計の段階で案施する試験の結果が土壌環境基準を超える場合、六価クロムの溶出が少ない固化材の使用等の配合設計の変更、もしくは工法の変更を行うものとする。
4. 「審議官通違」の記2.における「セメント及びセメント系固化材を使用した改良土等」には、建設発生土及び建設汚泥の再利用を目的として、これらをセメント及びセメント系固化材によって改良若しくは処理をした改良土（処理土）を含むものとする。

以上

国官技第16号
国営建第1号
平成13年4月20日

各地方整備局企画部長あて
各地方整備局営繕部長あて

国土交通省大臣官房技術調査課長
国土交通省大臣官房官庁営繕部建築課長

「セメント及びセメント系固化材を使用した改良土の六価クロム溶出試験要領（案）」の一部変更について

　「「セメント及びセメント系固化材の地盤改良への使用及び改良土の再利用に関する当面の措置について」の運用について（平成12年3月24日付け建設省技調発第49号建設省営建発第10号）」2に定める「セメント及びセメント系固化材を使用した改良土の六価クロム溶出試験実施要領（案）」を別紙のとおり一部変更するので、遺憾のないように取り扱われたい。

以上

〈別　紙〉
　　セメント及びセメント系固化材を使用した改良土の六価クロム溶出試験実施要領（案）

1. 適用範囲

　本試験要領は、セメント及びセメント系固化材を原位置もしくはプラントにおいて土と混合する改良土の六価クロムの溶出試験に適用するものとし、対象工法は表−1（表7.6-4）のとおりとする。ここで、セメント及びセメント系固化材とは、セメントを含有成分とする固化材で、普通ポルトランドセメント、高炉セメント、セメント系固化材、石灰系固化材をいい、これに添加剤を加えたものを含める。

2. 試験の種類及び方法

　本試験要領における六価クロム溶出試験は、以下の方法で構成される。

2−1　セメント及びセメント系固化材の地盤改良に使用する場合の試験

　本試験では原地盤内の土と混合して施工される地盤改良を対象とする。

(1) 配合設計の段階で実施する環境庁告示46号溶出試験（以下、「試験方法1」という）

　環境庁告示46号の溶出試験は、土塊・団粒を粗砕した2 mm以下の土壌を用いて6時間連続振とうした後に、六価クロム溶出量を測定する方法である[注1]。この試験は、固化材が適切かどうかを確認することを目的に行う。

(2) 施工後に実施する環境庁告示46号溶出試験（以下、「試験方法2」という）

　改良された地盤からサンプリングした試料を用い、実際に施工された改良土からの六価クロムの溶出量を確認する目的で行う。

(3) 施工後に実施するタンクリーチング試験（以下、「試験方法3」という）

　タンクリーチング試験は、塊状にサンプリングした試料を溶媒水中に静置して六価クロム溶出量を測定する方法である（添付資料2を参照）。この試験は、改良土量が5,000 m³ [注2] 程度以上または改良体本数が500本程度以上の改良工事のみを対象に、上記(2)で溶出量が最も高かった箇所について、塊状の試料からの六価クロムの溶出量を確認する目的で行う。

(4) 試験方法2及び3の実施を要しない場合

　試験方法1で六価クロムの溶出量が土壌環境基準を超えなかったセメント及びセメント系固化材を地盤改良に使用する場合、試験方法2及び3を実施することを要しない。ただし、火山灰質粘性土を改良する場合は、試験方法1の結果にかかわらず、試験方法2及び3を実施するものとする。

注1) 環境庁告示46号溶出試験（添付資料1）のとおり、平成3年8月23日付け環境庁告示46号に記載された規格で行う。
注2) 施工単位がm²となっている場合はm³への換算を行う。

2-2　セメント及びセメント系固化材を使用した改良土を再利用する場合の試験
　本試験は、以下に示すような再利用を目的とした改良土を対象とする。
1）建設発生土及び建設汚泥の再利用を目的として、セメント及びセメント系固化材によって改良する場合
2）過去もしくは事前にセメント及びセメント系固化材によって改良された改良土を掘削し、再利用する場合

（1）配合設計、プラントにおける品質管理、もしくは改良土の供給時における品質保証の段階で実施する環境庁告示46号溶出試験（以下、「試験方法4」という）
　この試験は、固化材が適切かどうか、もしくは再利用を行う改良土からの溶出量が土壌環境基準値以下であるかを確認する目的で行う。本試験は改良土の発生者（以下、「供給する者」という）が実施し、利用者（以下、「施工する者」という）に試験結果を提示しなければならない。また、利用者は発生者から試験結果の提示を受けなければならない。環境庁告示46号溶出試験の方法は2-1（1）に同じ。

（2）施工後に実施する環境庁告示46号溶出試験（以下、「試験方法5」という）
　2-1（2）に同じ。ただし、本試験は改良土を施工する者が実施する。

（3）施工後に実施するタンクリーチング試験（以下、「試験方法6」という）
　2-1（3）に同じ。ただし、本試験は改良土を施工する者が実施する。

3．供試体作成方法及び試験の個数
　工事の目的・規模・工法によって必要となる供試体作成方法及び試験の数は異なるが、以下にその例を示す。

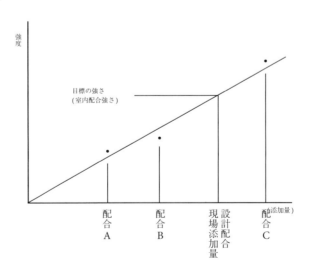

3−1　セメント及びセメント系固化材を地盤改良に使用する場合
(1) 配合設計の段階で実施する環境庁告示46号溶出試験（「試験方法1」に対して）
　室内配合試験時の強度試験等に使用した供試体から、400〜500 g程度の試料を確保する。
　配合設計における室内配合試験では、深度方向の各土層（あるいは改良される土の各土質）ごとに、添加量と強度との関係が得られるが、実際には右図のように、室内配合試験を行った添加量（配合A, B, C）と、現場添加量（目標強さに対応した添加量）とが一致しない場合が多い。そのため、室内配合試験のなかから、現場添加量に最も近い添加量の供試体（配合C）を選び、各土層（あるいは改良される土の各土質）ごとに供試体（材齢7日を基本とする）を1検体ずつ環境庁告示46号溶出試験に供する。

(2) 施工後に実施する環境庁告示46号溶出試験（「試験方法2」に対して）
　現場密度の確認あるいは一軸圧縮強さなどの品質管理に用いた、もしくは同時に採取した試料（材齢28日を基本とする）から、400〜500 g程度の試料を確保する。なお、試料の個数は、以下のように工法に応じたものを選択する。

〈試験個数1〉　表層安定処理工法、路床工、上層・下層路盤工、改良土盛土工など
1) 改良土量が5,000 m³以上の工事の場合
　改良土1,000 m³に1回程度（1検体程度）とする。
2) 改良土量が1,000 m³以上5,000 m³未満の工事の場合
　1工事当たり3回程度（合計3検体程度）
3) 改良土量が1,000 m³に満たない工事の場合
　1工事当たり1回程度（合計1検体程度）

〈試験個数2〉　深層混合処理工法、薬液注入工法、地中連続壁土留工など
1) 改良体が500本未満の工事の場合
　ボーリング本数（3本）×上中下3深度（計3検体）＝合計9検体程度とする。
2) 改良体が500本以上の工事の場合
　ボーリング本数（3本＋改良体が500本以上につき250本増えるごとに1本）×上中下3深度（計3検体）＝合計検体数を目安とする。

(3) タンクリーチング試験（「試験方法3」に対して）
　改良土量が5,000 m³程度以上または改良体本数が500本程度以上の規模の工事においては、施工後の現場密度の確認あるいは一軸圧縮強さなどの品質管理の際の各サンプリング地点において、できるだけ乱れの少ない十分な量の試料（500 g程度）を確保し、乾燥させないよう暗所で保管する。タンクリーチング試験は、保管した試料のうち「試験方法2」で溶出量が最大値を示した箇所の1試料で実施する。

3−2　セメント及びセメント系固化材を使用した改良土等を再利用する場合
(1) 配合設計、土質改良プラントの品質管理、改良土の供給時における品質保証の段階で実施する環境庁告示46号溶出試験（「試験方法4」に対して）

1）建設発生土及び建設汚泥の再利用を目的として、セメント及びセメント系固化材によって改良する場合

　室内配合試験による配合設計を行う場合は3-1(1)に同じ。ただし、配合設計を行わない場合においては、製造時の品質管理もしくは供給時における品質保証のための土質試験の試料を用いて、1,000 m³程度に1検体の割合で環境庁告示46号溶出試験を行う。

2）過去もしくは事前にセメント及びセメント系固化材によって改良された改良土を掘削し、再利用する場合

　利用者に提示する品質保証のための土質試験の試料を用いて、1,000 m³程度に1検体の割合で環境庁告示46号溶出試験を行う。

(2) 施工後に実施する環境庁告示46号溶出試験（「試験方法5」に対して）

　3-1(2)に同じ。ただし、「試験方法2」を「試験方法5」と読み替える。

(3) タンクリーチング試験（「試験方法6」に対して）

　3-1(3)に同じ。ただし、「試験方法3」を「試験方法6」と読み替える。

4．六価クロム溶出試験等の積算の考え方について

　六価クロム溶出試験費及びタンクリーチング試験費等については、共通仮設費の技術管理費等に「六価クロム溶出試験費」として、別途見積により積み上げ計上するものとする。

5．特記仕様書記載例

　特記仕様書の記載については、添付資料3の記載例を参考にする。

表-1　溶出試験対象工法

工種	種別	細別	工法概要
地盤改良工	固結工	粉体噴射撹拌 高圧噴射撹拌 スラリー撹拌	〈深層混合処理工法〉 地表からかなりの深さまでの区間をセメント及びセメント系固化材を原地盤土とを強制的に撹拌混合し、頑固な改良地盤を形成する工法
地盤改良工	固結工	薬液注入	地盤中に薬液（セメント系）を注入して透水性の減少や原地盤強度を増大させる工法
地盤改良工	表層安定処理工	安定処理	〈表層混合処理工法〉 セメント及びセメント系固化材を混入し、地盤強度を改良する工法
地盤改良工	路床安定処理工	下層路盤 上層路盤	〈セメント安定処理工法〉 現地発生材、地域産材料またはこれらの補足材を加えたものを骨材とし、これらのセメント及びセメント系固化材を添加して処理する工法
舗装工	舗装工各種	下層路盤 上層路盤	〈セメント安定処理工法〉 現地発生材、地域産材料またはこれらの補足材を加えたものを骨材とし、これらのセメント及びセメント系固化材を添加して処理する工法
仮設工	地中連続工 （柱例式）	柱列杭	地中に連続した壁面などを構築し、止水壁及び土留擁壁とする工法のうち、ソイルセメント柱列壁等のように原地盤土と強制的に混合して施工されるものを対象とし、場所打ちコンクリート壁は対象外とする。

〈添付資料1〉
土壌の汚染に係る環境基準について（抜粋）（平成3年8月23日環境庁告示第46号）
改正平成5環告19・平成6環告5・平成6環告25・平成7環告19・平成10環告・21

　公害対策基本法（昭和42年法律第132号）第9条の規定に基づく土壌の汚染に係る環境基準について次のとおり告示する。
　環境基本法（平成5年法律第91号）第16条第1項による土壌の汚染に係る環境上の条件につき、人の健康を保護し、及び生活環境を保全する上で維持することが望ましい基準（以下「環境基準」という。）並びにその達成期間等は、次のとおりとする。

第1 環境基準
1.　環境基準は、別表の項目の欄に掲げる項目ごとに、同表の環境上の条件の欄に掲げるとおりとする。
2.　1の環境基準は、別表の項目の欄に掲げる項目ごとに、当該項目に係る土壌の汚染の状況を的確に把握することができると認められる場所において、同表の測定方法の欄に掲げる方法により測定した場合における既定値によるものとする。
3.　1の環境基準は、汚染がもっぱら自然的原因によることが明らかであると認められる場所及び原材料の堆積場、廃棄物の埋立地その他の別表の項目の欄に掲げる物質の利用又は処分を目的として現にこれらを集積している施設に係る土壌については、適用しない。

第2　環境基準の達成期間等
　環境基準に適合しない土壌については、汚染の程度や広がり、影響の態様等に応じて可及的速やかにその達成維持に努めるものとする。
　なお、環境基準を早期に達成することが見込まれない場合にあっては、土壌の汚染に起因する環境影響を防止するために必要な措置を講ずるものとする。

別表

項目	環境上の条件	測定方法
六価クロム	検液1Lにつき0.05mg以下であること。	規格65.2に定める方法

備考
1.　環境上の条件のうち検液中濃度に係るものにあっては付表に定める方法により検液を作成し、これを用いて測定を行なうものとする。

付表

> 検液は、次の方法により作成するものとする。
> 1. カドミウム、全シアン、鉛、六価クロム、砒素、総水銀、アルキル水銀、PCB及びセレンについては、次の方法による。
> (1) 採取した土壌の取扱い
> 　採取した土壌はガラス製容器又は測定の対象とする物質が吸着しない容器に収める。試験は土壌採取後直ちに行う。試験を直ちに行えない場合には、暗所に保存し、できるだけ速やかに試験を行う。
> (2) 資料の作成
> 　採取した土壌を風乾し、中小礫、木片等を除き、土塊、団粒を粗砕した後、非金属製の2mmの目のふるいを通過させて得た土壌を十分混合する。
> (3) 試料液の調整
> 　試料(単位g)と溶媒(純水に塩酸を加え、水素イオン濃度指数が5.8以上6.3以下となるようにしたもの)(単位mL)とを重量体積比10%の割合で混合し、かつ、その混合液が500mL以上となるようにする。
> (4) 溶出
> 　調製した試料液を常温(おおむね20℃)常圧(おおむね1気圧)で振とう機(あらかじめ振とう回数を毎分約200回に、振とう幅を4cm以上5cm以下に調整したもの)を用いて、6時間連続して振とうする。
> (5) 検液の作成
> 　(1)から(4)の操作を行って得られた試料液を10分から30分程度静置後、毎分約3,000回転で20分間遠心分離した後の上澄み液を孔径0.45μmのメンブランフィルターでろ過してろ液を取り、定量に必要な量を的確に計り取って、これを検液とする。

分析方法と留意点

本指針で示した汚染土壌に係る分析方法の概要とその留意点は、次のとおりである。

(1) 土壌中重金属等の溶出量分析方法(土壌環境基準、平成3年8月23日付け環境庁告示第46号に掲げる方法)

①検液の作成(溶出方法)

土壌の取扱い
1) 採取した土壌はガラス製容器等に収める。試験を直ちに行えない場合には、暗所に保存する。

試料の作成
2) 採取した土壌を風乾し、中小礫、木片等を除き、土塊、団粒を粗砕した後、非金属製の2mmの目ふるいを通過させて得た土壌を十分混合する。

試料液の調製
3) 試料(g)と溶媒(純水に塩酸を加えてpH = 5.8〜6.3としたもの(mL)とを1:10(W:V)の割合で混合する。
4) 混合液が500mL以上となるようにする。

溶出
5) 常温(おおむね20℃)常圧(おおむね1気圧)で振とう機(振とう回数毎分200回、振とう幅4〜5cm)を用いて6時間連続振とうする。

静置
6) 溶出した試料液を10〜30分程度静置する。

ろ過
7) 試料液を毎分3,000回転で20分遠心分離した後の上澄み液をメンブランフィルター(孔径0.45μm)を用いてろ過してろ液を取り、検液とする。

検液

②定量方法

ジフェニルカルバジド吸光光度法(JIS K0102の65.2.1)

フレーム原子吸光法(JIS K0102の65.2.2)

電気加熱原子吸光法(フレームレス原子吸光法)(JIS K0102の65.2.3)

ICP発光分析法(JIS K0102の65.2.4)

ICP質量分析法(JIS K0102の65.2.5)

〈添付資料2〉
タンクリーチング試験について

　タンクリーチング試験は下図のように、施工後の品質管理等の際に確保した試料を、塊状のまま溶媒水中に水浸し、水中に溶出する六価クロムの濃度を測定するものである。試験方法及び手順は以下のとおりである。

1. 施工後のサンプリング等で確保していた試料から400 g程度の供試体を用意する。供試体は環境庁告示46号の溶出試験のように、土塊や団粒を2 mm以下に粗砕せず、できるだけ塊状のものを用いる。その際、
　1）一塊の固形物として確保できる場合は、固形物のまま
　2）数個の塊に分割した状態の場合は、分割した塊の状態のまま
　3）形状の保持が困難な粒状の状態で確保されるものについては、粒状のままを供試体とする。形状寸法は定めない。

2. 溶媒水として純水を使用する。純水の初期のpHは5.8〜6.3とする。

3. 非金属製の容器を準備し、採取試料400 g程度を容器内に置く。その後、所定量の溶媒水（固液比1:10、試料の乾燥重量の10倍体積の溶媒水＝4 L程度）を充填し、供試体のすべてが水中に没するよう水浸させる。水浸の際にはできるだけ供試体の形状が変化しないよう注意し、水浸直後の供試体の状況をスケッチにより記録する。

4. 容器を密封後、20°Cの恒温室内に静置する。この間、溶媒水のpH調整は行わない。

5. 水浸28日後に溶媒水を採水し、六価クロムの濃度測定を行う。濃度測定は（添付資料1）に示したJIS K0102の65.2に定める方法とする。採水の際には溶媒水を軽く撹拌した後、濃度測定に必要な分量を採取し、孔径0.45μmのメンブランフィルターにてろ過する。

6. 試験終了後には、水中での供試体の状態をスケッチし記録する。

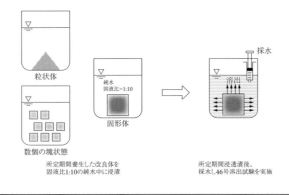

(3) 薬液注入工法の対応

> 「セメント及びセメント系固化材の地盤改良への使用及び改良土の再利用に関する当面の措置について」の通達に対する協会の対応
>
> 2000.6.28
> 社団法人日本薬液注入協会
> 技術委員長　太田想三
>
> 標記の件で建設省と打ち合せをした結果、今回の通達はセメントおよびセメント系固化材と地盤とを攪拌混合することを基本的に対象としていることから、薬液注入工法はそのほとんどが対象外であることを確認いたしましたので、以下のようにアドバイスします。
>
> 1. 具体的には次のケースで六価クロムの溶出試験は必要ありません。
>   ①ダムグラウトなどの岩盤クラックやシームへの注入
>   ②空洞への填充注入
>   ③粘性土への割裂注入
>   ④ダブルパッカ工法のシールグラウト及び一次注入
> 2. 微粒子及び超微粒子のセメントを使用し、砂質系地盤に浸透注入を行なう際は今回の通達の溶出試験が必要です。その場合の土と注入剤の混合比は注入率により決定してください。
>
> 以上

7.7　社団法人日本グラウト協会

(1) 歴史

昭和39年　日本LW協会として発足
昭和49年　日本薬液注入協会と名称変更
昭和51年　社団法人日本薬液注入協会となる
平成16年　社団法人日本グラウト協会に名称変更
　　　　　注入系地盤改良工法全般に対応

(2) 発刊図書購入方法

協会発行図書のご案内

①『薬液注入工法の設計資料』(19年度版)	B5判	700円
②『薬液注入工法の積算資料』(19年度版)	B5判	700円
③『薬液注入工法の設計・施工指針』(平成元年6月) 　(第12版平成16年8月増刷)	A5判	1,000円
④『薬液注入工事における施工管理方式について』(第3版増刷)	B5判	1,300円
⑤『薬液注入工法の施工資料』(第6版平成16年10月増刷)	B5判	1,300円

注) 別途送料が必要となります。

(3) 協会の住所

社団法人日本グラウト協会

　本部事務局　〒112-0004
　　　　　　　東京都文京区後楽1-1-2　春日ビル
　　　　　　　TEL　　　03-3816-2681
　　　　　　　FAX　　　03-3816-3588
　　　　　　　E-mail　　ngtk@isis.ocn.ne.jp

　支部は、北海道（札幌）、東北（仙台）、関東（東京）、北陸（新潟）、中部（名古屋）、関西（大阪）、中国（広島）、九州（福岡）にあります。

　住所、電話番号などは本部事務局までお問い合わせください。

お断り

1. 本文中「社団法人 日本グラウト協会」は、平成25年4月新公益法人制度に移行し、「一般社団法人 日本グラウト協会」となりましたので、読み替えてください。
2. 薬液注入工法の長期耐久性については、平成24年3月に当協会が策定・発刊しました『耐久グラウト注入工法施工指針』をご覧ください。
3. 当協会発行図書の最新情報・購入方法は、当協会ホームページをご覧ください。

本書は、2011年発行の同名書籍（3版、発行所：日刊建設工業新聞社、発売元：相模書房）と同一の内容であり、発売元を改めて刊行するものです。

新訂　正しい　薬液注入工法
―この一冊ですべてがわかる―

2007年　5月14日　初版発行
2009年10月20日　2版発行
2011年　7月20日　3版発行
2015年12月25日　4版発行

編　著　一般社団法人　日本グラウト協会

発行所　日刊建設工業新聞社
　　　　東京都港区東新橋2-2-10
　　　　電話　03-3433-7151

発売元　鹿島出版会
　　　　東京都中央区八重洲2-5-14
　　　　電話　03-6202-5201

印刷所　日本ハイコム

乱丁・落丁はお取り替えします。

©Nihon Gurautokyoukai 2007, Printed in Japan
ISBN978-4-306-08546-6 C3052　¥4700E